服装纸样设计与工艺项目化教程

主　编　丛章永　潘菲菲　张　婷
副主编　史　频　孟彩红　程景秋
　　　　曾　勇

北京理工大学出版社
BEIJING INSTITUTE OF TECHNOLOGY PRESS

内容简介

本书按照项目式教学安排学习内容，加上任务驱动的学习思路为编写方法进行编著，符合工学结合项目式教学和学习的需要。本书内容主要有服装打板工艺基础、西服裙的制板与缝制、女衬衫的制板与缝制、低腰牛仔裤的制板与缝制、旗袍制板与缝制、男夹克的制板与缝制、女西装的制板与缝制、男西装的制板与缝制。本书内容由浅入深，循序渐进，通过情景描述，下达任务，任务准备等启发引导的形式进行知识点展开，适合初学者学习研究，也适合职业院校作为开展教学改革的教材学材。

图书在版编目（CIP）数据

服装纸样设计与工艺项目化教程 / 丛章永，潘菲菲，张婷主编. —北京：北京理工大学出版社，2018. 6

ISBN 978-7-5682-5792-3

Ⅰ. ①服…　Ⅱ. ①丛…　②潘…　③张…　Ⅲ. ①服装设计－纸样设计－教材②服装工艺－教材　Ⅳ. ① TS941

中国版本图书馆 CIP 数据核字（2018）第 135859 号

出版发行 / 北京理工大学出版社有限责任公司
社　　址 / 北京市海淀区中关村南大街 5 号
邮　　编 / 100081
电　　话 /（010）68914775（总编室）
（010）82562903（教材售后服务热线）
（010）68948351（其他图书服务热线）
网　　址 / http：//www.bitpress.com.cn
经　　销 / 全国各地新华书店
印　　刷 / 北京佳创奇点彩色印刷有限公司
开　　本 / 787 毫米 ×1092 毫米　1/16
印　　张 / 13.5
字　　数 / 310 千字
版　　次 / 2018 年 6 月第 1 版　2018 年 6 月第 1 次印刷
定　　价 / 42.00 元

责任编辑 / 陆世立
文案编辑 / 陆世立
责任校对 / 周瑞红
责任印制 / 边心超

图书出现印装质量问题，请拨打售后服务热线，本社负责调换

前言

最近几年，“工匠精神”无疑是一个热词，大国工匠成为大家崇拜的偶像和学习的目标，特别是在世界技能大赛上我国选手为国争光大放异彩时，影响和带动了很多人对技能学习的渴望和向往。在新的大好的形势下，如何开展好服装专业的教育教学，培养出全面的高技能人才是直接摆在面前的一个突出问题。服装专业创新教学方法，找到合适的教学教材成为迫切需要。

传统的服装工艺类教材模式相对统一而单调，已经不能满足服装专业人才培养的需求，因此服装工艺课程教学模式和教材改革迫在眉睫。本书内容以项目式进行编写，每个项目下又分成各个任务，每个任务都从学习目标、情景描述、任务准备、知识链接、任务实施和任务检查评价 6 个步骤进行编写，整套知识链完整，符合工学结合项目式教学需要。

本书项目一为服装打板基础和工艺基础，项目二为西裙制板与缝制，项目三为女衬衫制板与缝制，项目四为低腰牛仔裤制板与缝制，项目五为旗袍制板与缝制，项目六为男式夹克衫制板与缝制，项目七为女西装制板与缝制，项目八为男西装制板与缝制。

成品打板和工艺制作的项目，从细节处考虑，流程清晰明了，适合初学者学习掌握。从款式分析，知识链接，结构图绘制，制作工业样板，排料，工艺制作详细步骤，各个环节的评价方法，每个流程都进行了详细的讲解。

本书在编写过程中，由于编者水平有限，时间仓促，难免会出现一些错误，希望大家批评指正。

编　者

2018 年 4 月

前言

[illegible]

[illegible]

[illegible]

[illegible]

[illegible]

[illegible]

【目录】CONTENTS

项目一　服装打板基础与工艺基础

任务一
服装打板基础

一、学习目标

了解服装与人体的关系；
了解人体的组成；
掌握服装结构制图的基础知识；
掌握服装结构制图的主要部件名称。

二、情景描述

公司拟进行服装制板师的培养和培训，要求参加培训的人员在3天内了解人体的组成，了解服装与人体的关系，掌握服装结构制图的基础知识，掌握服装结构制图的主要部件名称。

三、任务准备

根据本次培训任务的要求，需要提前准备绘制服装样板用的牛皮纸、白纸（复制）、比例尺、皮尺、工作台等工具和耗材。

四、知识链接

（一）人体体表特征

1. 骨骼

骨骼是人体的支柱，它是形成人体年龄差、性别差及体型差异的关键，根据骨骼就能大致推测出合体服装的主要结构构成因素。因此，掌握影响人体体表外观及运动功能的主要骨骼是外突点、关节点（图1-1-1）。

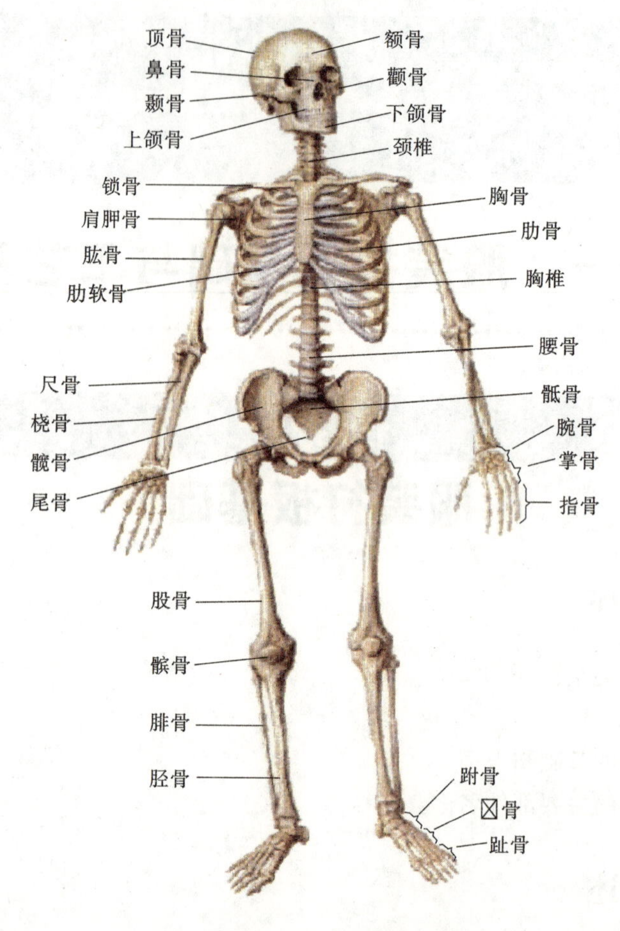

图 1-1-1 人体主要骨骼

脊柱对人体的姿势和美观是至关重要的，了解脊柱的整体曲势及颈椎、胸椎、腰椎、骶椎、尾椎各部分的范围、曲率将有助于对人体上体结构特征的把握，这是上衣结构制图的关键。

2. 肌肉

附着于骨骼与骨骼之间的骨骼肌是与人体外形密切相关的，是牵连关节运动的结构。掌握与人体运动有关且形成人体外形的主要肌肉状况，对了解服装与人体运动功能之间的关系有重要意义。例如，人体前屈和后伸运动是由背、腹肌群对抗平衡的结果，服装穿着时的牵引、压迫几乎都是由前屈、后伸运动和上下肢运动所引起的。因此，在结构设计中，要保证服装的服饰美和运动功能的和谐，就必须了解影响人体外形及四肢活动的主要肌肉群的运动状态（图 1-1-2）。

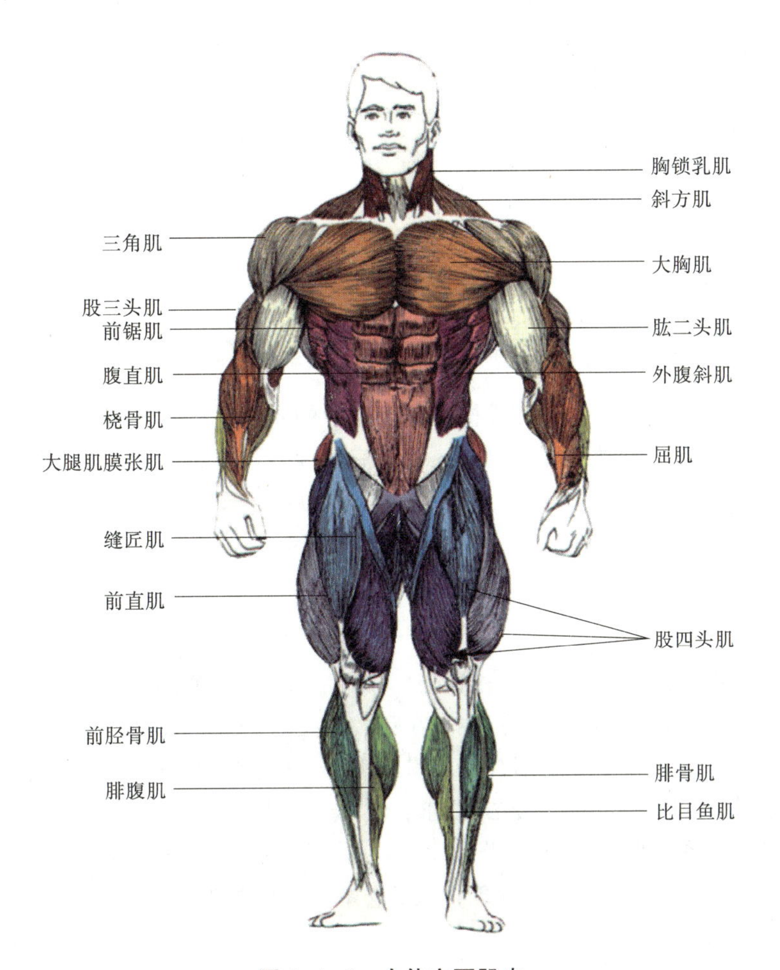

图 1-1-2　人体主要肌肉

3. 皮下脂肪

皮下脂肪层与人体的外形也有着密切的关系，脂肪的主要中心带位于胸部、上臂部、臀部、腹部、大腿内侧等部位，脂肪沉积的薄厚不同会导致男女体型有所差别。同时，脂肪沉积也会引起普通体型向肥胖体型变化，尤其中老年腹部脂肪增厚，形成胖肚体。以女性乳房为中心的胸部脂肪的变化是女装结构设计的关键，这关系到结构制图中省处理的合理性、款式线结构线的合理性等；腹部脂肪的变化将关系到腰部对上衣与下衣过渡省道的设置问题；而臀部脂肪与大腿内侧脂肪的薄厚变化则关系到下装主要是裤子的后部与裆缝的合体性。

（二）人体各重要部位与服装结构的关系

1. 颈部

颈部是头部与上身躯干相连接的部位，是下粗上细、向前略微倾斜的柱形体。颈部的底截面形状是构成服装领口的依据，柱形体部分是设计领子的出发点。由于颈部处在胸、背、肩三者汇合的位置，因此领口和肩颈点（或称颈侧点）成为整体服装中最贴身的纵向支撑点，起着平衡前后衣片的杠杆支点作用。

2. 肩部

肩部是人体的第二最高位，其形状阔而平。由于上体躯干及胸廓的作用，整个肩部略向前倾斜，整体肩形呈弓弧状。肩颈点至肩端点这一条斜线是服装中前后衣片的分水岭，并同领口一起形成上衣的纵向支撑点集合。

肩部内接衣领，外连袖子，并且承担着前后衣片的质量，从而成为服装结构设计中的重要部位。因此，在设计肩部时必须要求严谨，尤其肩斜度一定要适合穿着者的体型，否则会造成整体服装不平衡。

3. 胸部

胸部是躯干上部肌肉最为发达丰满的部分。男性表现为胸大肌突出；女性表现为乳腺脂肪发达，乳房隆起。胸部由于其突出的特性，在穿着服装时显现于衣表，因此成为支撑服装的横支点。合体上衣类服装的塑型主要围绕胸凸量的大小、位置加以处理，如胸省的转移、分散方法。这就要求在服装结构设计中结合款式要求，全面充分地考虑人体胸部的位置和突起的程度，以及相应的胸腰差关系，进行严格的制图。女装经常采用腋下省、领口省、袖窿省、肩省、胸省；男装经常采用撇胸省，再配合以腰省处理，从而塑造出理想的造型。

4. 背部

背部由肩胛骨和斜方肌形成较为丰隆的体表形态，背正中脊柱略凹，两背峰位置偏上，且较为隆起发达，穿着服装时背峰顺肩势贴体较实，成为躯干上部的横支点，背正中脊柱处及背部下部产生空荡不贴体部位。因此，在合体类服装结构设计中，如何使衣片自然符合人体后背形态也是一个重点问题，一般采取在肩部和袖窿部位收省或进行工艺上的归拔处理等方法。由于男女背部、胸部形态的差异较大，因此前后腰节也有很大差异。男性后腰节明显长于前腰节，而女性正好相反，前腰节一般比后腰节长。中老年脊椎曲度增大产生驼背，在服装结构中应做出相应的调整，才能使衣片处于合理的吻合平衡状态。

5. 腰部

由于中腰椎部分向前突出的生理弯曲，腰部处在人体背面最为凹陷的位置，因此在背部与臀峰之间形成明显的曲线。腰侧面处于胸廓与胯骨之间，也构成了明显的凹陷曲线，形成了均衡的双曲面状态。特别是胸腰差较大的女性体形，在侧面双曲面状更为显著。因此，收腰结构的服装在处理省量、省形、省长、省位上都应比较严谨，前后衣片的省量分配一般应保持 4 ∶ 6 的比差关系，背正中处收省量较大，总体胸腰差量和相应的不同收省处理方法将影响服装的整体均衡状态。一般上衣类收省结构的服装虽然做了卡腰处理，大部分也应该留有一定的活动余地，不能完全贴体，并且在工艺上必须依照人体曲面特点进行拔开或拉伸处理，才能将人体的立体状态充分表现出来。下装类服装腰部表现为横支圈，也应依据不同的款式与功能需要加放适当的松量，并注意臀腰差度的收放平衡。

6. 腹部

腹部位于躯干的前下部，由于腹直肌和腹下脂肪的堆积，腹峰略凸起呈较浑圆的状态。腹部较发达者，着衣时腹峰呈现于服装表面，成为横支撑点。在服装的结构设计时，应注意腹部形态的处理，尤其是裤子与裙子，其省形、省量、省长除依照臀腰差的关系外，同时要兼顾腹部的围度及形状，做出相应的修正。

7. 胯部

胯部处于侧面腰臀之间，因胯骨的作用而隆起，女性尤为突出，成为衣服的横支点。胯骨上部同时起着纵支点的作用。胯骨向下与股骨连接，形成外凸弧线，收腰上装的侧摆缝应顺势而下，进行相应的收省曲度的处理，下装在此部位也要做出顺势外凸弧线的处理。

8. 臀部

臀部肌肉丰满发达，外形圆浑。一般臀峰的位置、形状会因性别、年龄的差异而不同。

构成臀部的内在结构是骨盆，骨盆由两侧髋骨、耻骨和坐骨构成。骶骨连接腰椎下方的两侧髋骨，并与下肢股骨连接，谓之大转子，它是测定臀围线的标准。

男女盆腔因生理的原因有较大区别，女性宽大，男性相对较窄。骨盆、臀部肌肉的形状是构成服装上裆控制部位和体表体积曲面变化的主要因素。

裆部是服装结构制图中的特定术语，裆部的形态特征对裤子的结构处理是非常重要的。从前腰节正中处开始，绕过臀下的裆底，沿臀沟凹形线，量至后腰节，构成一条U字形的弯线，称为围裆。这条弯线中上部的横向距离为腹臀部位的厚度，下部为横裆的宽度。躯干下部的宽窄及大腿的粗细决定了这两段横向距离的尺寸。弯线底部的曲线前高后低，前缓后弯，这是因为坐骨低于耻骨。弯线折转深度取决于人体腰节至大腿根的深度，在裤片上称为上裆（即立裆），上裆的深度因人体腹臀形态各不相同。

在服装的结构设计中，下装类服装最重要的问题就是裆部的处理，再加上胯骨大转子部位横支点的作用，因此裤子、裙子的款式外形曲线变化在构成时就应按腰部、臀部、胯部的过渡曲面结构做出相应的造型变化处理。

9. 上肢

上肢主要由尺骨、肱骨、桡骨、肘关节、肩关节、腕关节组成，主要肌肉有三角肌、肱二头肌、肱三头肌等。上肢可分为上臂和前肢，上臂较为垂直粗壮，前臂则向前倾斜、稍弯，后侧长且较弧。上肢的臂根截面近似椭圆形。

袖子的结构主要依据上肢的形状设计，一般有袖山、袖肥、袖肘、袖口等部分。袖子缝合后形成筒状造型，整个袖子除肩缝处较贴体外，大多处于稍贴体而不实的空荡状态。袖子的类别较多，有一片袖、两片袖、泡泡袖、喇叭袖等。在袖子的结构设计中，最重要的是袖山与袖窿的关系，一般情况下以袖窿的结构来确定袖山的状况，同时参考袖子式样，设计袖山高、袖肥和袖口的形状尺寸，从而得到不同的袖型。

10. 下肢

下肢由髋关节、膝关节串连大腿、小腿和足，下肢骨系由股骨、胫骨、腓骨、髌骨、踝骨组成，下肢肌肉较为明显的是以髌骨为界点的大腿和小腿的表层肌。大腿前部隆起的主要是骨直肌，小腿主要有影响的肌肉在后部，由外侧腓肠肌和内侧腓肠肌组成，这两块肌肉就是俗称的腿肚。另外，由于脚骨足弓的结构特点决定了前裤口至此受阻，而后裤口可垂至足跟，因此一般裤口中线前后有 1cm 的差量，呈前短后长的斜线处理。

下肢与腰臀部共同奠定了下装类服装的结构基础，腰围、裤长、裤口、裙长、裙摆等均应综合这三者的结构特点进行设计，并在结构制图中加以体现。

综上所述，人体躯干、上肢及下肢由于骨骼和肌肉的相互连接，构成了一个复杂而完美的形体。人的形体由各部分所具有的大体块、小体块相互间有机的连接为一个整体，从而产生出人体独有的协调感和深度感。

（三）人体主要基准点的构成

1. 颈窝点

颈窝点位于左右锁骨中心，是颈根部凹下去的位置。它是领口定位的参考依据。

2. 颈椎点

颈椎点位于人体后中央颈、背交界处（即第七颈椎骨）。它是测量人体背长的起点。

3. 颈肩点

颈肩点位于人体颈部侧中央与肩部中央的交界处。它是测量人体前后腰节长的起点。

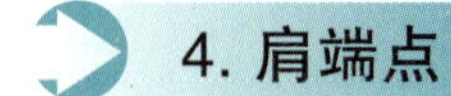

4. 肩端点

肩端点位于人体肩关节峰点处。它是测量人体总肩宽的基准点，也是测量臂长或服装袖长的起点。

5. 胸高点

胸高点位于人体胸部左右两边的最高处。它是确定女装胸省省尖方向的参考点。

6. 前腋点

前腋点位于人体前身的臂与胸交界处。它是测量人体胸宽的基准点。

7. 后腋点

后腋点位于人体后身的臂与背的交界处。它是测量人体背宽的基准点。

8. 前肘点

前肘点位于人体上肢肘关节前端处。它是服装前袖弯线凹势的参考点。

9. 后肘点

后肘点位于人体上肢肘关节后端处。它是确定服装后袖弯线凸势及袖肘省省尖方向的参考点。

10. 前中腰点

前中腰点位于人体前腰正中央处。它是确定前腰节的参考点。

11. 后中腰点

后中腰点位于人体后腰正中央处。它是确定后腰节的参考点。

12. 腰侧点

腰侧点位于人体侧腰部位正中央处。它是前腰与后腰的分界点，也是测量裤长或裙长的起始点。

（四）人体主要基准线的构成

1. 颈围线

颈围线是测量人体颈围长度的基准线，也是服装领口定位的参考依据。

2. 颈根围线

颈根围线是测量人体颈根围长度的基准线，也是服装领圈线定位的参考依据。

3. 胸围线

胸围线是测量人体胸围长度的基准线。

4. 腰围线

腰围线是腰部最细处的水平围圆线，前经前腰中点，侧经腰侧点，后经后腰中点。它是测量人体腰围长度的基准线及前后腰节长的终止线。

5. 臀围线

臀围线是臀部最丰满处的水平围线。它是测量人体臀围的基准线。

6. 肘围线

肘围线是经前后肘点的上肢肘部水平围线。

7. 腿围线

腿围线是大腿最丰满处的水平围线。它是人体腿围长度的基准线，也是服装横裆线定位的参考依据。

8. 膝围线

膝围线是下肢膝部水平围线。它是测量大腿长度的终止线，也是服装中裆线定位的参考依据。

9. 前中心线

前中心线是通过颈窝点、前腰节点的前身对称轴线（左右分界线）。

10. 后中心线

后中心线是通过颈椎点、后腰节点的后身对称轴线（左右分界线）。

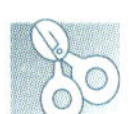

（五）人体测量注意事项

人体测量注意事项如下：

（1）要求被测者自然站立，双臂下垂，呼吸平稳。不能低头、挺胸，以免影响所量尺寸的准确程度。

（2）在测量过程中应详细观察被测者的体型。对特殊体型如挺胸、驼背、溜肩、凸腹等应测好特殊部位，并做好记录，以便制图时做相应的调整。

（3）在测量围度尺寸时，要找准外凸的峰位及凹陷的部位，围量一周，注意测量的软尺保持水平，防止软尺在背部滑下或抬得过高，一般以垫入两个手指（颈围一个手指）为宜，不要将软尺围得过紧或过松。

（4）测量时要站在被测者的左侧，按顺序进行。一般从前到后、由左向右、自上而下按部位顺序进行，以免漏测或重复测量。

（5）在放松量表中所列各品种的加放松度尺寸，是根据一般情况约定的，可根据不同款式或习惯的要求进行增减。

（六）制图工具

1. 工作台

工作台是纸样师傅的专用桌子，桌面需平坦，不能有接缝。

2. 纸

头道样板一般都用白纸，主要强调透明度；到车间一般都用牛皮纸，主要强调硬度。

3. 笔

笔主要用于绘图，一般使用 0.5 mm 的铅笔，基础轮廓线选用 HB 型或 H 型，净样轮廓线可选用 B 型，内部连折线等用 H 型。

4. 尺

常用的尺有直尺（放码尺）、工字尺、皮尺、曲线尺，用有机玻璃制成的尺最佳，因为它不遮挡制图线。绘制服装小样时多用比例尺（或称三棱尺）。

5. 其他

剪刀、滚轮、锥子、打孔器、圆规、透明胶纸、人台等也是常用工具。这些工具对纸样制作也很重要，不能缺少，特别是服装工业纸样的绘制。

五、任务实施

（一）测量围度

1. 头围

从额头在耳上通过头部最大围度，轻绕头横围。头纵围是从左侧颈点绕过头顶至右侧颈点的尺寸，通常不测量，一般做连衣帽时用。

2. 颈根围

围绕颈根部通过左右侧颈点、前颈点、第七颈椎点围量一周为颈根围，这是基本领窝尺寸。

3. 胸围

用软尺经乳尖点前后水平围量一周，注意不要拉紧，后背肩胛骨突出，皮尺容易掉下来。

4. 腰围

在腰部最细处水平围量一周。

5. 臀围

在臀部最丰满处水平围量一周。

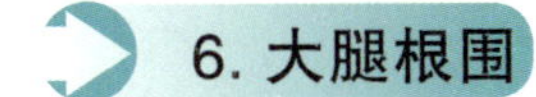

6. 大腿根围

围绕大腿根部保持水平围量一周。这是用于检验横裆宽的尺寸，一般不测量。

7. 腕围

沿手腕最细处轻绕围量一周，是袖头和袖口的参考尺寸。

8. 臂围和臂根围

臂围是上臂最粗处，这是小袖口、肥袖口和短袖口的参考尺寸。臂根围是手臂和躯干连接分界线的一圈围度，除裁制最小袖笼时参考外，一般不测量。

9. 脚腕围

围绕脚腕测量一周。在特小裤口时用到，一般不测量。

10. 膝围

在膝部轻绕围量，核检尺寸，一般不测量。

（二）测量宽度

1. 肩宽

从左肩端点经过第七颈椎点量至右肩端点。

2. 胸宽

测量前胸两腋点之间的距离，核检尺寸，一般不测量。

3. 背宽

测量后背两腋点之间的宽度，使用时同胸宽。

4. 乳距

左右乳峰点之间的距离。

（三）测量长度

1. 背长

从第七颈椎点向下至腰围线的距离。这是后身制图的长度尺寸。

2. 前腰节长

从肩颈点通过胸高点量至腰围线的高度。

3. 衣长

从第七颈椎起向下量至上衣的设计长度，为后身衣长，也可用身高进行推算。

4. 袖长

从肩点向下量至所需长度。应注意，肩点会随垫肩高度的变化而抬高。

5. 乳长

自肩颈点至乳峰点的长度。

6. 立裆长

被量者取坐姿，从腰节线自然下垂量至凳子表面。立裆尺寸也可用站姿腰位的高度减去腿长取得。

7. 裤长

从侧身的腰围线向下垂量至脚腕。裤长可视鞋的不同、裤子款式的不同而有不同的长度。

8. 裙长

从侧身的腰围线向下垂量。裙长有超短裙、短裙、中长裙、长裙等长度之分。

9. 臀高

腰围线至臀围线的长度，裙子和裤子中采用。这是核检尺寸，一般不测量。

（四）绘制制图符号

制图符号见表 1-1-1。

表 1-1-1　制图符号

名　称	形　式	用　途
粗实线		用于服装和零部件的轮廓线
细实线		用于制图的基本线、尺寸线
等 分		表示该段距离平分等分
等 量		表示指向的尺寸是相等的
省 缝		表示需要缝进去的量及缝的形状
褶 裥		表示衣片需要收褶的部位
缩 褶		表示该部位需要缩缝抽进
直 角		表示两条线互相垂直

续表

名　称	形　式	用　途
连折	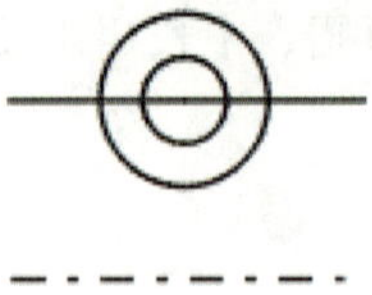	表示该部位布料需要连裁
归拢		表示该部位需要归拢缩进
拔开		表示该部位需要拔开伸长
并合		纸样合并记号
纱向		表示布纹方向
倒顺		表示有毛面料（如皮毛、灯芯绒等毛）的走向
明线		表示缝线是双明线，有时还需表明单位针数及间距
重叠		表示两部件交叉相等
对位		表示两个衣片间的对位吻合

（五）绘制制图代号

制图代号见表 1-1-2。

表 1-1-2　制图代号

部位	部位（英文）	代号	部位	部位（英文）	代号
胸围	Bust	B	背宽	Back Width	BW

续表

部位	部位（英文）	代号	部位	部位（英文）	代号
腰 围	Waist	W	袖口宽	Cuff Width	CW
臀 围	Hip	H	长 度	Length	L
胸围线	Bust Line	BL	袖窿弧长	Arm Hole	AH
腰围线	Waist Line	WL	袖 长	Sleeve Length	SL
臀围线	Hip Line	HL	胸高点	Bust Point	BP
领 围	Neck	N	肩颈点	Side Neck Point	SNP
肘围线	Elbow Line	EL	肩端点	Shoulder Point	SP
膝围线	Knee Line	KL	前颈点	Front Neck Point	FNP
肩 宽	Shoulder	S	后颈点	Back Neck Point	BNP
胸 宽	Front Bust Width	FW	—	—	—

（六）识别服装各部位名称

1. 裙子主要部位和线条名称

裙子主要部位和线条名称见图 1–1–3。

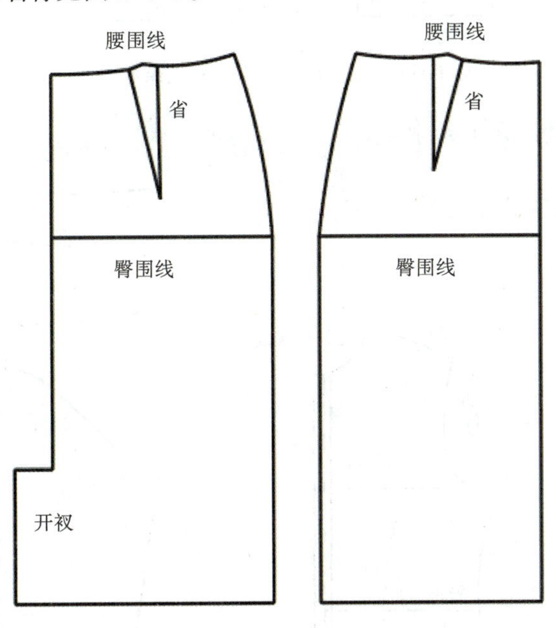

图 1–1–3　裙子主要部位和线条名称

2. 裤子主要部位和线条名称

裤子主要部位和线条名称见图 1-1-4。

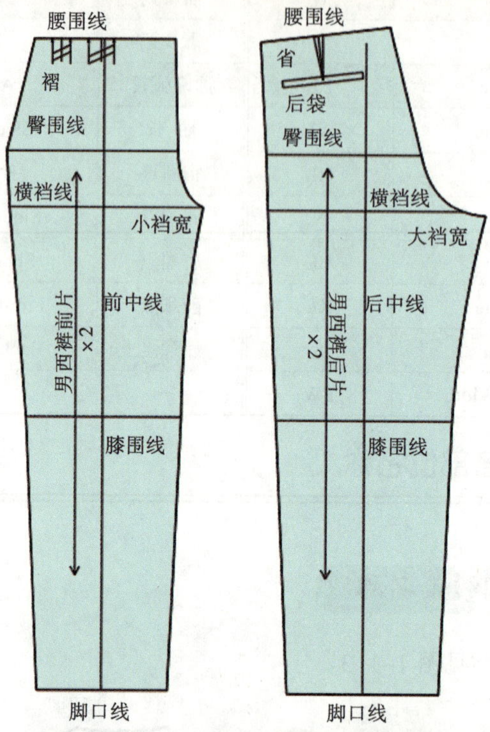

图 1-1-4　裤子主要部位和线条名称

3. 女上衣主要部位和线条名称

女上衣主要部位和线条名称见图 1-1-5。

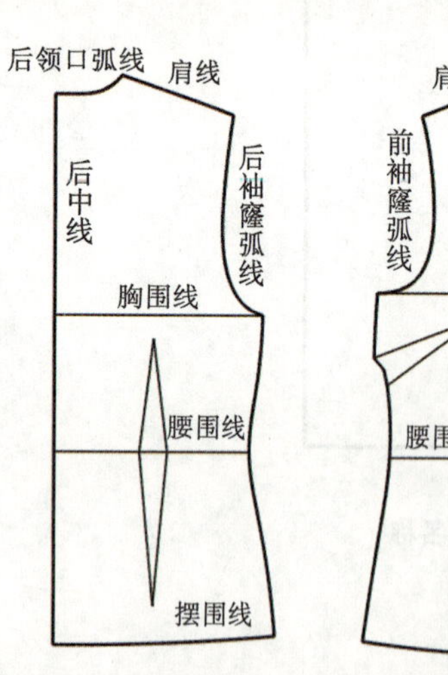

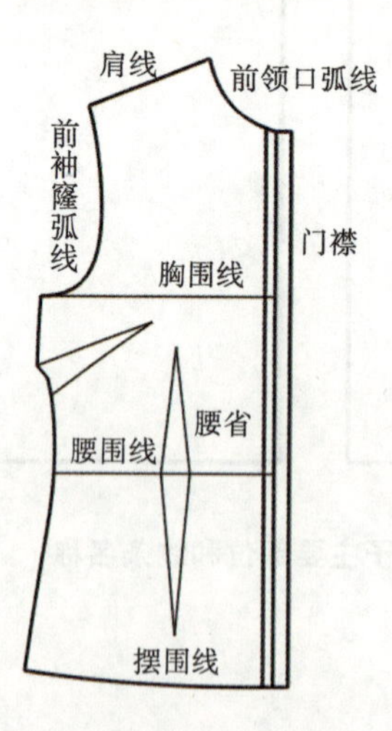

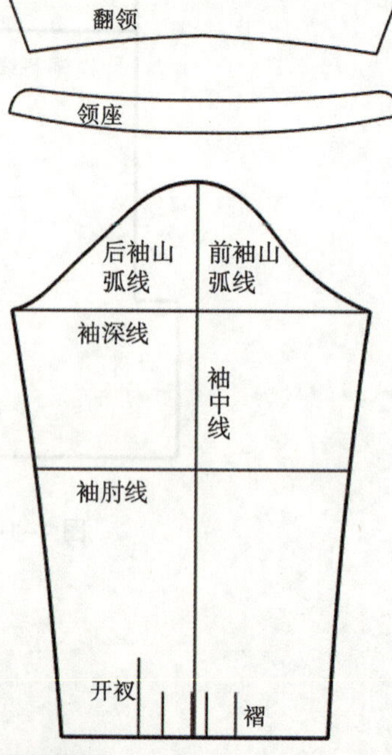

图 1-1-5　女上衣主要部位和线条名称

六、任务检查及评价

（一）检查方法及内容

使用皮尺、直尺等测量工具，根据人体测量方法，测量模特的各部位服装常用尺寸，并记录。用小组提问的方法进行服装制图符号及制图代号的听写，对照检查，换算为100制打分。

（二）自查表填写方法（表1-1-3、表1-1-4）

根据听写的服装制图符号和服装制图代号，对照标准答案，进行自评打分。

（三）小组讲评

表1-1-3　自查表1

部位	测试答案（代号）	正确答案（代号）	部位	测试答案（代号）	正确答案（代号）
胸 围		B	背 宽		BW
腰 围		W	袖口宽		CW
臀 围		H	长 度		L
胸围线		BL	袖窿弧长		AH
腰围线		WL	袖 长		SL
臀围线		HL	胸高点		BP
领 围		N	肩颈点		SNP
肘围线		EL	肩端点		SP
膝围线		KL	前颈点		FNP
肩 宽		S	后颈点		BNP
胸 宽		FW	—	—	—

表 1-1-4　自查表 2

名　　称	形　　式	用　　途
粗实线		
细实线		
等 分		
等 量		
省 缝		
褶 裥		
缩 褶		
直 角		
连 折		
归 拢		
拔 开		
并 合		

续表

名　　称	形　　式	用　　途
纱 向		
倒 顺		
明 线		
重 叠		
对 位		

任务二
服装手缝工艺

一、学习目标

了解手针在服装制作中的应用；
掌握各种手针的缝制方法与用途。

二、情景描述

公司拟进行服装高级制作工的培养和培训，要求参加培训的人员在 2 天内了解手针在服装中的应用，掌握各种手针针法，并提交手针缝制任务，完成作业。

三、任务准备

根据本次培训任务的要求，需要提前准备手针、顶针、3 种颜色的线、布、直尺等工具和耗材。

四、知识链接

（一）工具

手针工艺，顾名思义，其主要工具是手针。手针是一种钢针，顶端尖锐，尾端有针孔，用于穿入缝线。

手针有长短粗细之分，目前常用手针有 15 个型号，即 1~15 号。号越小，针身越粗、长；号越大，针身越细、短。通常针号的选择根据加工工艺的要求和缝制材料的特征而定，大针的缝迹较粗大，小针缝迹精细，具体手针与缝制材料的对应关系见表 1-2-1。

表 1-2-1　手针与缝制材料的对应关系

型号	1	2	3	4	5	6	7	8	9	10	11	12	13	14	15
最粗直径/mm	0.96	0.86	0.86	0.80	0.80	0.71	0.71	0.61	0.56	0.48	0.48	0.45	0.39	0.39	0.33

续表

型号	1	2	3	4	5	6	7	8	9	10	11	12	13	14	15
用途	缝制帆布用品、被、褥等		缝制较厚呢料、锁眼、钉扣、装垫肩等		缝制一般毛呢类服装或敷衬布，也可以用于中型料锁眼、钉扣等		缝制一般薄料服装，也用于薄型料锁眼、钉扣等		缝制精细丝绸类服装		刺绣		在薄料上刺绣或钉珠片等装饰物		

进行手针缝制时，常用到的工具还有（图 1-2-1）：

顶针——金属材质的圆形箍，表面有紧密排列的小凹洞或凹槽。缝纫时，顶针套在中指上，针尾顶在凹洞或凹槽中，不易滑动，这样推动手针向前。顶针有活口和死口之分，活口顶针便于根据手指粗细进行缩放。

剪刀——缝纫时常用的剪刀有两类，一类用于裁剪布料，另一类是普通小剪刀或纱剪，手缝时主要用后者，用于剪线头和拆线头，刀口要锋利，刀刃咬合好，刀尖整齐不缺损。

针插——用布料做成的插针工具，内有头发、棉纱之类的填充物，其中的油质可使针保持光滑、不生锈。使用针插，针不易丢失（图 1-2-1）。

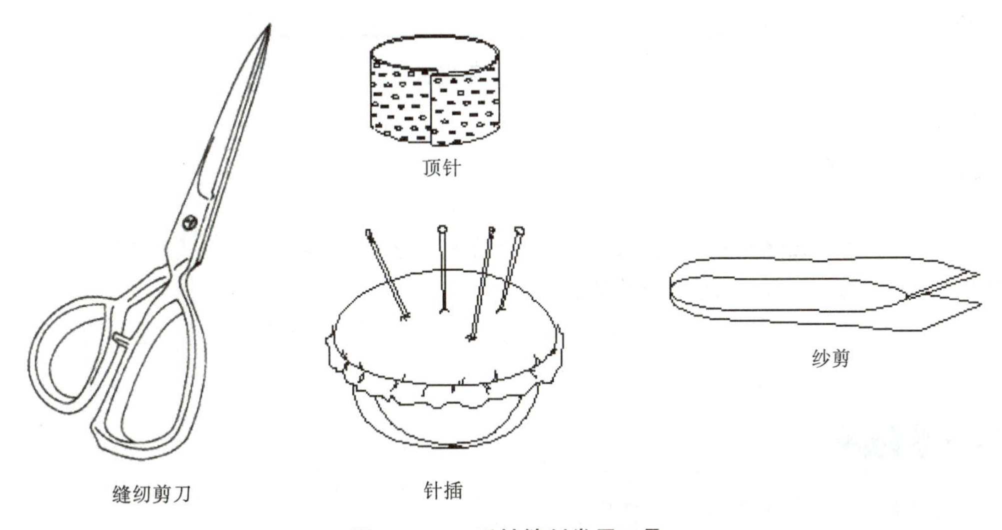

图 1-2-1　手针缝制常用工具

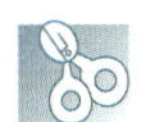（二）手针针法简介

已穿线的手针扎进衣料，移位后穿出并带出缝线，完成一针。如此连续重复运针，形成手缝线迹。在具体的手缝工艺中，应区别不同部位及要求，采用不同的针法，以达到不同的质量要求及外观效果。

常用的手针针法有缝、拱、缲、缭、环、贯、纳、扳、绷、勾、锁、钉、拉、打等。也可按运针方法、方向及技法特点将手针针法分为 3 类：缝针类——一上一下向前运针；勾针类——一上一下、进退结合运针；环针类——单一方向运针或回绕线圈。

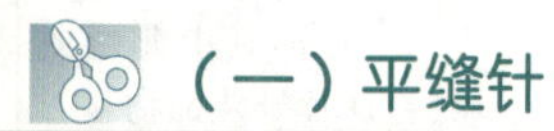

五、任务实施

手针缝制。

（一）平缝针

平缝针（图 1-2-2）也称为纳针、拱针，是一种一上一下、顺向等距运针的针法。该针法线迹均匀、顺直，可抽缩，常用于服装袖山、口袋的圆角等需收缩或抽碎褶之处。

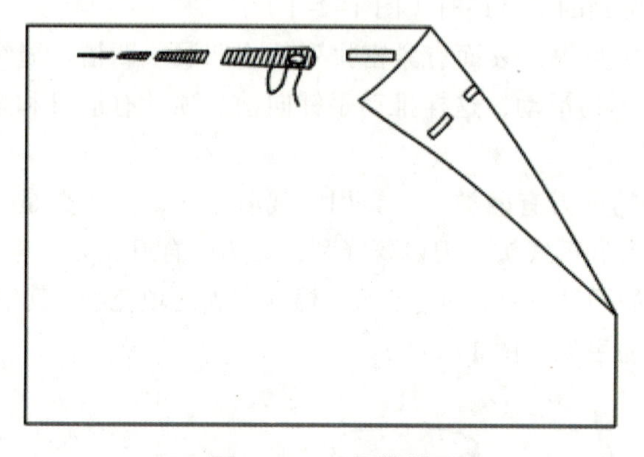

图 1-2-2 平缝针

1. 针法

（1）右手中指和无名指在布的下面，小拇指在布的上面，将布夹住，拇指和食指持针，左手与之相配合，一针上、一针下等距离从右向左运针。

（2）连续缝五六针后，用右手中指上的顶针向左推针，然后将针拔出，注意控制好针距。

2. 要求

线迹均匀顺直，缝线松紧一致、适度。

（二）打线钉

用棉线在两层衣片上做对应标记，一般采用白棉线，因为棉线软而多绒毛，不易脱落，且不会褪色污染面料。

1. 针法

（1）将两层衣片对齐平铺在台板上。

（2）根据面料的厚度和所打线钉的部位不同，有单针和双针两种打线钉方式。单针为每缝一针就移位、进针；双针为连续缝两针再移位、进针。浮在面料表面的浮线距离一般为 4 ~ 6 cm［图 1-2-3（a）］。

（3）先将表层的连线剪断［图 1-2-3（b）］。然后掀起上层衣片，轻轻将上、下层衣片间的缝线拉长至 0.3~0.4 cm，从中间剪断［图 1-2-3（c）］。

（4）翻过衣片，将底层表面的连线剪断，并将各层表面的线头修剪为 0.2 cm 左右，用手拍散［图 1-2-3（d）］。

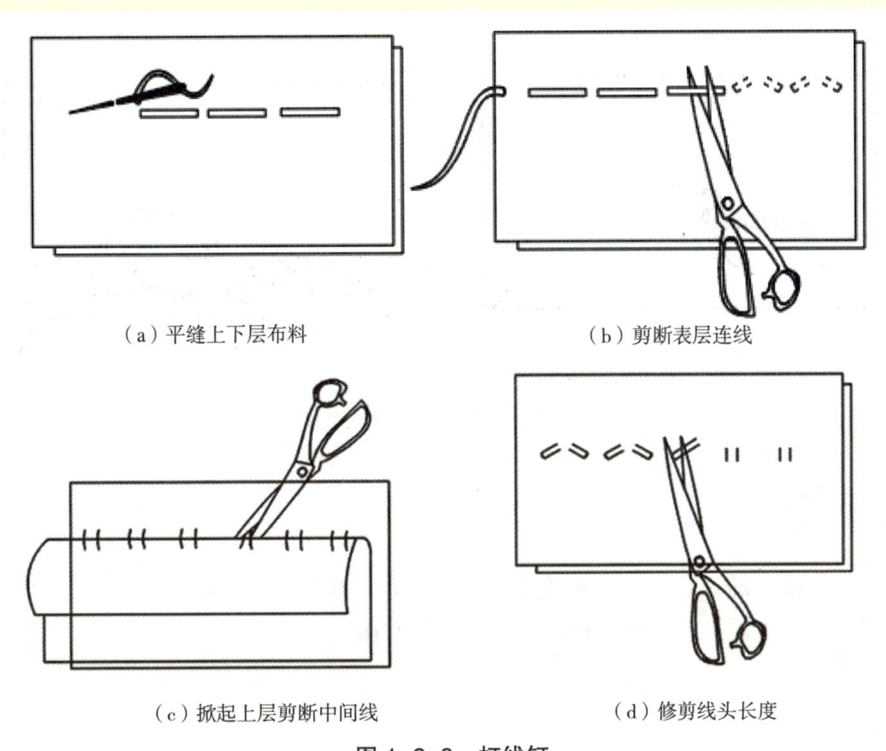
（a）平缝上下层布料
（b）剪断表层连线
（c）掀起上层剪断中间线
（d）修剪线头长度

图 1-2-3　打线钉

2. 要求

（1）上下层衣片一定要重叠对齐，不要移动，以免引起误差。

（2）缝线要顺直且位置准确，松紧适度。

（3）剪线时（特别是剪上、下层之间的缝线时），剪刀一定要平，对准线中间剪，以免剪破布料。

（4）直线处线钉打得稀疏些，转弯或关键部位打得密些。

（三）三角针

三角针也称黄瓜架或花绷，是用在服装折边口上的一种针法，在折边处呈 X 形或 V 形线迹，而面料表面仅有细小的点状线迹。

1. 针法

（1）将布料的折边部位折转、烫平。

（2）自左边起针，从折边里面向外将针穿出。向右侧斜上方移针，在布料上自右而左挑起一两根布丝，拔出针带出缝线［图 1-2-4（a）］。

（3）向右斜下方移针，在折边上自右而左挑起一两根布丝，拔出针带出缝线，与前一针成等腰三角形，依次循环向右缝制［图 1-2-4（b）］。

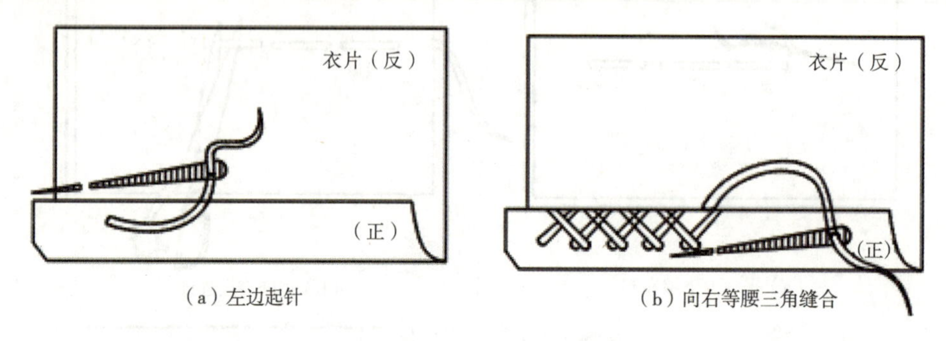

（a）左边起针　　（b）向右等腰三角缝合

图 1-2-4　三角针

2. 要求

（1）线迹呈交叉的三角形，针距及夹角均匀相等，排列整齐美观。

（2）将折边缝牢固，缝线松紧适度，布料表面平服。

（四）勾针

勾针也称回针，是一种进退结合的针法，有顺勾针和倒勾针两种形式。顺勾针在衣物表面的线迹呈首尾相接状，而底面线迹呈叠链状；倒勾针相反，表面线迹呈交错相连状，反面呈虚线状或首尾相接状。

1. 针法

（1）顺勾针：自右向左运针。针、线在布料上面时，先向后退半针将针扎到布料底面，向左一针的距离再将针穿出，再向右退到前半针的位置向下扎针。如此循环，形成表面首尾相连、底面交错重叠的线迹［图 1-2-5（a）］。

（2）倒勾针：自左向右运针。针、线在布料上面时，向右进一针将针扎到布料底面，向左半针或小于半针的距离将针向表面穿出，再向右运一针。如此循环，形成表面交错重叠、底面首尾相连或虚线状的线迹［图 1-2-5（b）］。

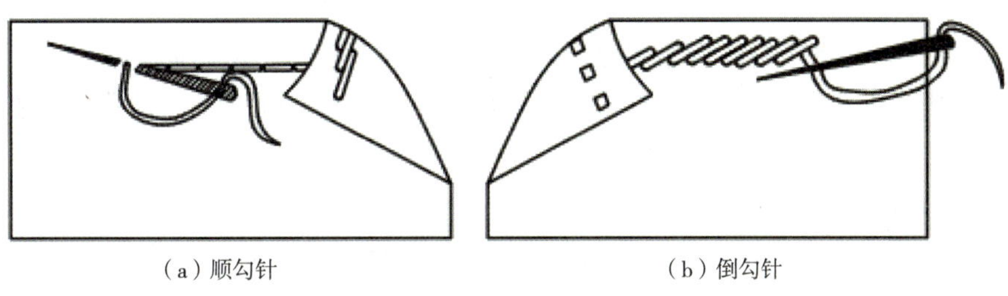

图 1-2-5　勾针

2. 要求

（1）线迹松紧适度。
（2）线迹均匀顺直。

（五）环针

环针是一种将一片边缘毛丝包锁住，使其不脱散的针法。

1. 针法

自右而左运针。距衣片边缘 0.3 ~ 0.5cm 处由下向上出针，拔针后向左移针，再由下向上出针，拔针时使线绕过手针，锁住布边（图 1-2-6）。

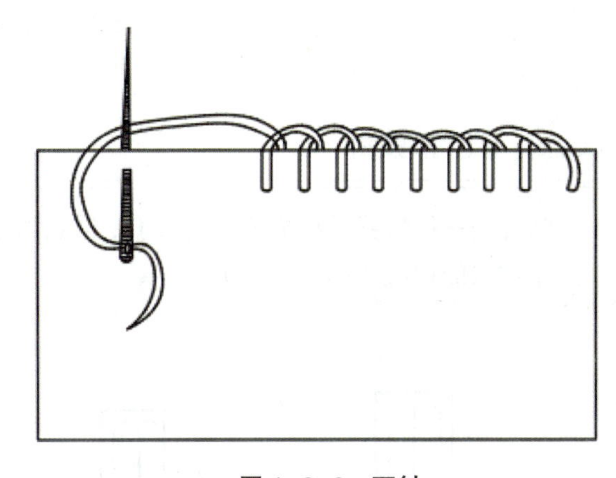

图 1-2-6　环针

2. 要求

线迹均匀整齐，松紧适度。

（六）缲针

缲针也称缭针、扦针，是按一个方向进针，把一层布的折边连接固定的针法，常用于袖口、下摆等部位，也可用于服装表面镶拼装饰片的固定。缲针分明缲和暗缲两种针法，明缲正面不露线迹，里面有线迹；暗缲两面都不露线迹。

1. 针法

（1）明缲针法：将布料的折边部分折转、烫平。右手持针，从右向左运针。距折边的边缘0.3~0.5 cm 处由里向外将针穿出，向左上方移动一定针距后，沿边缘上方挑起表层布料一两根布丝，然后左移至折边里面向外将针穿出［图 1-2-7（a）］。

（2）暗缲针法：将折边边缘翻起，右手持针，从右向左依次在面料和折边上循环运针，将浮线藏于面料与折边的夹层里，注意两层都只挑起一二根布丝［图 1-2-7（b）］。

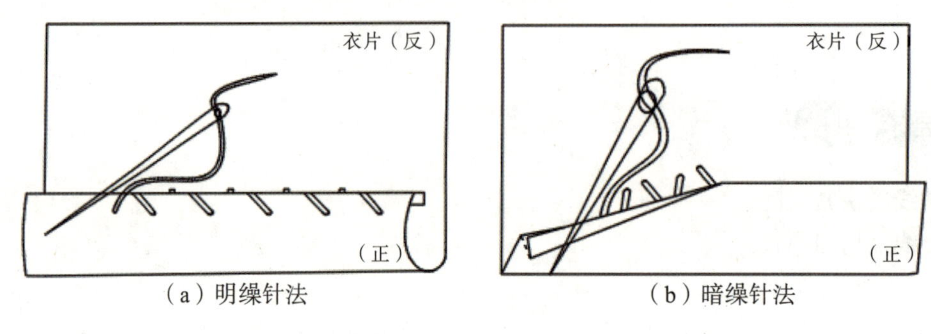

图 1-2-7　缲针

2. 要求

针距在 0.3~0.5 cm，均匀一致、整齐，表面不露线迹，松紧适度。

（七）锁针

锁针是一种将缝线绕成线环后串套，把织物毛边包锁住的针法，它具有一定的耐磨性和装饰性，多用于扣眼的锁缝（图 1-2-8）。

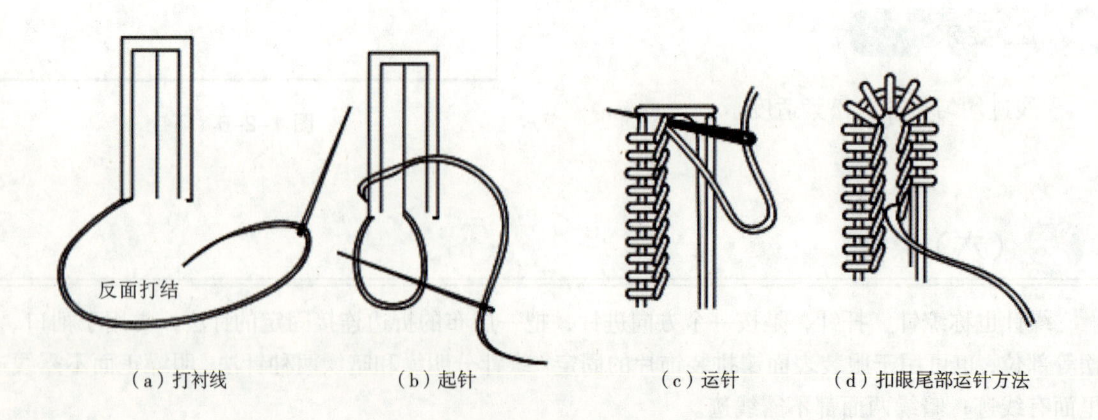

图 1-2-8　锁针

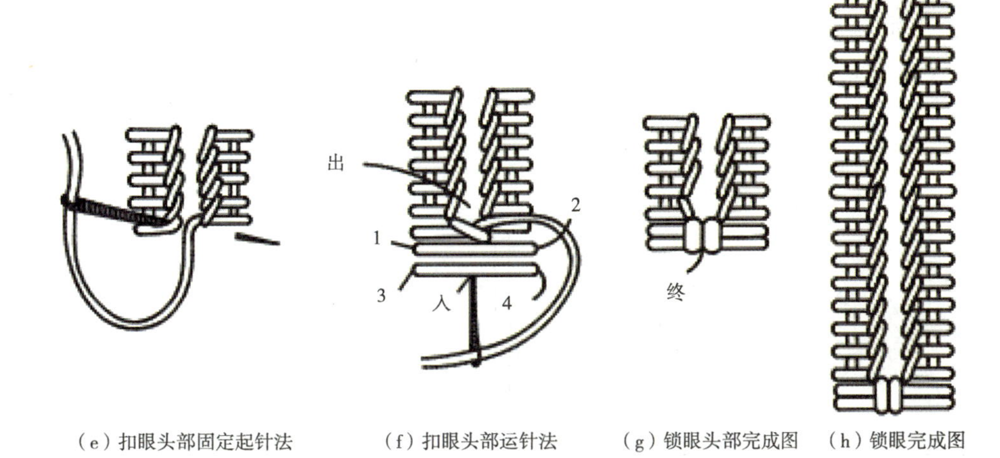

（e）扣眼头部固定起针法　（f）扣眼头部运针法　（g）锁眼头部完成图　（h）锁眼完成图

图 1-2-8　锁针（续）

1. 针法

（1）按纽扣直径大小在布料上开扣眼，通常扣眼的大小为纽扣的直径加 1~2 倍的纽扣厚度。扣眼有平头和圆头之分，根据使用部位和功能不同还有开尾、闭尾、直套结、横套结等种类，现在多用专业锁眼机完成。

（2）打衬线。距扣眼 0.2~0.3cm，在扣眼两侧分别缝两条与扣眼平行的线，可使锁好的扣眼美观且牢固。

（3）锁眼。从扣眼尾部起针，右手持针自下而上紧贴衬线外侧将针缝出，拔针前将缝线由下而上绕过针尖，然后拔针拉线，使线在眼口交结。依次循环锁至扣眼头部时，注意线迹要形成圆度，要整齐、美观。

（4）封线套结。锁眼完成后，尾针应与首针对齐，缝两针横封线，再在中间位置缝两针竖封线，将针线插到面料反面打结。

2. 要求

（1）线迹排列整齐、均匀、美观。
（2）锁缝结实、紧密。

（八）杨树花针

杨树花针多用于女装活里下摆处朋，是一种装饰性针法，有二针花、三针花等形式。

1. 针法

（1）用定针缝住折边，左手捏住布料，右手持针由右向左运针。

（2）与前一针平齐，距 0.3~0.5 cm 处将针自上而下扎入，左移一定针距将针挑缝出来，拔针前将缝线套在针下，拔针拉线后使线迹呈横 V 字形（图 1-2-9）。

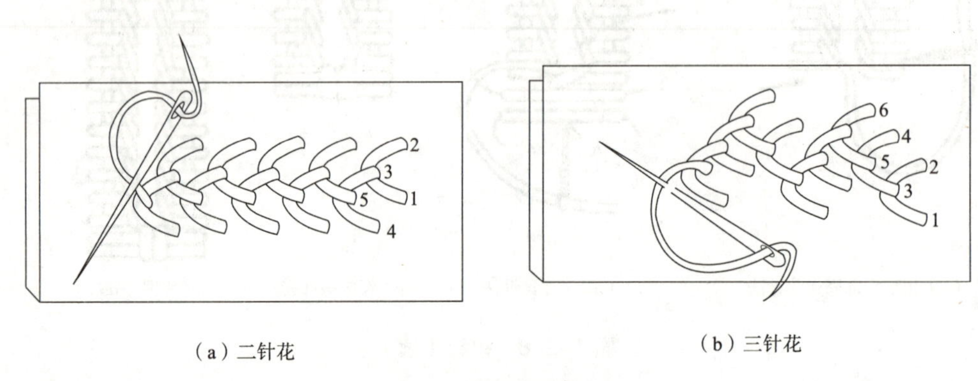

（a）二针花　　（b）三针花

图 1-2-9　杨树花针

2. 要求

针距长短一致，松紧适度，线迹美观。

（九）套结

套结是缝在开衩位置起加固作用的针法。

1. 针法

（1）方法一：缝两针衬线，线迹长 0.6cm，用锁针的针法锁出一行排列紧密的线结，最后将针扎入反面打结［图 1-2-10（a）（b）］。

（2）方法二：缝一针衬线，注意不要将针拔出，将线在针尖上缠绕出套结的长度。拔出针，拉出缝线，捋平缠绕线，将针扎入反面打结［图 1-2-10（c）（d）］。

2. 要求

衬线不宜抽得过紧，线结要整齐、紧密、美观。

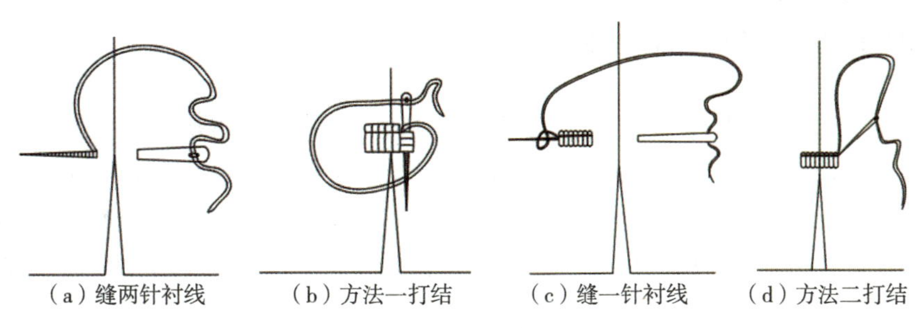

图 1-2-10 套结

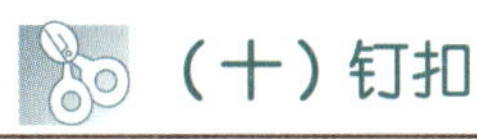

（十）钉扣

钉扣（图 1-2-11）是将纽扣缝缀在服装上的针法，根据纽扣不同，针法也不同。

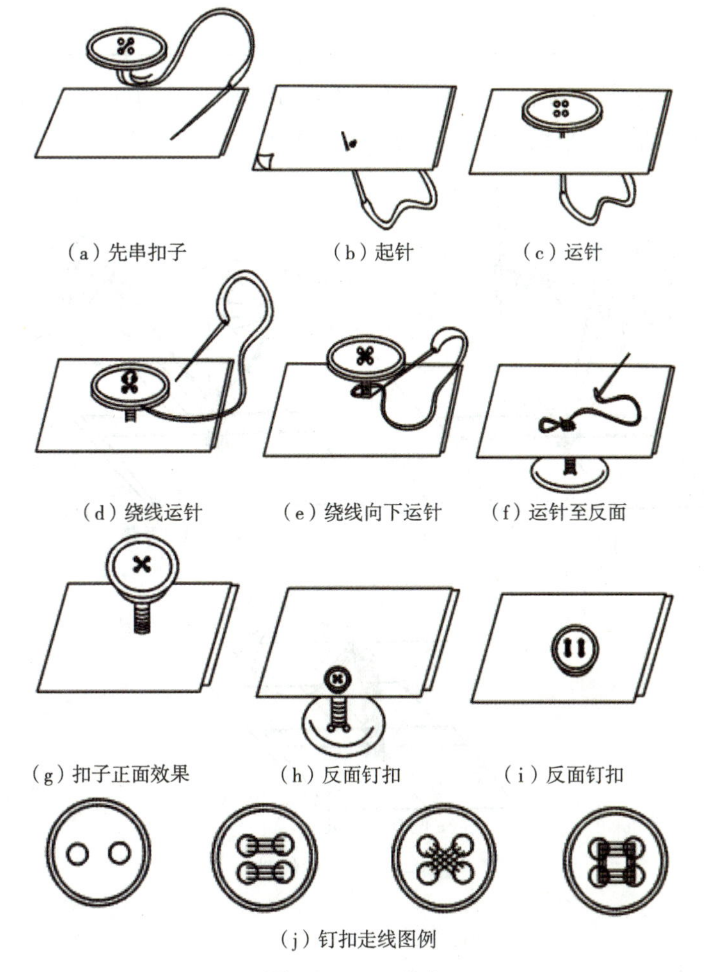

图 1-2-11 钉扣

1. 有脚扣的钉法

将针由下至上穿出布料，然后把针线穿过纽扣脚孔，再扎入布面，拉紧线。如此重复 6~8 次，最后将针扎到反面打结。

2. 无脚扣（有孔扣）的钉法

将针由下至上穿出布料，然后把针线自下而上穿过一个纽孔，再从另一纽孔自上而下穿过，刺入布面。纽扣和布面之间留有空隙量（薄型面料留 0.~0.3cm，厚型面料留 0.3 ~ 0.5cm）。重复三四次缝线动作，使针线停在布面上，用线在纽扣与布面之间的缝线上自上而下缠绕若干圈，绕满后套结，再将针线引到布料反面打结。四孔纽扣可缝成“=”“×”“□”等不同形式的线迹。

3. 按扣及钩袢的钉法

在每个纽扣或钩环中以锁针方式钉缝。

（十一）拉线袢

拉线袢（图 1-2-12）是一种在衣片上将缝线连续环套成小袢的针法，常用于扣袢、腰袢、夹衣活底摆里和面的联结等，多采用与面料顺色的粗丝线或多股缝纫线。

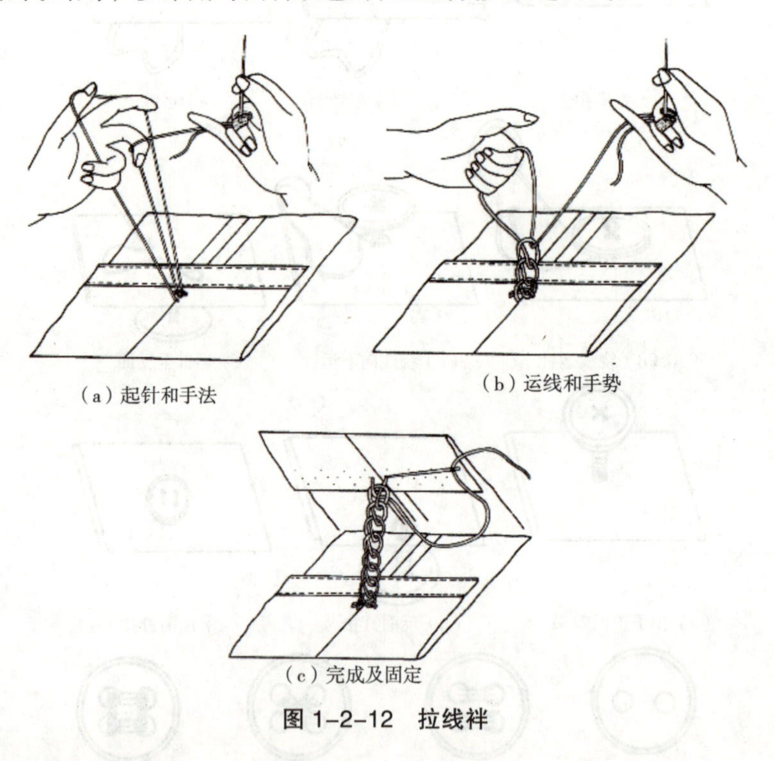

图 1-2-12　拉线袢

1. 针法

（1）在同一位置重叠缝两针，注意第二针的线套不要拉紧，留一定长度。
（2）右手拉住缝线；左手拇指和食指撑开线套，中指勾住缝线。
（3）左手放脱线套，拉紧缝线；右手拉住缝线与之配合，形成线套，依次循环。
（4）当线袢到所要求长度时，松开右手，将缝线带出穿过线套。将线袢尾部固定在要求部位。

2. 要求

拉线套时双手要配合好，环环相套的线圈应大小均匀，松紧适度。

六、任务检查及评价

（一）检查方法及内容

使用皮尺、直尺等测量工具，根据质检部门提供的样板，对照手针样板进行自我检查、小组检查。重点检查针法是否正确，线迹是否美观，任务完成及设计是否合理，并进行评分。

（二）自查表填写方法（表 1-2-2）

对照检查，按照各个针法的分数配值，结合个人完成情况，进行自评打分。

（三）小组讲评

重点讲解小组表现比较好的地方、值得以后推广和借鉴的长处，以及解决问题的能力。分析出现问题的原因，问题是否有共性，能否找到合适的解决方法。

表 1-2-2　自查表

针法	分值（100 分）	自查		组长检查		产生原因
		针法、线迹外观	扣分点	针法、线迹外观	扣分点	
1. 平缝针	7					
2. 打线丁	9					
3. 三角针	9					
4. 勾针	9					
5. 环针	9					
6. 缲针	9					
7. 锁针	13					
8. 杨树花	9					
9. 套结	9					
10 钉扣	10					
11. 拉线袢	7					

任务三 服装机缝工艺

一、学习目标

了解服装常用设备；
掌握服装机缝工艺常用缝型。

二、情景描述

公司拟进行服装缝制工艺师的培养和培训，要求参加培训的人员在2天内了解服装常用的设备，掌握服装机缝的各种常用的缝型操作方法。

三、任务准备

根据本次培训任务的要求，需要提前准备机缝操作的牛皮纸、比例尺、皮尺、工作台、布、梭芯、梭壳、机针、线、片、平车等工具和耗材。

四、知识链接

（一）常用缝纫设备

缝纫设备主要分家用缝纫机和工业缝纫机两大类。家用缝纫机种类较单一，适于家庭缝纫制作；工业缝纫机种类繁多，较常用的是平缝机和包缝机。

随着机械技术的发展，按照不同的工艺要求而制成的各种专用机仍在不断地更新，如钉扣机、锁眼机、挑脚机、绱袖机、绱领机、埋夹机、凤眼车、绷缝车等特种机也在服装生产中广泛使用。

1. 家用缝纫机

家用缝纫机（图1-3-1）分为踏脚缝纫机和电动缝纫机两种。踏脚缝纫机由机架、机头、脚踏板、传动带组成。机头部分包括针杆、线钩、挑线器、梭床、摆梭等成缝器件及压脚、送布牙等缝纫输送器件。当踏动脚踏板时，传动带带动机头转轮、机头的成缝器、送布装置同时运转，完成缝纫。

图 1-3-1　家用缝纫机

2. 工业平缝机

工业平缝机（图 1-3-2）一般由动力系统、操作控制机构、针码密度调节机构、送布机构等组成，完成平缝操作。

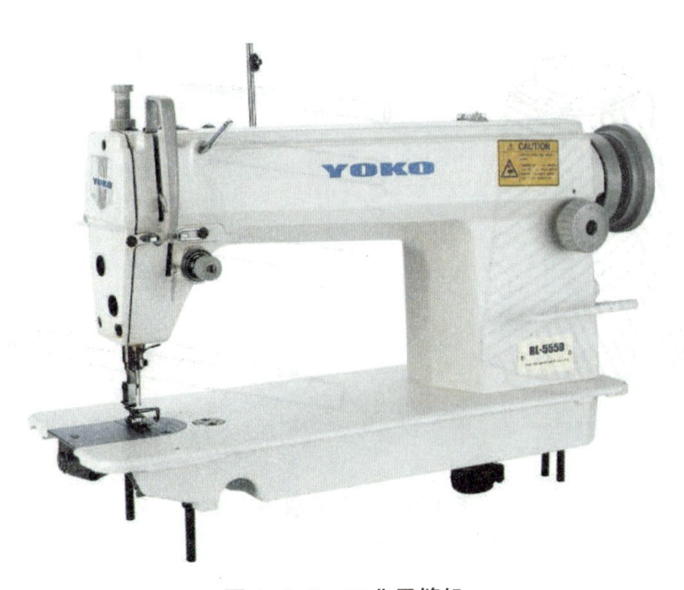

图 1-3-2　工业平缝机

3. 包缝机

包缝机（图 1-3-3）也称拷边机，主要用于包锁布料的裁断边缘，防止纤维脱散，主要有三线、四线、五线等类型。

图 1-3-3 包缝机

（二）常用机缝工具

常用机缝工具见图 1-3-4。

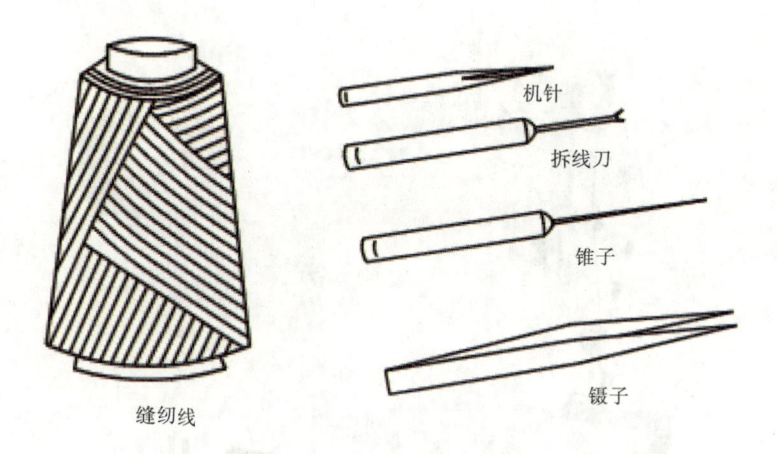

图 1-3-4 常用机缝工具

1. 机针

机针指缝纫机专用钢针。机针按针杆粗细用号数表示，号数越小，针越细，号数大则针较粗。由于缝纫机的种类和号型很多，因此机针的种类和针型也很多。为了区别各种缝纫机的用针，各种机针在号数前都有一个型号，以表示该机针所使用的缝纫机种类。例如，J-70，“J”表示家用缝纫机针；81-80，“81”表示包缝机针；96-90，“96”表示工业平缝机针等。对于同一种缝纫机型，缝制不同厚度、不同质地的面料时，要选用适当的机针型号。

机针针号与缝纫面料的关系见表 1-3-1。

表 1-3-1　缝纫机针与缝纫面料的关系

针号（号制）	针尖直径 /mm	面料种类
9、10	0.67~0.72	薄纱、上等细布、塔夫绸、泡泡纱、网眼织物
11、12	0.77~0.82	缎子、府绸、亚麻布、凹凸锦缎、尼龙布、细布
13、14	0.87~0.92	女士呢、天鹅绒、平纹织物、粗缎、法兰绒、灯芯绒、劳动布
16~18	1.02~1.07	粗呢、拉绒织物、长毛绒、防水布、涂塑布、粗帆布
19~21	1.17~1.32	帐篷帆布、防水布、毛皮材料、树脂处理织物

2. 缝纫线

缝纫线是用于衣片缝合的线，有涤纶线、丝线、棉线等种类，以 V 形塔线和小管轴线较常见。

3. 锥子

锥子是缝纫时的辅助工具，主要用于拆除缝合线，挑领尖、衣角等，也可在车缝时用以轻推面料，以防止车缝不均匀。锥子的锥头要尖，装有木柄或塑料柄。

4. 镊子

镊子又称镊子钳，是缝纫时的辅助工具，可用于包缝机穿线，或车缝时拔取线头和疏松缝线。镊子一般为钢制的，要求镊口密合，无错位且弹性好。

五、任务实施

机缝工艺。

（一）线迹

用家用或工业平缝机进行车缝，其原理是通过机器使上线和底线相互交结，使两层或多层布料固定在一起。

1. 直线迹

直线迹是用缝纫机车缝的最基本线迹，相邻的直线迹要始终保持平行。为达到该要求，可以做以下三步训练：第一步，在布料上用划粉画一条直线，沿粉印车缝，注意不要偏离这条直线；第二步，将压脚的左外侧边对齐第一条车缝线迹进行车缝；第三步，距离第二条车缝线迹 1 cm（熟练后可改为间隔 1.5 ~ 2 cm）进行车缝，注意要与前两条线保持平行。

2. 折线迹

在直线迹的基础上车缝"之"字形线迹，要注意线迹的宽度、折线的角度、平行度等问题，保证线迹均匀、整齐、美观。

3. 曲线迹

折线车缝熟练后，可练习曲线车缝。可先按画粉印车缝，压脚的压力要稍松些，开始时要一针一针慢速车缝，然后逐渐加快缝速，并脱离粉印车缝任意的圆顺曲线。

（二）缝型

1. 平缝

平缝（图 1-3-5）也称合缝，是机缝中最基本、使用最广泛的一种缝型。

（1）方法：

① 将两片布料正面对齐，上下对齐。
② 留 1cm 缝幼车缝，开始和结束时打倒针。

（2）要求：

线迹顺直，缝份宽窄一致，布料平整。

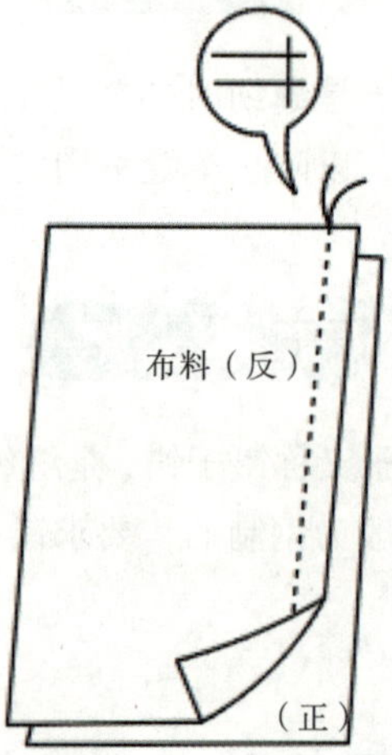

布料（反）
（正）

图 1-3-5　平缝

2. 搭缝

搭缝（图 1-3-6）指将两块布料搭叠车缝，多用于衬或暗藏部位的拼接。

（1）方法：

① 将两片布料正面向上，缝份处搭在一起。
② 沿预留缝份车缝。

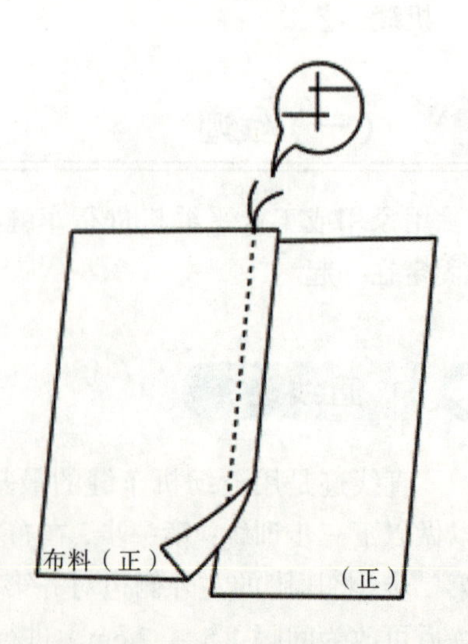

图 1-3-6　搭缝

（2）要求：

线迹顺直，缝份宽窄一致，布料平整。

3. 坐缉缝

坐缉缝（图1-3-7）是在平缝的基础上将缝份倒向一侧，并车缝固定缝份的方法，起固定缝口、增加牢度和装饰性的作用，如用于裤子的侧缝、后缝等处。

（1）方法：

① 将两片布料正面相对，上下对齐。
② 平缝后，将缝份倒向一边。
③ 从正面沿翻折边按工艺要求的宽度车缝明线。

（2）要求：

① 缝份翻折平服、整齐
② 明线车缝顺直，无皱缩。

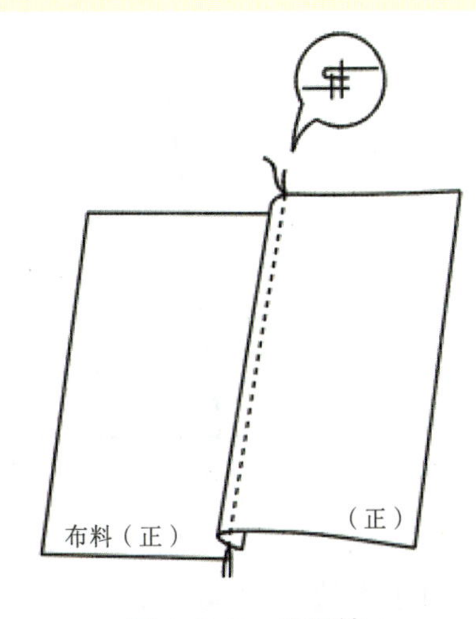

图1-3-7 坐缉缝

4. 压缉缝

压缉缝（图1-3-8）也称扣压缝，是将上层面料边缘向里折扣，缉在下层面料上的一种方法，多用于装贴袋。

（1）方法：

① 将两层布料均正面向上放置，上层布料的边缘按工艺要求将折边向反面扣净。

② 沿上层布料的边缘按工艺要求车缝单明线或双明线。

（2）要求：

线迹整齐、顺直、宽窄一致，缝口处平服、无皱缩。

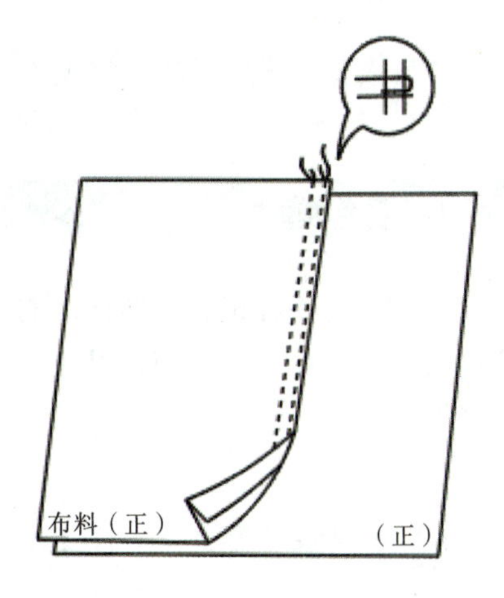

图1-3-8 压缉缝

5. 卷边缝

卷边缝（图 1-3-9）是将布料的边缘两次翻转扣净后车缝的方法，多用于下摆、裤口、袖口等处，有内卷和外卷两种形式。

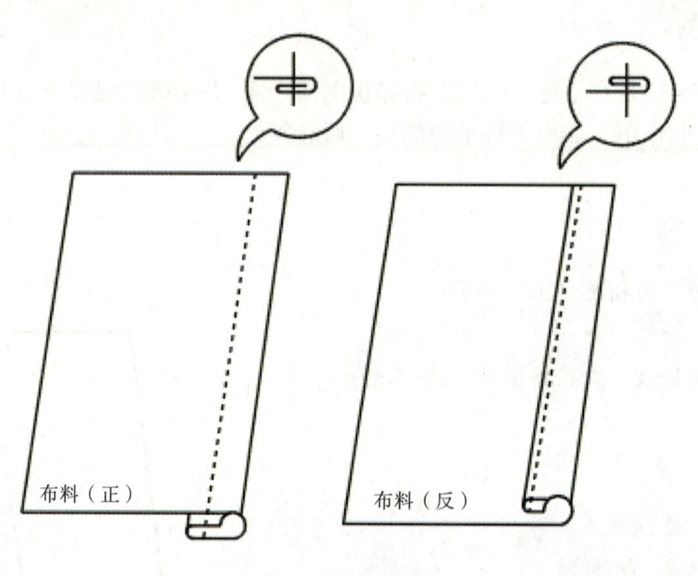

图 1-3-9 卷边缝

（1）方法：

① 将布料的边缘向反面扣折 0.5 cm，然后卷折 1 cm。

② 沿第一条折边的边缘车缝 0.1 cm 明线。

（2）要求：

折边平整、宽窄一致，缉线顺直，缝口处不扭曲。

6. 双包缝

双包缝是一种正、反两面均有明线而不露毛边的缝法，分为内包缝和外包缝两种形式，具有结实牢固、结构线明显的特征，多用于不锁边的缝口处，如衬衫的肩缝、摆缝，裤子侧缝、裆缝等处。

（1）外包缝（图 1-3-10）方法：

① 将两片布料反面相对，下层布料的一边向上折转 0.8cm，包住上层布料，沿边进行车缝。

② 将下层布料向上翻起，缝份倒向上层布料一侧，从正面沿缝份边缘车缝第二条明线。

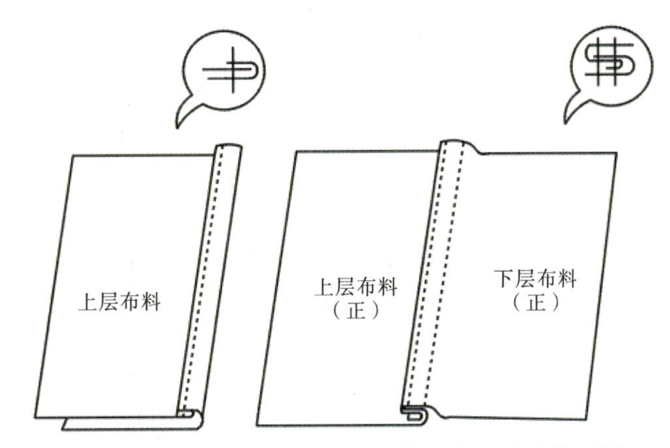

（a）下层布料折转、车缝第一道线　（b）下层布料翻起、车缝第二道线

图 1-3-10　外包缝

（2）内包缝（图 1-3-11）方法：

① 将两片布料正面相对，下层布料的一边向上折转 0.8 cm，包住上层布料，沿边进行车缝。
② 将上层布料翻开，使正面朝上，距缝口约 0.6 cm 处车缝明线固定缝边。

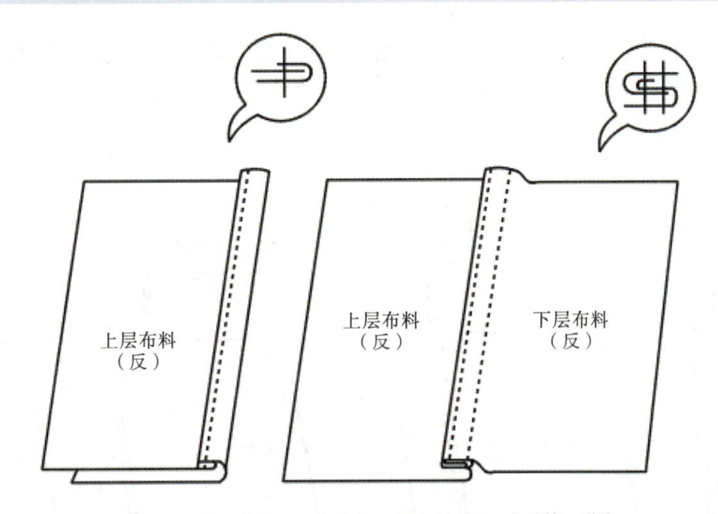

（a）下层布料折转、车缝第一道线　（b）上层布料翻开、车缝第二道线

图 1-3-11　内包缝

（3）要求：

① 缝份要折扣整齐、平服。
② 明线的线迹要顺直，双明线要宽窄一致。

7. 来去缝

来去缝（图 1-3-12）也称筒子缝，是一种将布料正缝再反缝的方法，正面无明线，反面无毛边，多用于女衬衫、童装的肩缝、摆缝等处。

（1）方法：

① 将两片布料反面相对，上下对齐，按 0.3 cm 宽缝份进行车缝。

② 将两片布料的反面向外翻出，使正面相对，在缝口处按 0.6 cm 宽缝份车缝。

（2）要求：

① 缝口处整齐、平服，缝份宽窄均匀、一致。

② 正、反面均无毛漏。

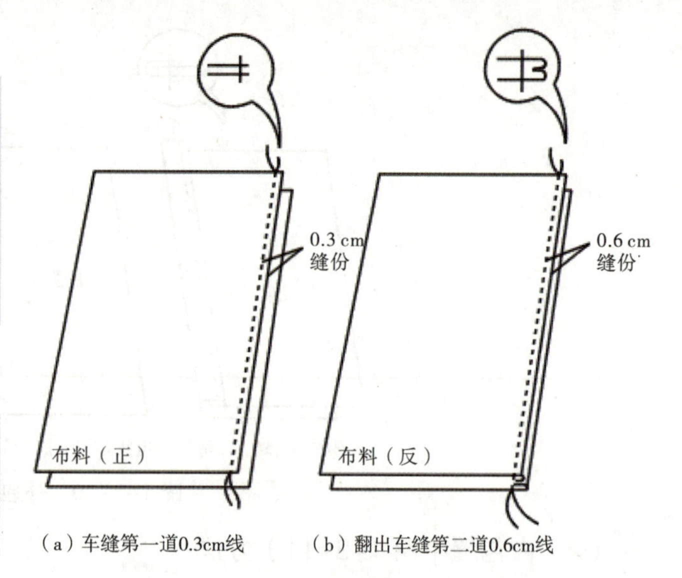

图 1-3-12　来去缝

8. 包边缝

包边缝（图 1-3-13）是用布片或布条将缝口包住的方法，有光边型和散口型两种形式，多用于绱腰头、滚边等。

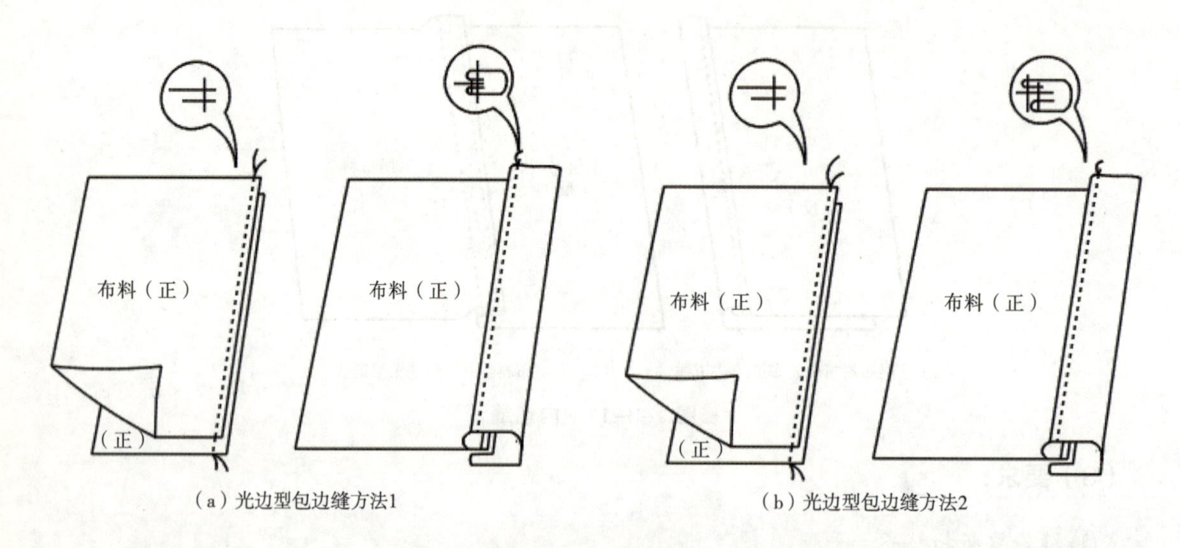

图 1-3-13　包边缝

（1）方法：

① 将布料和包边料均正面向上放置，包边料放在下面，按 0.5~1cm 宽缝份车缝。

② 将包边料向上翻转，另一毛边向里折扣干净，压过第一条缝线 0.1cm 或与之对齐，车缝 0.1cm 明线固定。

（2）要求：

① 包边宽度均匀一致，平整、美观。
② 线迹顺直，无跳针或皱缩。
③ 滚边时通常用 45° 正斜的面料作包边。

六、任务检查及评价

（一）检查方法及内容

使用皮尺、直尺等测量工具，根据质检部门提供的样板，对照机缝缝型样板进行自我检查、小组检查。重点检查针法是否正确，线迹是否美观，是否有多余线头，任务完成及设计是否合理，并进行评分。

（二）自查表填写方法（表 1-3-2）

对照检查，按照各个缝型的分数配值，结合个人完成情况，进行自评打分。

（三）小组讲评

重点讲解小组表现比较好的地方值得以后推广和借鉴的长处，以及解决问题的能力。分析出现问题的原因，问题是否有共性，能否找到合适的解决方法。

表 1-3-2　自查表

缝型	分值（100 分）	自查		组长检查		产生原因
		缝型及方法、线迹外观	扣分点	缝型及方法、线迹外观	扣分点	
1. 平缝	10					
2. 搭缝	12					
3. 坐缉缝	13					
4. 压缉缝	13					
5. 卷边缝	13					
6. 双包缝	15					
7. 来去缝	11					
8. 包边缝	13					

任务四

服装熨烫工艺

一、学习目标

了解服装常用熨烫设备；
掌握服装熨烫注意事项；
掌握服装熨烫的各种方法。

二、情景描述

公司拟进行服装缝制工艺师的培养和培训，要求参加培训的人员在2天内了解服装常用的设备，掌握服装机缝的各种常用的缝型操作方法。

三、任务准备

根据本次培训任务的要求，需要提前准备熨烫操作需要的熨斗、工作台、水布、水刷、平缝机、布馒头、铁凳、拱形烫木等工具和耗材。

四、知识链接

熨烫是服装加工过程中的热处理工序，通过使用专门的工具与设备对面料或服装加温、加压、加湿，使之变形或定型，从而达到缝口平整、服装造型丰满、富有立体感的目的。

（一）常用熨烫工具

常用熨烫工具（见图 1-4-1）。

（1）熨斗：有电熨斗、蒸气熨斗、电热蒸汽熨斗几种类型，一般均有调温装置，可根据面料耐热性的不同来调节熨烫温度，以免烫缩或烫焦。

（2）水布：熨烫时，用于盖在面料之上，以防止面料烫脏、烫黄或烫出极光。水布一般常用退过浆的白棉布。

（3）垫呢：一般用棉毯或吸水性较好且厚实的线毯，上面再盖一层白棉布作为垫布，熨烫时垫在衣物下面。

（4）铁凳：熨烫中常用于烫肩、袖窿、裆等不易摆放平整的部位。

（5）拱形烫木：多用于分烫衣物筒形部位的缝份，如袖缝、裤缝等。也可在熨烫中按压缝份，

使缝口薄而平整。

（6）布馒头：常用于熨烫服装中胸、背、臀等丰满突出的部位。

（7）烫台：与熨斗配合使用共同完成服装熨烫作业的设备，并配有不同形状的布馒头，组成具有各种功能的专用熨烫台。现在工业生产中常用的熨烫台多为真空烫台，可使熨烫后的衣物迅速干燥、冷却。

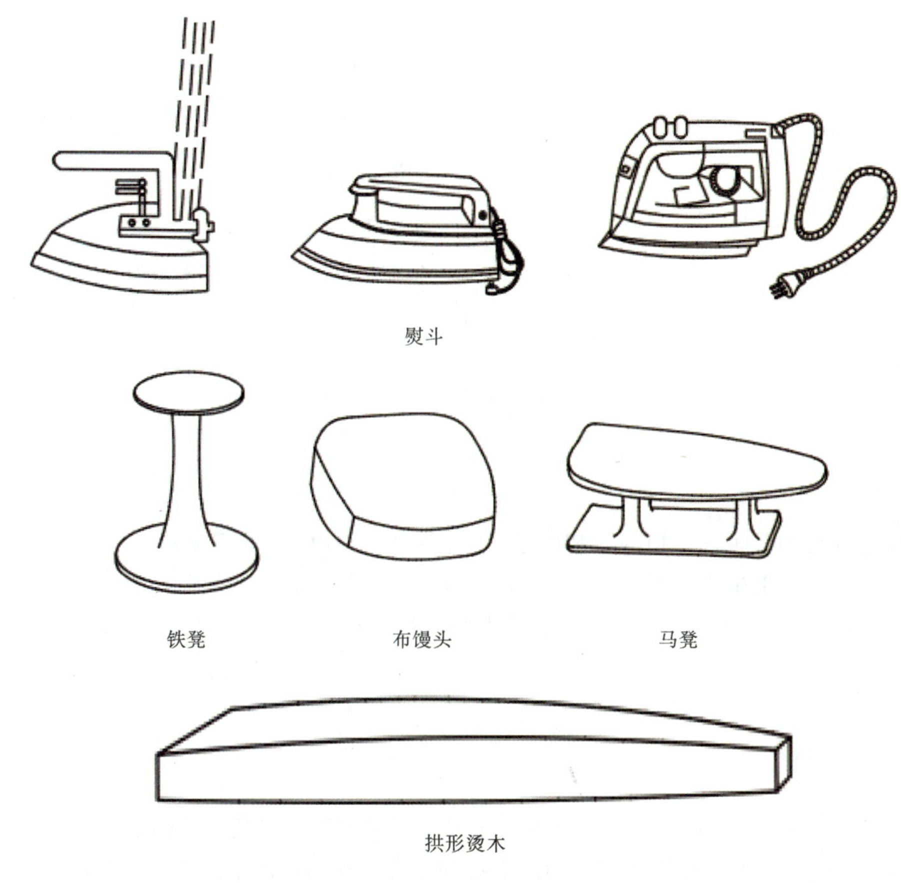

图 1–4–1　常用熨烫工具

（二）熨烫的三要素

1. 熨烫温度

熨烫是热定型，当然离不开温度。不同的纤维，其结构、性质不同，因而熨烫所需的温度也不相同。温度过低，达不到热定型的目的；而温度过高，又会损伤纤维，甚至使纤维熔化或炭化。各种纤维的熨烫温度见表 1–4–1。

表 1-4-1　各种纤维的熨烫温度

服装纤维种类	直接熨烫温度 /℃	垫干布熨烫温度 /℃	垫湿布熨烫温度 /℃
麻	185 ~ 205	205 ~ 220	220 ~ 250
棉	175 ~ 195	195 ~ 220	220 ~ 240
羊 毛	160 ~ 180	185 ~ 200	200 ~ 250
桑蚕丝	165 ~ 185	190 ~ 200	200 ~ 230
柞蚕丝	155 ~ 165	180 ~ 190	190 ~ 220
涤 纶	150 ~ 170	185 ~ 195	195 ~ 220
锦 纶	125 ~ 145	160 ~ 170	190 ~ 220
维 纶	125 ~ 145	160 ~ 170	—
腈 纶	115 ~ 135	150 ~ 160	180 ~ 210
丙 纶	85 ~ 105	140 ~ 150	160 ~ 190
氯 纶	45 ~ 65	80 ~ 90	—

对于用混纺或交织面料缝制的服装，其熨烫温度的选择应就低不就高，即按其中耐热性最差的纤维的熨烫温度来确定。服装的熨烫温度还应考虑其质地的厚薄及色泽等因素。厚的，其熨烫温度可适当高一些；薄的，则熨烫温度适当低一些。易变色的面料其熨烫温度也应适当降低。

2. 湿度

湿度也称含水度。通常在熨烫时要在服装上洒水或垫水布，以利于借助水分子的润湿作用，使纤维润湿、膨胀、伸展，较快地进入预定的排列位置，在热作用下定型。

熨烫时对衣物的用水给湿程度取决于衣料的纤维成分和厚薄程度。一般质地较轻薄的棉、麻、丝、粘胶、合成纤维服装都可以在熨烫前喷洒水，过一段时间，待水点化匀后再熨烫。厚型的呢绒、涤纶、腈纶等服装，因质地厚实，给湿量要略多一些，但水喷得过多，熨烫温度会下降，衣物不易烫干，而温度过高，纤维又不耐高温，因此最好垫一块湿布熨烫。现代工业生产中多用蒸气熨斗完成给湿。

柞蚕丝服装一般不能喷水，否则易出现水渍印。维纶服装不能喷水，也不宜垫湿布熨烫，通常垫干布熨烫，因为维纶在潮湿状态下受到高温会收缩，甚至熔融。

3. 熨烫压力和时间

有了一定的温度和适当的湿度，再给熨斗施加一定方向的压力，就能迫使纤维进一步伸展，或折叠成所需要的形状，使纤维分子往一定的方向移动。一旦温度下降，纤维分子就在新的位

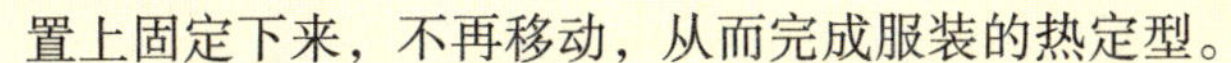

置上固定下来，不再移动，从而完成服装的热定型。

熨烫压力的大小和时间的长短取决于纤维的种类和面料的质地。质地轻薄、组织结构较松的衣物，熨烫压力宜轻，时间宜短；质地较厚，组织结构较紧密的面料，熨烫压力宜大，时间宜长。垫湿布熨烫时用力要重，而湿布烫干后，压力要逐渐减小，以免造成不正常的发亮，即极光；熨烫丝绒、长毛绒、灯芯绒、平绒等服装时，压力切忌过大，防止绒面倒伏，产生极光或影响质量。另外，熨斗应避免在服装某一位置停留时间过久或重压，防止服装上留下熨斗的印痕或变色。

（三）熨烫时的注意事项

（1）把握正确的熨烫温度。在熨烫前，最好先在与要熨烫的服装同类型织物的零料上试烫，如果熨斗熨烫时不发涩，布料不被烫黄，也不起皱，又能被熨烫平挺，说明这样的温度比较合适。

（2）喷水或喷气要均匀，不要过湿或过干。

（3）推移熨斗应根据熨烫要求，轻重适当，不能长时间将熨斗停留在一个位置，或将熨斗在衣物表面来回摩擦。

（4）被熨烫的衣物要摆放平整。

（5）熨烫时要根据衣物的部位和熨烫要求不同，选用熨斗的不同部位来熨烫。

（6）熨烫时一手拿熨斗，另一手与之配合，协调完成熨烫动作。

五、任务实施

根据不同的熨烫目的和要求应采取不同的熨烫方法。

1. 平烫

平烫是指将衣物放在垫衬布上，依照要求烫平的方法。该方法多用于面料的预缩、去皱和衣物的整理。

方法：

（1）将有褶皱的面料或衣物平铺在烫台上。

（2）待蒸汽熨斗到达所要求的温度时，右手拿熨斗，从右向左、自下而上熨烫。左手轻轻展平布料，右手食指按动蒸汽开关给湿，不要连续不断给湿，一般按一两次即可。当熨斗移动时，熨斗可略抬起，不要搓动面料或衣物。

（3）如需做缩水处理，应多次反复喷水、平烫。

（4）平烫完成后，应将面料或衣物平铺或吊挂放置，待充分冷却干燥后再使用或收藏。

2. 起烫

起烫是指处理织物表面的水花、极光或倒绒现象的熨烫方法。

（1）清除水花的方法：

① 将带有水渍的布料铺在烫台上。

② 盖一块湿布熨烫，熨斗要热，以保证水布上的蒸汽可充分渗入织物内，使织物表面的水渍随之消散。

（2）消除极光、倒绒现象的方法：

① 将带有极光或倒绒现象的织物铺在烫台上。

② 取一块含水量较大的水布放在织物上，或使用蒸气熨斗连续给气，反复熨烫。注意熨斗不能压住织物，应略离开织物。

③ 烫好后，可用毛刷顺丝绺轻刷织物表面，使绒毛竖起。

3. 分烫

分烫（图 1-4-2）又称劈烫、分缝、劈缝，是将缝份分别倒向两边烫平的方法。

方法：

（1）将平缝好的布料反面向上平铺在烫台上。

（2）左手扒开缝份，用熨斗尖部及前部压烫缝份。

（3）将布料正面翻向上，盖上烫布，用熨斗的整个底部将布料熨烫平整。

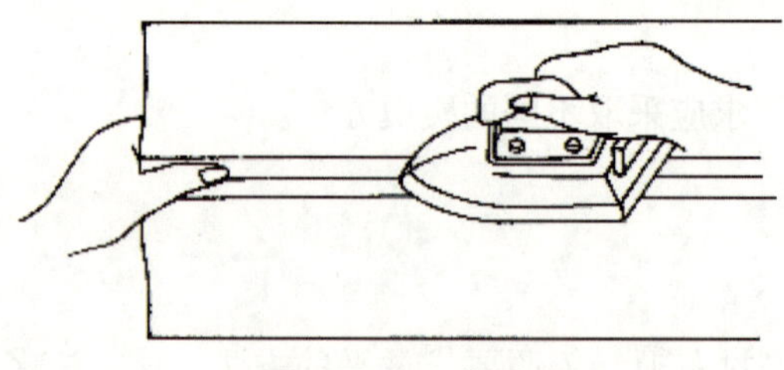

图 1-4-2　分烫

4. 倒烫

倒烫又称倒缝，是将缝份倒向一侧的方法。

方法：

（1）将平缝好的布料反面向上平铺在烫台上。

（2）左手轻轻将两层缝份压倒向一边，用熨斗尖部及前部压烫缝份。

（3）将布料正面翻向上，盖上烫布，用熨斗的整个底部将布料熨烫平整。

5. 扣烫

扣烫将衣物的折边或缝份处按要求扣压定型的方法，常用于服装的下摆、里子的缝份、贴袋等部位，有平扣烫、缩扣烫等方法。

（1）平扣烫（图 1-4-3）的方法：

① 将布料在烫台上摆放平整。

② 左手将布边按工艺要求的宽度折起，右手持熨斗，用熨斗尖压住贴边，边喷气边将其烫平。

③ 里子缝口处扣烫时通常要留掩皮。将按 1 cm 缝份缝合的两片里料铺好，按 1.3 cm 宽折扣缝边并烫平，留出 0.3 cm 宽的掩皮量。

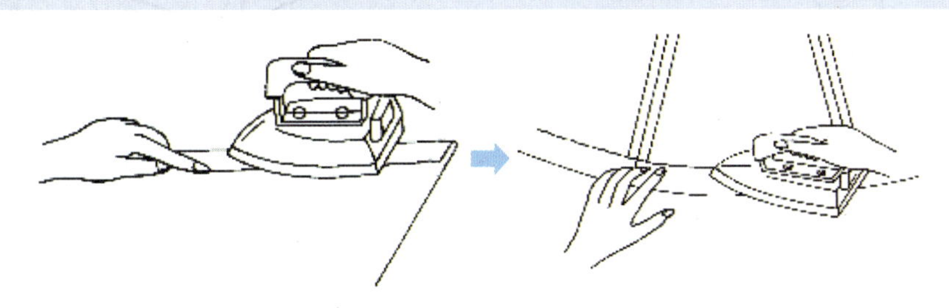

图 1-4-3　平扣烫

（2）缩扣烫（图 1-4-4）的方法：

① 将布料反面向上平铺在烫台上，将所烫衣片的样板放在布料上。

② 左手折边，右手持熨斗喷气归烫。如不圆顺，需按样板重新熨烫，直至圆顺为止。

③ 也可以在缝份的中间位置先车缝一道线，抽紧缝线，使折边自然卷折出所需要的宽度，然后用熨斗烫平。

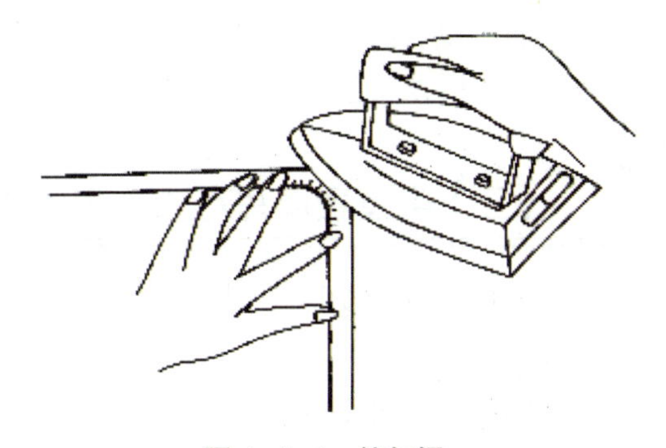

图 1-4-4　缩扣烫

6. 归、拔

归、拔是利用毛织物的可塑性，通过湿热处理使衣片的平面塑造成符合人体的立体结构的方法。归就是收缩归拢，拔就是伸胀拔开，因此在归拔工艺中就有收、归、拢、推、拉、拔等一系列基本动作，相互配合。

（1）归烫（图 1-4-5）的方法：

① 将一片衣片或布料放在烫台上，向外凸出的一边靠近操作者。

② 以外凸曲边中间点为归拢点，围绕中间点做弧线归烫，左手辅助拉拢布边，将凸出的弧形布边烫直。

（2）拔烫（图 1-4-6）的方法：

① 将一片衣片或布料放在烫台上，向内凹进的一边靠近操作者。

② 以内凹曲边中间点为拔开点，当右手推动熨斗时，左手辅助拉开布边，使布料直纱间隙拔开，将凹进去的弧线拔出、烫平直。

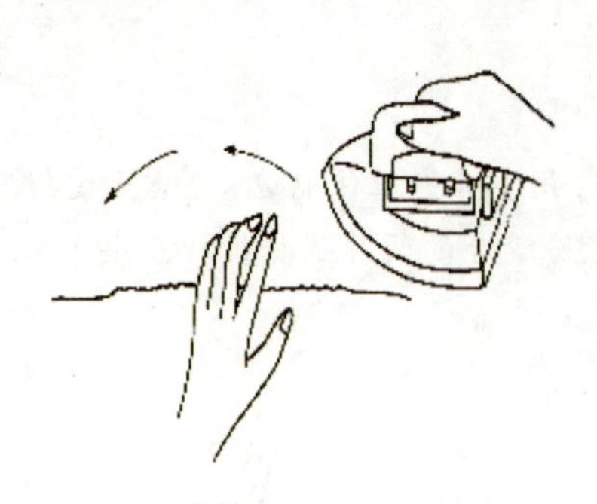
图 1-4-5　归烫

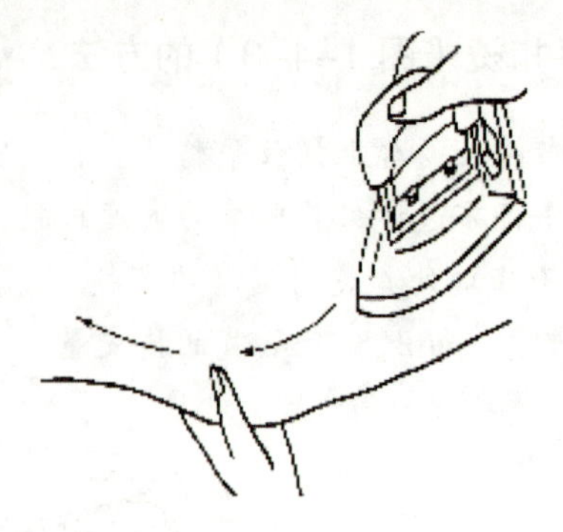
图 1-4-6　拔烫

六、任务检查及评价

（一）检查方法及内容

利用目测感官法，根据质检部门提供的样板，对照检查，小组检查。重点检查熨烫方法是否正确，是否有水渍、极光、毛向倒伏等问题，根据各部位分配评分点和分值，结合任务完成效果进行评分。

（二）自查表填写方法（表 1-4-2）

根据对照检查，按照各个熨烫方法的分数配值，结合个人完成情况，进行自评打分。

（三）小组讲评

小组评价过程中，组长组织组员提炼优点，分析缺点，找到解决办法。总结此次任务完成过程中的亮点和值得发扬的地方，归纳和吸取失败的教训。

表 1-4-2　自查表

熨烫方法	分值（100 分）	自查		组长检查		产生原因
		熨烫方法、外观效果	扣分点	熨烫方法、外观效果	扣分点	
1. 平烫	12					
2. 起烫	17					
3. 分烫	17					
4. 倒烫	17					
5. 扣烫	17					
6. 归、拔	20					

项目二　西裙制板与缝制

任务一　西裙制板

一、学习目标

了解西裙的穿着场合及款式特点；
了解西裙各部位松量加放；
掌握西裙的工业制板；
掌握西裙的排料及裁剪。

二、情景描述

公司收到客户关于女西裙样衣制作订单，要求在3天内根据客户提供的款式说明、图样及规格尺寸进行样衣的制作。要求外观轮廓清晰，线条流畅，外形美观、平整，整体结构与人体比例相符；服装干净整洁无污，无多余线头、线钉和粉印；各部位尺寸符合成品规格要求。现需要根据订单要求进行女西裙制板与排料、裁剪。

三、任务准备

根据客户提供的相关信息制定女西裙样衣生产通知单，按照制板—排料裁剪—缝制的生产流程合理安排生产进度，并制作生产计划书。根据客户订单要求，准备绘制服装样板用的牛皮纸、白纸（复制）、比例尺、皮尺、工作台等工具和耗材。生产通知单见表2-1-1。

表 2-1-1　女西裙样衣生产通知单

<table>
<tr><td>款号：FS02</td><td>名称：女西裙</td><td colspan="5">规格表（M 码　号型：160/68A）</td><td>单位：cm</td></tr>
<tr><td>下单日期：9 月 20 日</td><td>完成日期：9 月 23 日</td><td>部位</td><td>尺寸</td><td>部位</td><td>尺寸</td><td>部位</td><td>尺寸</td></tr>
<tr><td colspan="2" rowspan="8">款式说明：该款为女西裙，前后各两个省，绱腰头，后中装拉链钉扣子，后中开衩</td><td>衣 / 裤 / 裙长</td><td>59</td><td>肩宽</td><td></td><td>挂肩</td><td></td></tr>
<tr><td>胸围</td><td></td><td>领高</td><td></td><td>前腰节</td><td></td></tr>
<tr><td>腰围</td><td>66</td><td>前领深</td><td></td><td>后腰节</td><td></td></tr>
<tr><td>臀围</td><td>94</td><td>前领宽</td><td></td><td>下摆宽</td><td></td></tr>
<tr><td>袖长</td><td></td><td>后领深</td><td></td><td>裤脚口宽</td><td></td></tr>
<tr><td>袖口</td><td></td><td>后领宽</td><td></td><td>立裆深</td><td></td></tr>
<tr><td colspan="6">工艺说明：快时尚西服裙，无里布，前后各两个省，后开衩。</td></tr>
<tr><td colspan="3">面料：纯毛或涤毛混纺面料</td><td colspan="3" rowspan="3">辅料：配色线，无纺衬、拉链、牵条、扣子</td></tr>
<tr><td colspan="2" rowspan="2">改样记录：腰围线弧度调整，侧缝线弧度修正。</td><td colspan="3">绣花印花：</td></tr>
<tr><td colspan="3">水洗：否</td></tr>
</table>

四、知识链接

（一）裙子简介

裙子指一种围在腰部以下的服装，多为女子着装。

裙装是一种围于下体的服装，也是下装的基本形式之一。广义的裙子还包括连衣裙、衬裙、短裙、裤裙、腰裙。裙一般由裙腰和裙体构成，有的只有裙体而无裙腰。

裙子是人类最早的服装，具有通风散热性能好、穿着方便、行动自如、美观、样式变化多端诸多优点，所以被人们广泛接受，其中以女性和儿童穿着较多。

裙子按裙腰在腰节线的位置区分，有中腰裙、低腰裙、高腰裙；按裙长区分，有长裙（裙摆至胫中以下）、中裙（裙摆至膝以下、胫中以上）、短裙（裙摆至膝以上）和超短裙（裙摆仅及大腿中部）；按裙体外形轮廓区分，大致可分为筒裙、斜裙、缠绕裙三大类。

（二）西裙打板方法与各部位尺寸计算

（1）前腰围：

$$W/4+3（省）=19.5$$

（2）后腰围：

W/4+3（省）=19.5

（3）前臀围：

H/4=23.5

（4）后臀围：

H/4=23.5

（5）前省长：11.5。
（6）后省长：13.5。
（7）臀高：18。
（8）腰头长：66+3（搭位）=69。
（9）腰头宽：3。

（三）裙子的分类

1. 按长度

（1）超短裙：超短裙也称迷你裙，长度至臀沟，腿部几乎完全外裸，约为 1/5 号 +4。
（2）短裙：长度至大腿中部，约为 1/4 号 +4。
（3）及膝裙：长度至膝关节上端，约为 3/10 号 +4。
（4）过膝裙：长度至膝关节下端，约为 3/10 号 +12。
（5）中长裙：长度至小腿中部，约为 2/5 号 +6。
（6）长裙：长度至脚踝骨，约为 3/5 号。
（7）拖地长裙：长度至地面，可以根据需要确定裙长，长度大于 3/5 号 +8。

2. 按整体造型

（1）直裙：结构较严谨的裙装款式，如西裙、旗袍裙、筒形裙、一步裙等都属于直裙结构。其成品造型以呈现端庄、优雅为主格调，动感不强。

（2）斜裙：通常称为喇叭裙、波浪裙、圆桌裙等，是一种结构较为简单，动感较强的裙装款式。从斜裙到直裙按照裙摆的大小可以分为圆桌裙、斜裙、大A形裙、小A形裙、直筒裙、旗袍裙。

（3）节裙：结构形式多样，基本形式有直接式节裙和层叠式节裙，在礼服和生活装中都可采用，设计倾向以表现华丽和某种节奏效果为主。

3. 按腰头的高低

按腰头的高低来分，裙子可分为自然腰裙、无腰裙、连腰裙、低腰裙、高腰裙和连衣裙等。
（1）自然腰裙：腰线位于人体腰部最细处，腰宽 3 ~ 4 cm。
（2）无腰裙：位于腰线上方 0 ~ 1 cm，无须装腰，有腰贴。
（3）连腰裙：腰头直接连在裙片上，腰头宽 3 ~ 4 cm，有腰贴。
（4）低腰裙：腰头在腰线下方 2 ~ 4 cm，腰头呈弧线。
（5）高腰裙：腰头在腰线上方 4 cm 以上，最高可到达胸部下方。
（6）连衣裙：裙子直接与上衣连在一起。

4. 按裙摆的大小

按裙摆的大小来分，裙子通常分为紧身裙、直筒裙、半紧身裙、斜裙、半圆裙和整圆裙。

（1）紧身裙：臀围放松量 4 cm 左右；结构较严谨，下摆较窄，需开衩或加褶。

（2）直筒裙：整体造型与紧身裙相似，臀围放松量也为 4 cm，只是臀围线以下呈现直筒的轮廓特征。

（3）半紧身裙：臀围放松量 4 ~ 6 cm，下摆稍大，结构简单，行走方便。

（4）斜裙：臀围放松量 6 cm 以上，下摆更大，呈喇叭状，结构简单，动感较强。

（5）半圆裙和整圆裙：下摆更大，下摆线和腰线呈 180° 或 270° 或 360° 度等圆弧。

5. 按性别

裙子按照性别可分为女裙和男裙两种，绝大部分裙子都为女裙；而男裙多为民族服装，以苏格兰方格裙为代表。

（四）排料、裁剪时的注意事项

排料、裁剪时的注意事项如下：

（1）纱向要顺直，不要倾斜。

（2）面料有方向（如毛向、阴阳格等）时，一件服装的所有衣片要方向一致。

（3）如果是条格面料，要保证左右对称，前后片在侧缝处对格。

五、任务实施

（一）绘制女西裙结构

女西裙结构见图 2-1-1。

（二）制图提示

（1）绘制 $H/2$ 和裙长的矩形。

（2）取臀高绘制臀围线。

（3）取前后腰围，侧缝起翘，后中起翘。

（4）绘制前后腰围线。

（5）绘制前后省。

（6）绘制后开衩。

（7）绘制腰头。

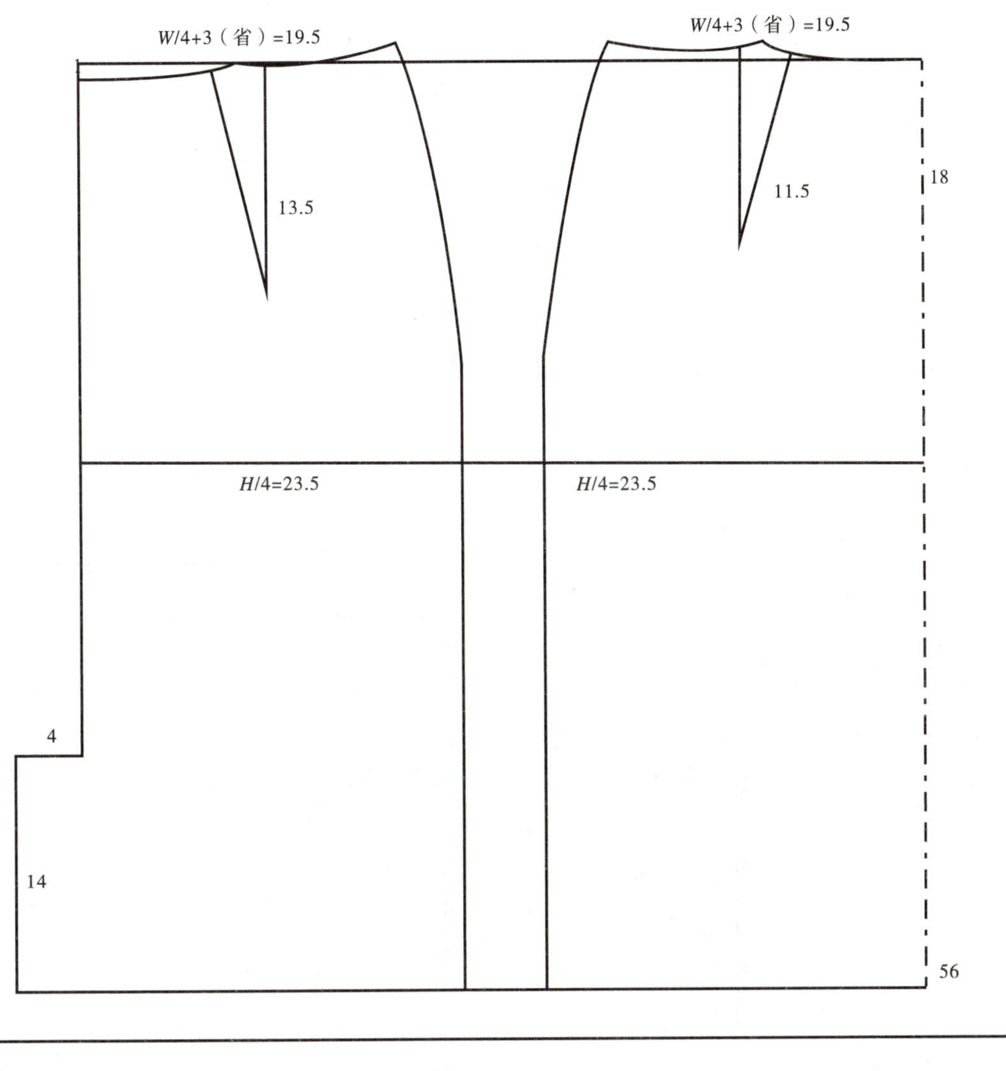

图 2-1-1　女西裙结构

（三）绘制西裙毛板、排料与裁剪

1. 绘制西裙毛板

在净板的基础上加出所需要的缝份，西裙毛板见图 2-1-2。

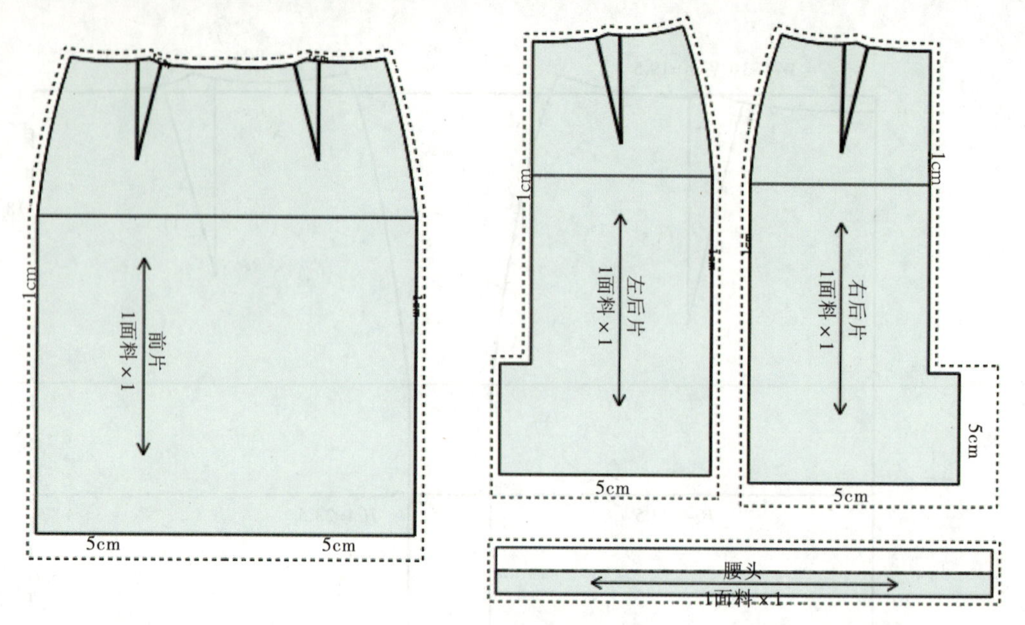

图 2-1-2 西裙毛板

（三）排料与裁剪

西裙的排料方法见图 2-1-3，幅宽 130 cm，用料 68 cm。

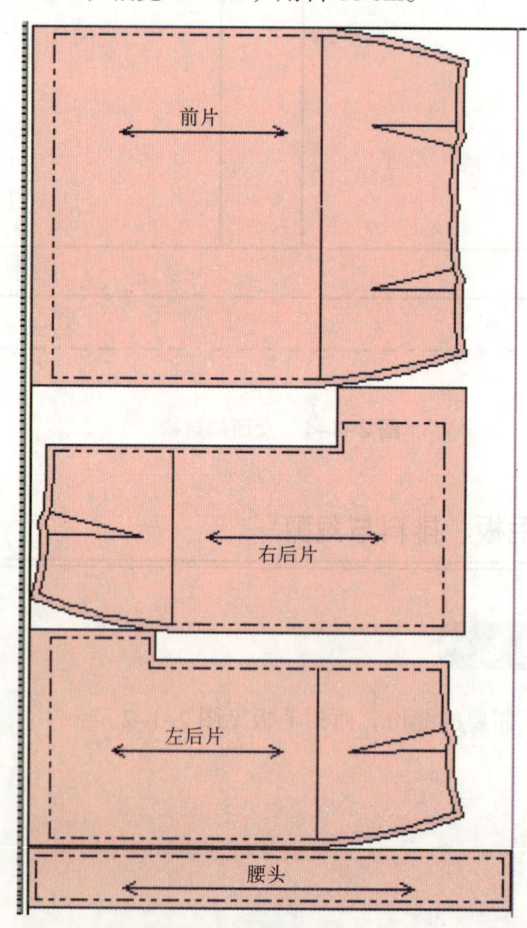

图 2-1-3 西裙的排料方法

六、任务检查及评价

（一）检查方法及内容

利用直尺、皮尺、比例尺，根据生产通知单的规格要求，对西裙的小样、大样结构和纸样及工业样板放缝进行测量，并进行记录，根据各部位分配评分点和分值，结合任务完成效果进行评分。

（二）结构检查表填写方法

根据样衣生产通知单给出的订单规格尺寸，利用皮尺和直尺实际测量结构和纸样的各部位尺寸，并登记在结构检查表（表 2–1–2）内，根据实际情况分析并写出误差产生的原因。根据评分表，按照各个制板图各个分数配值，结合个人完成情况，并进行自评打分。

表 2–1–2　结构检查表

评分项及分值（总分 100）		评分标准（每错一项扣 1 分）	自评得分（占 20%）	组长评分（占 40%）	组长评语	教师评分（占 40%）	教师评语	总分
前片（30 分）	5	前腰围						
	5	前腰围起翘						
	5	裙长						
	5	前臀围						
	5	前侧缝长						
	5	前省长						
后片（30 分）	4	后腰围						
	4	后腰围起翘						
	4	裙长						
	4	后臀围						
	4	后侧缝长						
	4	后省长						
	3	开衩宽						
	3	开衩长						
腰头（5 分）	3	腰头长						
	2	腰头宽						
线条（5 分）	5	线条圆顺度						
加缝边（15 分）	15	缝边是否准确						
排料（10 分）	10	排料方法及省料						
裁剪（5 分）	5	裁剪准确						
总分								

（三）小组讲评

通过作品展示进行自我点评、小组点评、组间点评及教师点评。小组评价过程中，组长组织组员提炼优点，分析缺点，找到解决办法，总结此次任务完成过程中的亮点和值得发扬的地方，归纳和吸取失败的教训。

任务二
西裙缝制

学习目标

掌握西裙的缝制方法；
掌握西裙的熨烫方法；
掌握西裙的后整理方法。

情景描述

公司收到客户关于女西裙样衣制作订单，要求在 3 天内根据客户提供的款式说明、图样及规格尺寸进行样衣的制作。要求外观轮廓清晰，线条流畅，外形美观、平整，整体结构与人体比例相符；服装干净整洁无污，无多余线头、线钉和粉印；各部位尺寸符合成品规格要求。现需要根据订单要求进行女西裙的缝制。

三、任务准备

根据客户提供的相关信息制定女西裙样衣生产通知单，按照制板—排料裁剪—缝制的生产流程合理安排生产进度，并制定生产计划书。根据客户订单要求，准备绘制服装样板用的牛皮纸、白纸（复制）、比例尺、皮尺、工作台等工具和耗材。

四、知识链接

西裙的工艺流程见图 2-2-1。

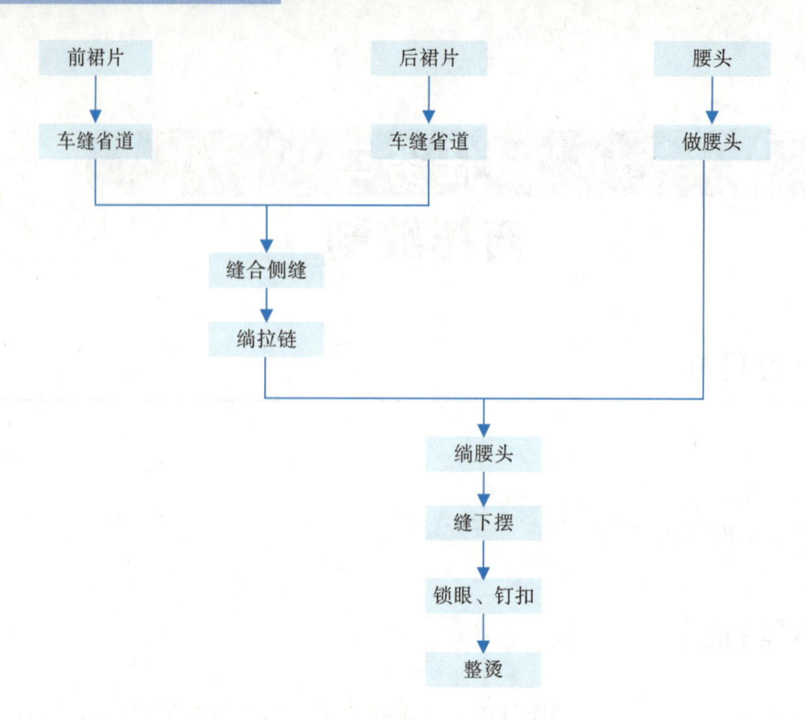

图 2-2-1　西裙的工艺流程

五、任务实施

西裙的缝制。

（一）做缝制标记的部位

根据不同面料的需要，选择打线钉、画粉线、剪刀眼等方法做缝制标记。

（1）前裙片：省位、底边贴边。

（2）后裙片：省位、底边贴边。

（二）锁边

前、后裙片除腰节外，其余三边都锁边。

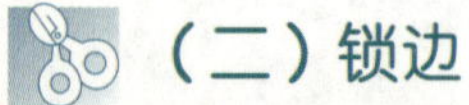

（三）车缝前后裙片省道

车缝前后裙片省道，见图 2-2-2。

（1） 车省：由省根车到省尖，省尖处留线头 4 cm，打结后剪短。省长和省大要符合规格，省要车直、车尖，前后片省缝分别向前后中心倒烫。

（2）做开衩：把后裙片开衩位置按照款式要求，制作左右开衩，并缝合后中缝至拉链止点。

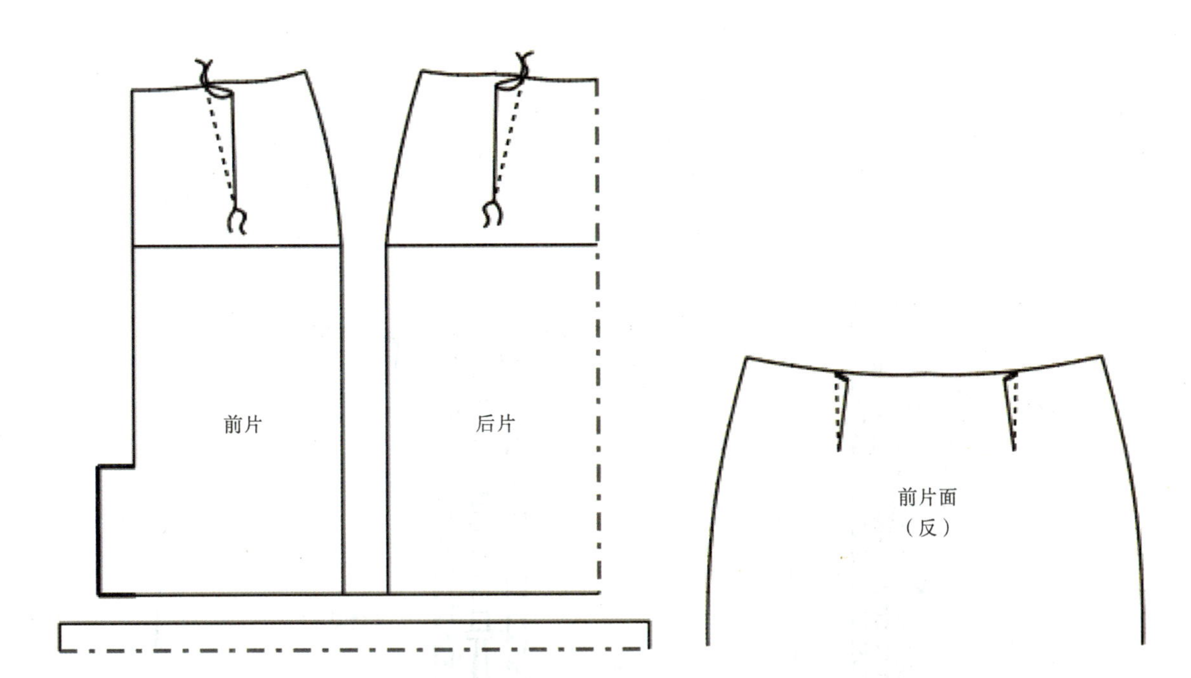

图 2-2-2　车缝前后裙片省道

（四）绱拉链

1. 缝合后中缝至拉链止点

后中缝车线至开门装拉链封口处，分烫缝份。

2. 操作要领和方法

（1）装拉链的操作要领：

①在裙未成圆筒形时先装拉链，可使装拉链的前后裙片分开放平，以便于拉链的安装。

②拉链装的长短要一致，位置要相符，才能使拉链部分平服贴身，拉链齿不外露。在初学或做高档服装装拉链时，多用手针将拉链的位置临时固定好，这样可以帮助车好拉链。也可以用画粉在拉链上做好标记，在操作时严格按照对应位置进行车缝，这样才能保证装拉链的质量。

③由于拉链齿凸起，当需要靠近拉链齿车线时，压脚的阻挡会造成操作困难，这时可借助专用压脚或单边压脚进行车线。也可以用普通压脚的一边垫上厚纸，帮助形成与拉链齿相近的高度，使左、右压脚高低平衡，就能靠近齿边车线了。

（2）装拉链的操作方法：

①将拉链定位。

②确定左右后片中缝处绱拉链位置并核对，靠近拉链齿边上，离开拉链中心 0.4 ~ 0.5 cm，压车 0.1 cm 固定，可先用手针固定好后再车线。

③把拉链按照准确位置，利用单边压脚，沿着拉链边缘车缝，拉链拉上，正面隐形效果好即为符合要求。固定时可先用手针固定好后再车线（图 2-2-3）。

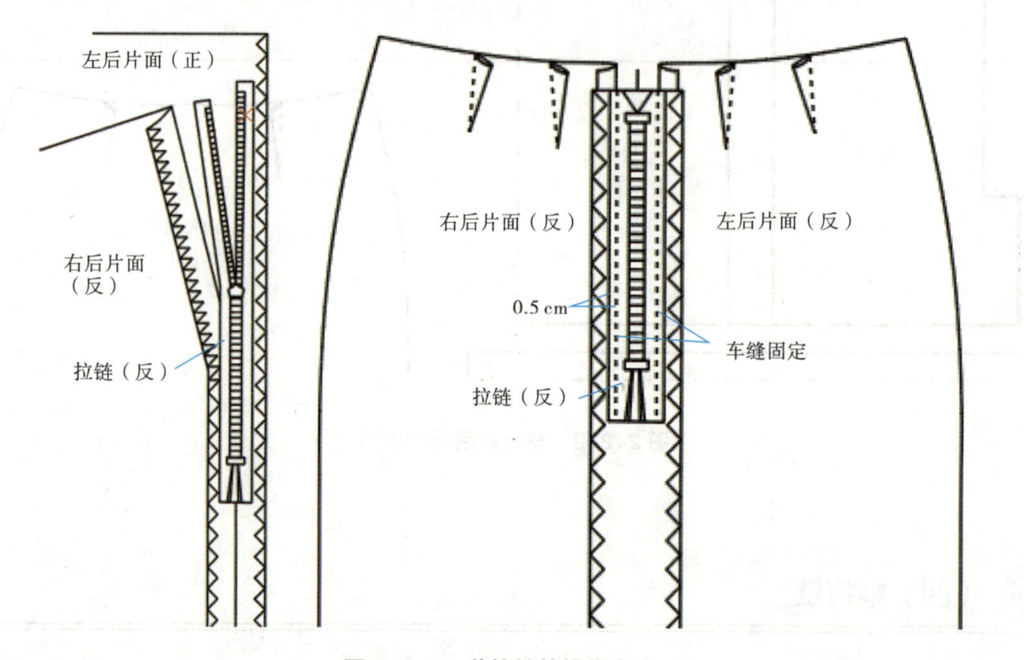

图 2-2-3　装拉链的操作方法

（五）做腰头

将腰头粘衬，把腰头一侧按 0.8 cm 缝份扣净、烫平；然后沿中间对折，两端按 1 cm 缝份车缝（也可绱腰时再车缝）；最后将腰头的正面翻出，熨烫平整（图 2-2-4）。

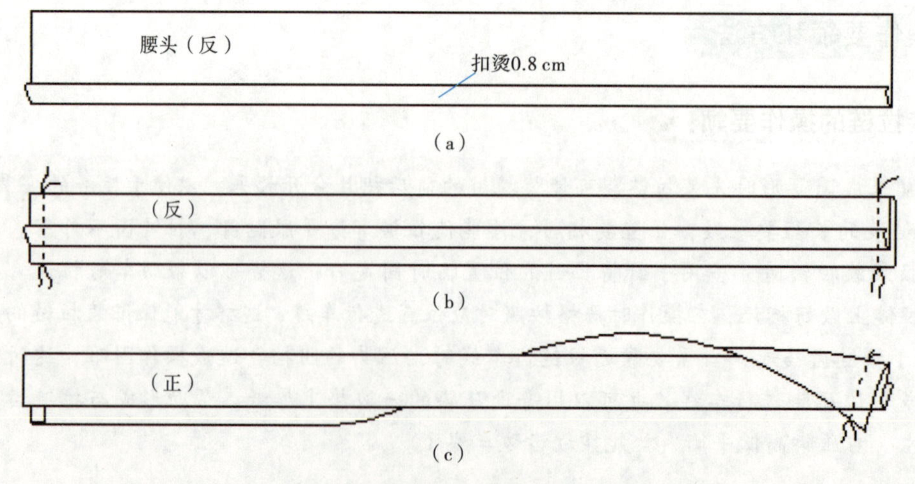

图 2-2-4　做腰头

（六）绱腰头

1. 绱腰头的操作要领

（1）绱腰头前，一定要核对裙片腰口的尺寸是否符合要求。

（2）绱腰头的第二道线要把腰里带紧，腰面略推送。腰面推送可借助镊子，一定要保持上下松紧一致，否则绱的腰头会出现链形，严重的车到一半就无法再车下去。

（3）在正面车线时，一定要注意腰里是否车到，要做到腰面、腰里绝对摆放平整，这样就不会产生腰里漏车的现象。

2. 绱腰头的操作方法

（1）将腰头与裙片正面相对，腰头在上，裙片在下，在后片开口位置对齐，按 1 cm 缝份车缝腰口一周。

（2）翻转腰头，使已扣烫好的腰头另一侧盖住绱腰缝线，从正面沿腰口灌缝。

（七）缝下摆

将裙片下摆折边用手针缝三角针固定，手针缝线拆除。

（八）锁眼、钉扣

钉挂钩或锁圆头扣眼、钉扣，注意要锁钉牢固。

（九）整烫

把裙子摆放平整，前后裙片都要烫一遍。正面熨烫均要盖上水布，喷水烫干。熨烫时，熨斗直上直下地烫，不能用熨斗横推。熨斗的走向应与衣料的丝绺相一致，以免裙子变形走样。

六、任务检查及评价

（一）检查方法及内容

利用直尺、皮尺、比例尺，根据生产通知单的规格要求，对西裙的成品规格进行测量，并进行记录，根据各部位分配评分点和分值，结合任务完成效果进行评分。

（二）成品检查表填写方法

根据样衣生产通知单给出的订单规格尺寸，利用皮尺和直尺实际测量成品西裙各部位尺寸，并登记在检查表（表 2-2-1）内。需要结合西裙成品质量标准规定的内容登记，根据实际情况分析并写出误差产生的原因。根据评分表，按照各个部位各个分数配值，结合个人完成情况进行自评打分。

表 2-2-1 成品检查表

评分项及分值（总分 100）		评分标准（每错一项扣 1 分）	自评得分（占 20%）	组长评分（占 40%）	组长评语	教师评分（占 40%）	教师评语	总分
造型（40 分）	10	腰头顺直平服						
	10	裙片前后对称不起吊						
	10	开衩平齐，搭叠整齐						
	6	拉链隐形平服						
	4	粘合衬不脱胶						
外观（10 分）	10	产品整洁，无污渍、线头、粉印						
规格（5 分）	5	按规格表工艺要求，符合公差范围						
色差（5 分）	5	面料无花色现象						
缝制（40 分）	5	绱腰圆顺平服						
	5	缝合缝边准确						
	8	省道、侧缝底边圆顺平服						
	2	各部位不反吐						
	10	对称部位一致						
	4	各部位针距密度符合工艺标准						
	4	缝纫、钉扣、手缝牢固整齐						
	2	眼位与扣位相对，与扣眼大小相适宜						
总分								

（三）小组讲评

小组评价过程中，组长组织组员提炼优点，分析缺点，找到解决办法。总结此次任务完成过程中的亮点和值得发扬的地方，归纳和吸取失败的教训。

项目三　女衬衫制板与缝制

任务一　女衬衫制板

一、学习目标

了解女衬衫的款式特点及穿着场合；
了解女衬衫的款式变化及设计要点；
掌握女衬衫平面款式图的绘制；
掌握女衬衫的成品规格；
掌握女衬衫的结构图和纸样绘制；
熟练掌握女衬衫放缝、排料和裁剪。

二、情景描述

公司收到客户关于女衬衫样衣制作订单，要求在 4 天内根据客户提供的款式说明、图样及规格尺寸进行样衣的制作。要求外观轮廓清晰，线条流畅，外形美观、平整，整体结构与人体比例相符；服装干净整洁无污，无多余线头、线钉和粉印；各部位尺寸符合成品规格要求。现需要根据订单要求进行女衬衫结构制图、工业制板及排料裁剪。

三、任务准备

根据客户提供的相关信息制定女衬衫样衣生产通知单，按照制板—排料裁剪—缝制的生产流程合理安排生产进度，并制定生产计划书。根据客户订单要求，准备绘制服装样板用的牛皮纸、白纸（复制）、比例尺、皮尺、工作台等工具和耗材。女衬衫生产通知单见表 3–1–1。

表 3-1-1　女衬衫样衣生产通知单

<table>
<tr><td>款号：FH08</td><td>名称：女衬衫</td><td colspan="6">规格表（M 码　号型：160/86A）　单位：cm</td></tr>
<tr><td>下单日期：10 月 16 日</td><td>完成日期：10 月 19 日</td><td>部位</td><td>尺寸</td><td>部位</td><td>尺寸</td><td>部位</td><td>尺寸</td></tr>
<tr><td colspan="2" rowspan="8">款式图：
款式说明：该款为六粒扣女衬衫，收腋下省、腰省、基本款女衬衫</td><td>衣 / 裤 / 裙长</td><td>62</td><td>肩宽</td><td>39</td><td>领围</td><td>36</td></tr>
<tr><td>胸围</td><td>94</td><td>领高</td><td></td><td>前腰节</td><td></td></tr>
<tr><td>腰围</td><td>76</td><td>前领深</td><td></td><td>后腰节</td><td></td></tr>
<tr><td>臀围</td><td></td><td>前领宽</td><td></td><td>下摆宽</td><td></td></tr>
<tr><td>袖长</td><td>56</td><td>后领深</td><td></td><td>裤脚口宽</td><td></td></tr>
<tr><td>袖口</td><td>19</td><td>后领宽</td><td></td><td>立裆深</td><td></td></tr>
<tr><td colspan="6">工艺说明：
缝合部位采用平缝，底边和门里襟采用卷边缝，省缝倒向上</td></tr>
<tr><td colspan="3">面料：纯棉、棉涤混纺、雪纺、丝绸等</td><td colspan="3" rowspan="3">辅料：配色线，无纺衬、胸衬、牵条、扣子</td></tr>
<tr><td colspan="2" rowspan="2">改样记录：领片弧度修改、袖山弧线长度修改</td><td colspan="3">绣花印花：否</td></tr>
<tr><td colspan="3">水洗：否</td></tr>
</table>

四、知识链接

（一）衬衫简介

衬衫（Shirt，Underclothes）是指贴身穿在里面的单衣，也称衬衣。衬衫最早源于 17 世纪后期的欧洲，20 世纪后，衬衫在世界各地流行。衬衫的质料，以前多用白府绸，更多的使用的确良、丝、纱和各类化纤制成的衬衫。其样式有立领、大翻领、小翻领，女式也有圆领或秃领的。一般地说，短袖的以秃领和圆领的居多，长袖的则以小翻领的为多。

（二）搭配简介

淑女款衬衫，其款式浪漫甜美，有俏丽可人的泡泡袖，新颖系带式的蝴蝶结配以亮丽的颜色，每个细节都洋溢着独特典雅的淑女风范。

通勤款衬衫＋长裙是当下流行的款型地，其与甜美蕾丝相结合营造女性甜美、轻盈的迷人气质。宽松的袖摆设计增加穿着舒适度及美观性。

简约休闲衬衫搭配休闲短裤、七分裤都是无可挑剔的流行元素，此款类型衬衫的袖子可翻起穿着，再配以扣袢装饰，则会演绎出不同搭配效果，丰富夏日装扮。

格子衬衫配以牛仔裤或热裤也是非常好的搭配，而棋盘格也是很受欢迎的图案，甜美色调与大胆的维他命色调形成对比。

五、任务实施

（一）绘制前后衣片

绘制前后衣片，见图 3-1-1。

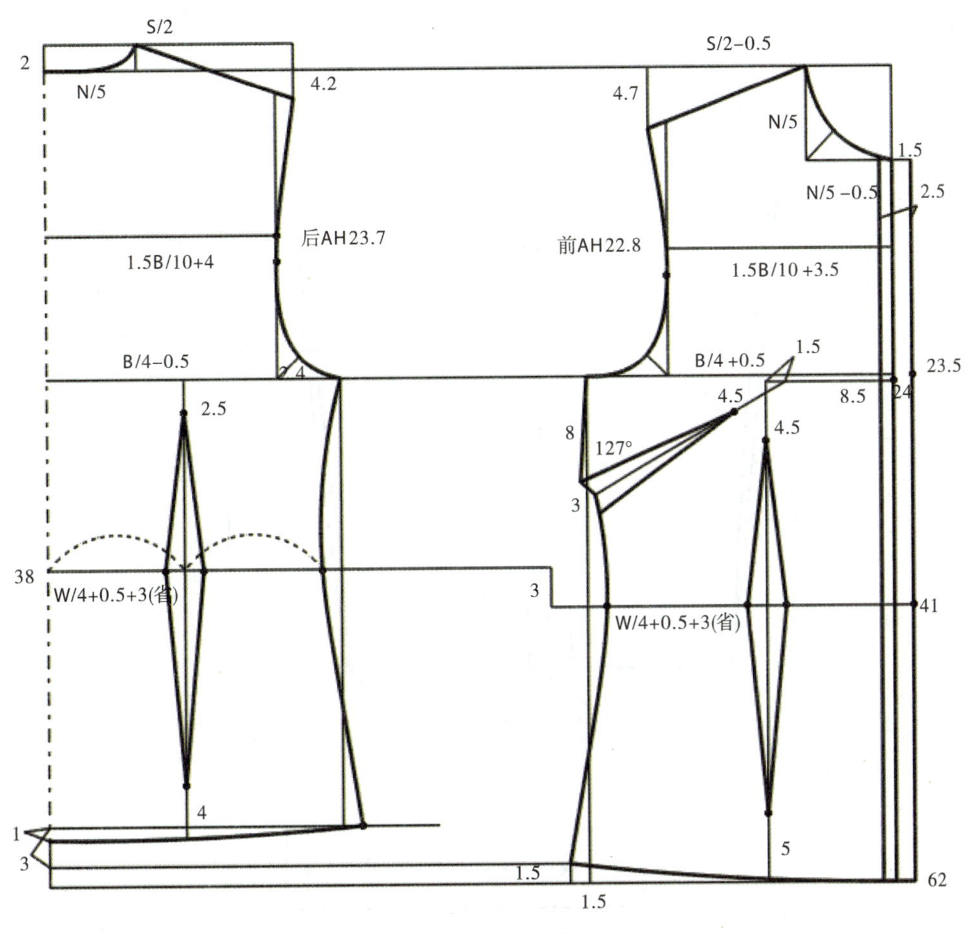

图 3-1-1 前后衣片

（二）绘制领子

绘制领子，见图 3-1-2。

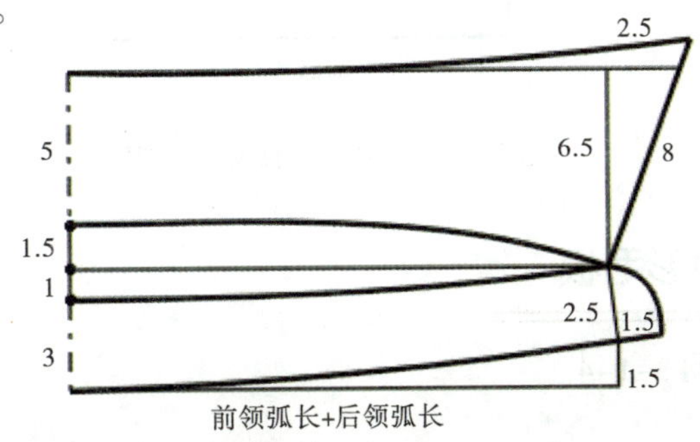

图 3-1-2 领子

（三）绘制袖子、袖头、袖衩

绘制袖子、袖头、袖衩，见图 3-1-3。

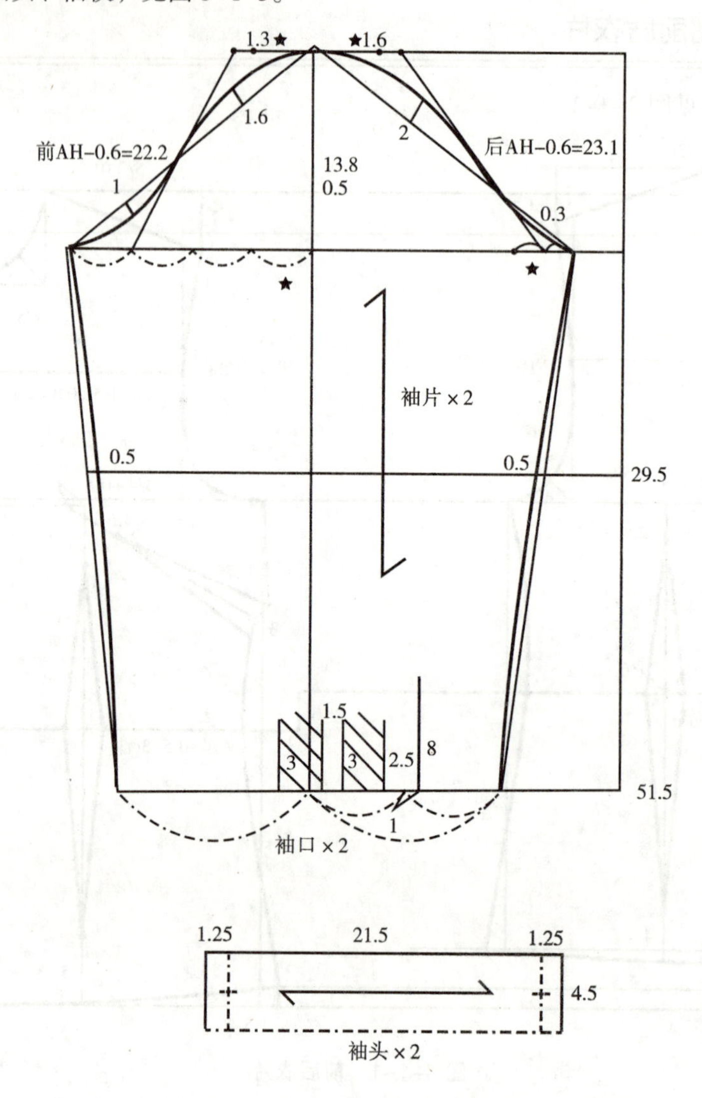

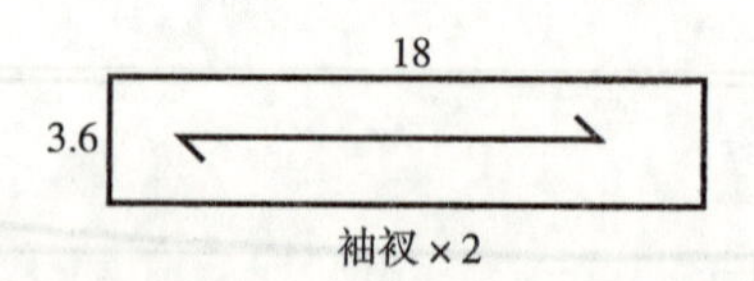

图 3-1-3 袖子、袖头、袖衩

（四）绘制女衬衫毛板

绘制女衬衫毛板，见图 3-1-4。

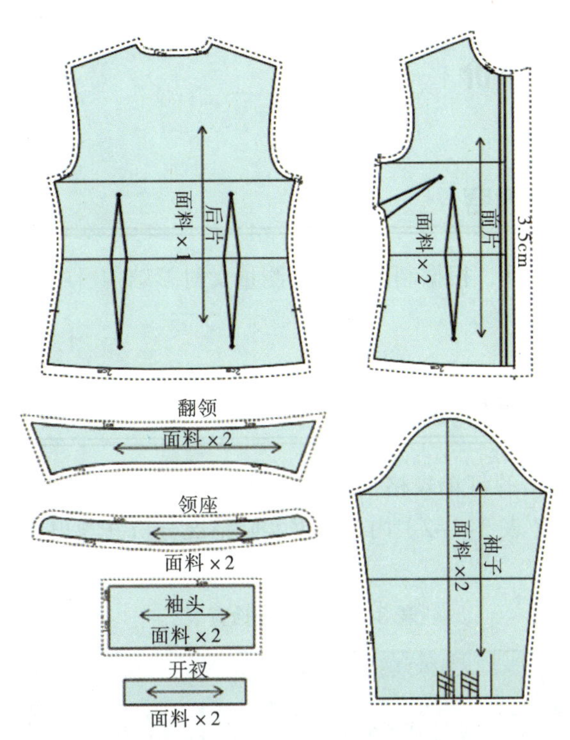

图 3-1-4　女衬衫毛板

（五）排料与裁剪女衬衫

按照样板上标示的纱向和片数要求进行排料，一般用料约两个衣长（幅宽为 130 cm），见图 3-1-5。

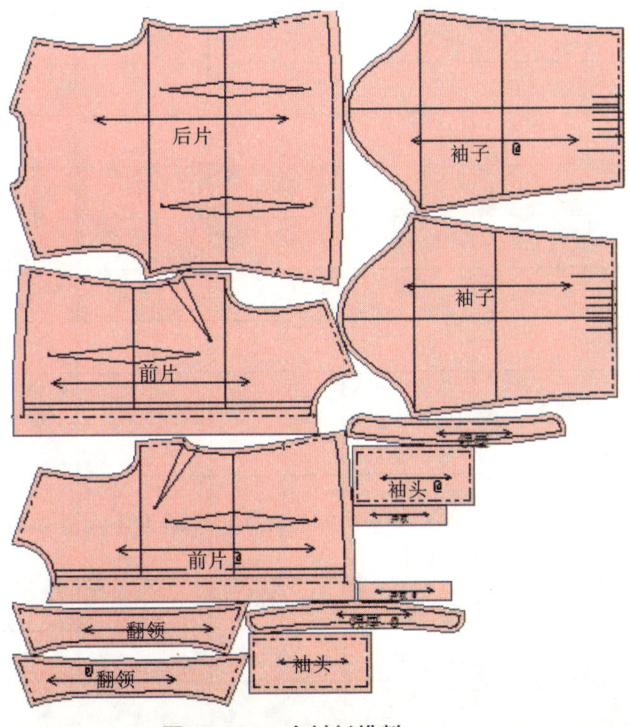

图 3-1-5　女衬衫排料

六、任务检查及评价

（一）检查方法及内容

使用皮尺、直尺等测量工具，根据制图方法，测量女衬衫结构、纸样及放缝等主要部位规格，并记录。

（二）结构检查表填写方法

根据样衣生产通知单给出的订单规格尺寸，利用皮尺和直尺实际测量结构图和纸样的各部位尺寸，并登记在结构检查表（表 3-1-2）内，根据实际情况分析并写出误差产生的原因。

表 3-1-2　结构检查表

部位	制图标准尺寸	自查		组长检查		产生原因
		制图实际尺寸	误差	制图实际尺寸	误差	
前胸围						
后胸围						
前腰围						
后腰围						
前臀围						
后臀围						
前摆围						
后摆围						
前衣长						
后衣长						
腋下省大						
腋下省长						
前腰省长						
后腰省长						
门里襟宽						
前领弧长						
后领弧长						
袖长						

续表

部位	制图标准尺寸	自查		组长检查		产生原因
		制图实际尺寸	误差	制图实际尺寸	误差	
前袖窿弧长						
后袖窿弧长						
后袖山弧线长						
前袖山弧线长						
前侧缝长						
后侧缝长						
翻领下弧长						
领座上弧长						
领座下弧长						
衣长						
腰省大						
袖口开衩长						
袖口围						
袖口褶大						

（三）小组讲评

通过作品展示进行自我点评、小组点评、组间点评以及教师点评。小组评价过程中，组长组织组员提炼优点，分析缺点，找到解决办法。总结此次任务完成过程中的亮点和值得发扬的地方，归纳和吸取失败的教训。

任务二 女衬衫缝制

一、学习目标

掌握女衬衫的成品规格；
掌握女衬衫的缝制；
掌握女衬衫质量检验方法及评价方法。

二、情景描述

公司收到客户关于女衬衫样衣制作订单，要求在 4 天内根据客户提供的款式说明、图样及规格尺寸进行样衣的制作。要求外观轮廓清晰，线条流畅，外形美观、平整，整体结构与人体比例相符；服装干净整洁无污，无多余线头、线钉和粉印；各部位尺寸符合成品规格要求。现需要根据订单要求进行女衬衫成品缝制，并进行质量检验。

三、任务准备

根据客户提供的相关信息制定女衬衫样衣生产通知单，按照制板—排料裁剪—缝制的生产流程合理安排生产进度，并制定生产计划书。根据客户订单要求，准备好制作样衣需要的所有裁片及辅料，准备缝制用的熨烫工具、平车、配色线、剪刀、纱剪、锥子、梭芯、梭壳、皮尺等工具和设备。

四、知识链接

女衬衫缝制工艺流程见图 3-2-1。

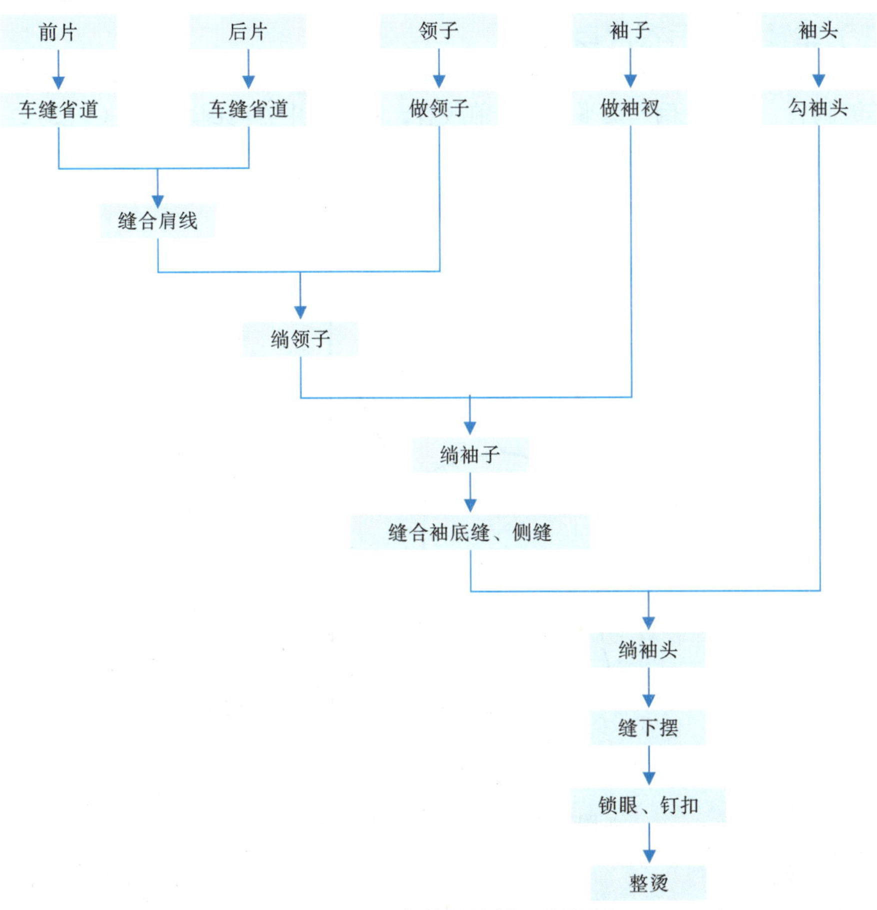

图 3-2-1　女衬衫缝制工艺流程

五、任务实施

女衬衫缝制。

（一）粘衬

粘衬部位：领座、翻领、袖衩条、袖头，见图 3-2-2。

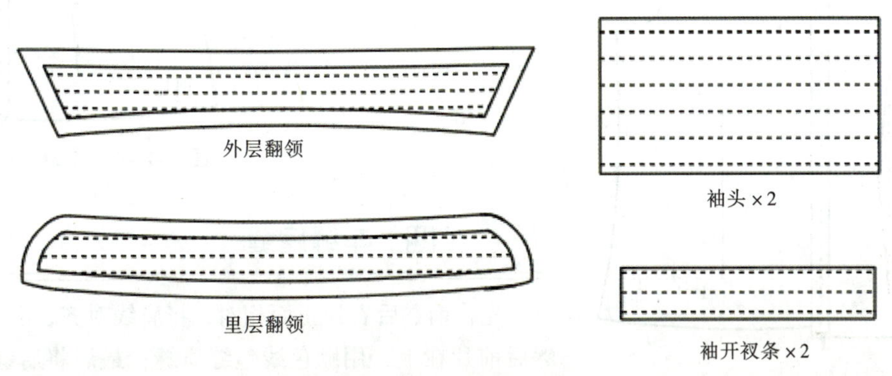

图 3-2-2　粘衬部位

（二）车缝前、后衣片身省道

（1）车缝胸省，并向上倒缝烫平；车缝前腰省，并向前中方向倒缝烫平（图 3-2-3）。

（2）车缝后片腰省，并向后中方向倒缝烫平。

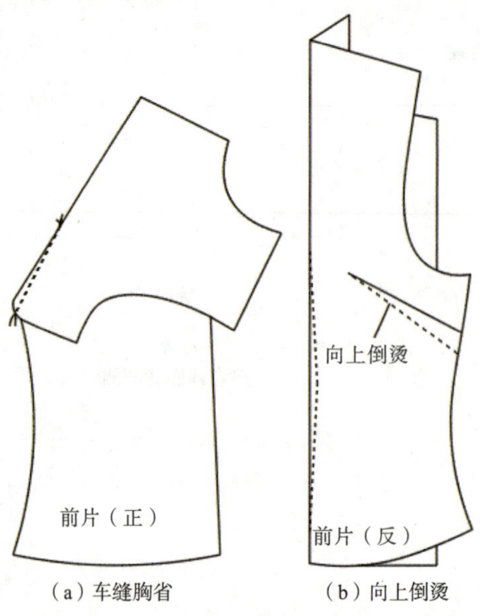

图 3-2-3　车缝前衣片身省道

（三）车缝门襟

将前片门襟边缘向反面折扣 1cm 烫平，然后沿净线向反面扣烫平整，沿边车缝 0.1cm 明线（图 3-2-4）。

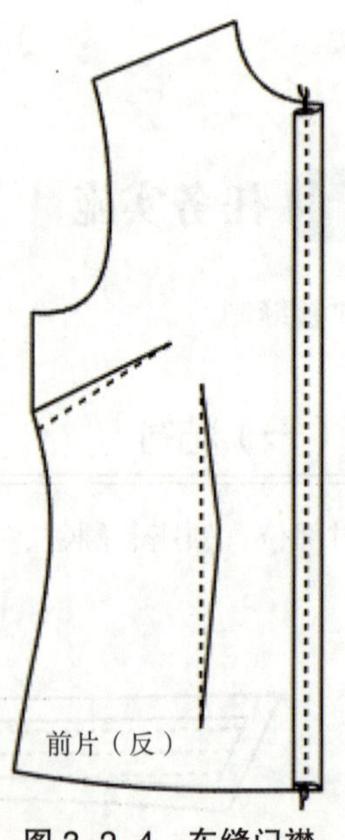

图 3-2-4　车缝门襟

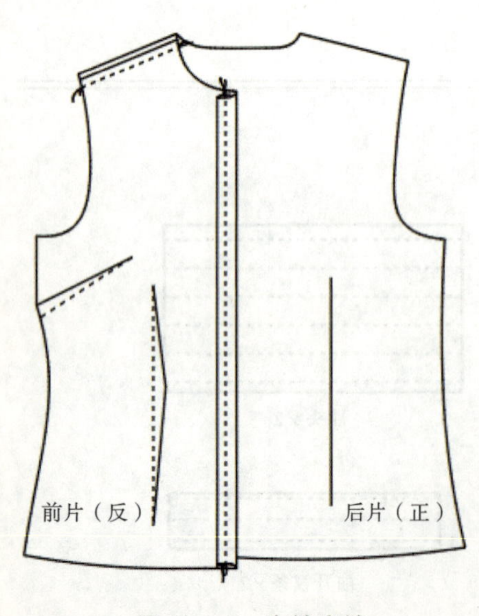

图 3-2-5　车缝肩缝

（四）车缝肩缝

先将前、后衣片正面相对，将肩线对齐，沿净线车缝；然后前片在上，用顺色线包缝肩缝；最后将肩缝向后倒缝烫平（图 3-2-5）。

（五）做领子

（1）外层翻领的反面按领子净样粘无纺衬［图 3-2-6（a）］。

（2）将两层翻领正面相对，沿净样外侧车缝领外口一周［图 3-2-6（b）］，注意里层翻领略紧些。

（3）清剪领外口缝份，留 0.3 ~ 0.5 cm，然后将正面翻出，熨烫平整，按工艺要求的宽度沿边车缝明线（通常明线距领外口 0.3 ~ 0.7 cm）［图 3-2-6（c）］。

（4）里层领座的反面按领子净样粘无纺衬［图 3-2-6（d）］，并将领下口向反面扣净、烫平。

（5）将两层领座正面相对，里层领座（粘衬的一层）在上面，翻领夹在两层领座之间，外层（粘衬的一层）向上，沿净线车缝领座上口一周［图 3-2-6（e）］。

（6）将领座正面翻出，烫平［图 3-2-6（f）］。

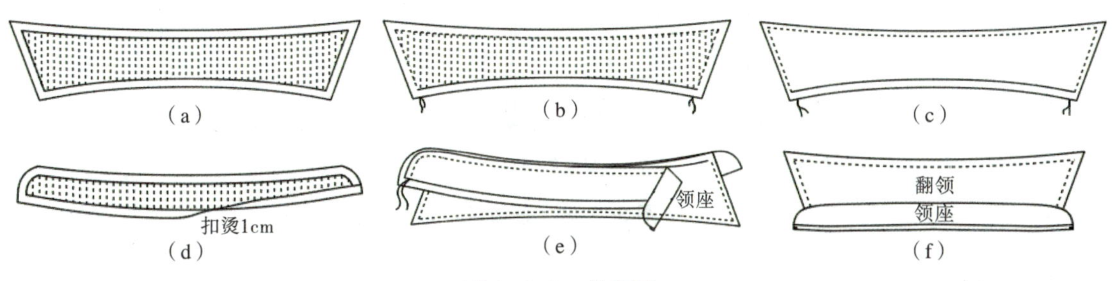

图 3-2-6　做领子

（a）外层翻领（反）粘衬；（b）沿净线车缝；（c）翻烫、车明线；
（d）里层领座（反）；（e）领座与翻领车缝；（f）将领座正面翻出、烫平

（六）绱领子

（1）将领座毛边一侧与衣身正面相对，领口对齐，沿净线车缝。

（2）将领子翻起，领座下口扣净的一边盖住绱领线及缝份，沿边车缝 0.1 cm 明线固定，并继续车缝领座上口明线一周（图 3-2-7）。

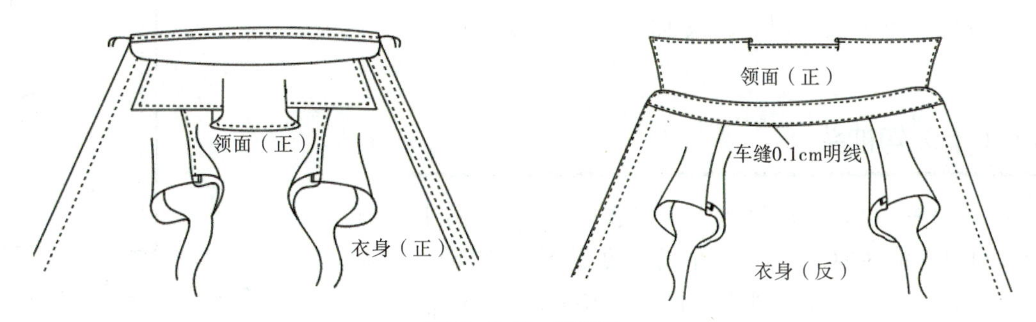

图 3-2-7　绱领子

（七）做袖衩

（1）剪一条开衩条，宽 3.5 ~ 4 cm，长度为开衩长度的 2 倍［图 3-2-8（a）］。

（2）将袖口处的开衩剪开，注意要剪直，长度准确［图 3-2-8（b）］。

（3）将剪开的开衩拉开成呈线，夹在开衩条中间，沿开衩条边缘车缝 0.1 cm 明线［图 3-2-8（c）］。

（4）使袖片反面朝外，并将开衩条沿长度方向对折平整，在开衩上端部位车缝斜线［图 3-2-8（d）］。

（5）使开衩条倒向前袖一侧，熨烫平整［图 3-2-8（e）］。

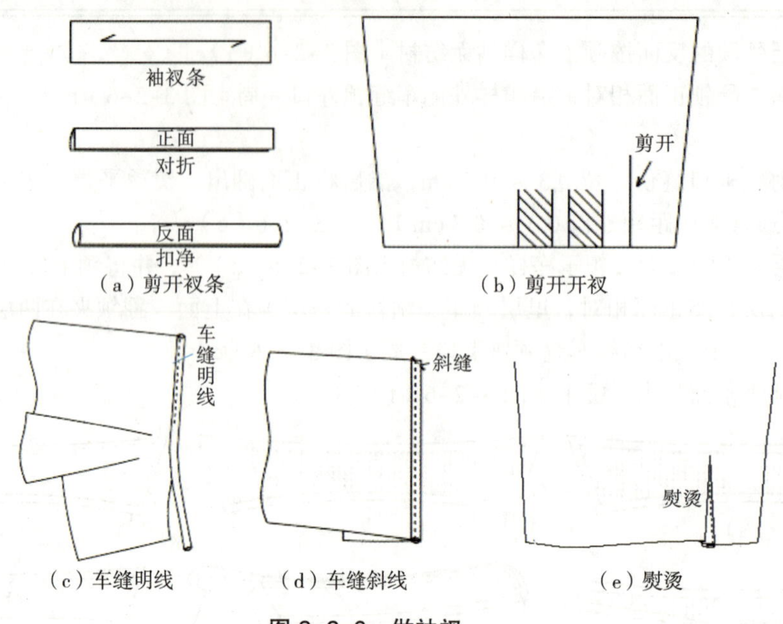

（a）剪开衩条　（b）剪开开衩

（c）车缝明线　（d）车缝斜线　（e）熨烫

图 3-2-8　做袖衩

（八）绱袖子

先把袖片放在上，衣片放在下，正面相对，缝合袖窿；然后衣片向上，用顺色线包缝袖窿；最后将袖窿份倒向袖子一侧烫平（图 3-2-9）。

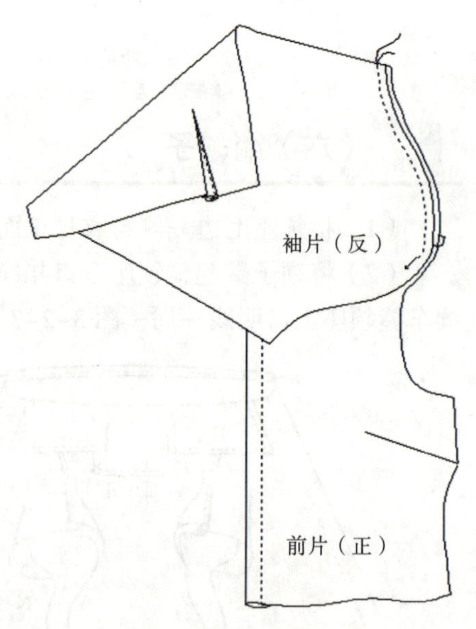

图 3-2-9　绱袖子

（九）缝合袖底缝、侧缝

缝合侧缝及袖底缝，用顺色线包缝，然后向后倒缝、烫平。

（十）勾袖头

（1）将袖头一边按 1 cm 缝份向反面扣净［图 3-2-10（a）］。

（2）将袖头沿中线对折，反面朝外，车缝两端［图3-2-10（b）］。

（3）将正面翻出，熨烫平整［图 3-2-10（c）］。

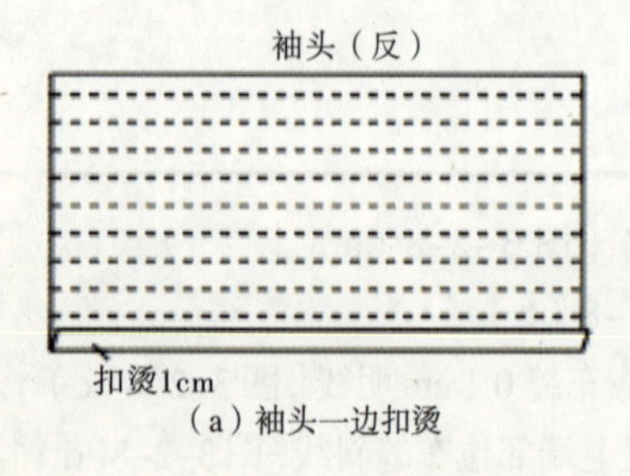

（a）袖头一边扣烫

对折

车缝1cm

（b）车缝两端

翻烫

袖头（正）

（c）翻烫衣袖

图 3-2-10　做袖头

（十一）绱袖头

1. 袖片袖口部位按样板尺寸打活褶［图 3–2–11（a）］，这时要注意校对打褶后袖口围与袖头的长度是否相等，如不相等，可调整褶量。

2. 袖头留毛边一侧与袖片反面相对，袖口边对齐，沿净线车缝［图 3–2–11（b）］。

3. 将袖头翻折，使绱袖头的缝份夹在袖头两层之间，沿扣净的一边车缝 0.1cm 明线［图 3–2–11（c）］。

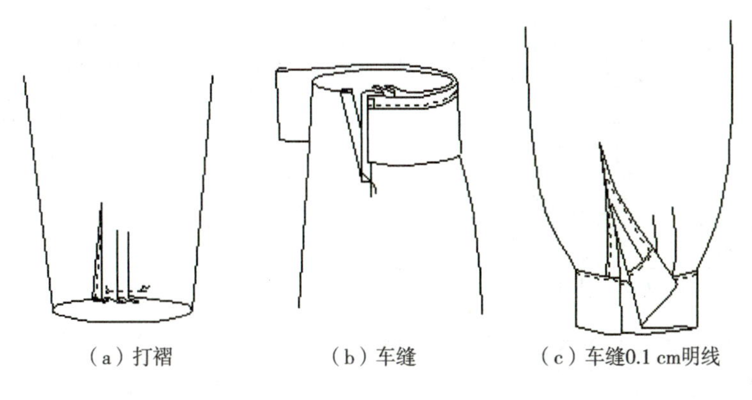

（a）打褶　（b）车缝　（c）车缝0.1 cm明线

图 3–2–11　绱袖头

（十二）缝下摆

将下摆折边双折扣净，沿边车缝 0.1 cm 明线，熨烫平整。

（十三）锁眼、钉扣

按样板上的位置锁平头扣眼，钉扣子，注意锁、钉要牢固。

（十四）整烫

将缝制完成的女衬衫检查一遍，清剪线头，熨烫平整。

六、任务检查及评价

（一）检查方法及内容

利用直尺、皮尺、比例尺，根据生产通知单的规格要求，对女衬衫的成品规格进行测量，并进行记录，根据各部位分配评分点和分值，结合任务完成效果进行评分。

（二）成品检查表填写方法

根据样衣生产通知单给出的订单规格尺寸，利用皮尺和直尺实际测量成品女衬衫各部位尺寸，并登记在检查表（表3-2-1）内，需要结合女衬衫成品质量标准规定的内容登记，根据实际情况分析并写出误差产生的原因。根据评分表，按照各个部位各个分数配值，结合个人完成情况进行自评打分。

表3-2-1 成品检查表

评分项及分值(总分100)		评分标准（每错一项扣1分）	自评得分（占20%）	组长评分（占40%）	组长评语	教师评分（占40%）	教师评语	总分
造型（40分）	10	翻领与领座平服圆顺，领面不松不紧						
	10	袖子圆顺，吃势均匀，前后对称不翻不吊						
	10	装袖衩及绱袖头效果美观						
	6	门襟平服顺直不豁						
	4	粘合衬不脱胶						
外观（10分）	10	产品整洁，无污渍、线头、粉印						
规格（5分）	5	按规格表工艺要求，符合公差范围						
色差（5分）	5	面料无花色现象						
缝制（40分）	5	绱领端正、整齐、牢固，领窝圆顺平服						
	3	缝合缝边准确						
	10	省道、侧缝、袖缝平服，底边圆顺平服						
	2	各部位不反吐						
	10	对称部位一致						
	4	各部位针距密度符合工艺标准						
	4	缝纫、钉扣、手缝牢固整齐						
	2	眼位与扣位相对，与扣眼大小相适宜						
总分								

（三）小组讲评

小组评价过程中，组长组织组员提炼优点，分析缺点，找到解决办法，总结此次任务完成过程中的亮点和值得发扬的地方，归纳和吸取失败的教训。

项目四　低腰牛仔裤制板与缝制

任务一
低腰牛仔裤制板

一、学习目标

了解低腰牛仔裤的款式特点；
了解低腰牛仔裤的款式变化及设计要点；
掌握低腰牛仔裤平面款式图的绘制；
掌握低腰牛仔裤的制图成品规格；
掌握低腰牛仔裤的结构绘制；
熟练掌握低腰牛仔裤放缝、排料和裁剪。

二、情景描述

公司收到客户关于低腰牛仔裤样衣制作订单，要求在 3 天内根据客户提供的款式说明、图样及规格尺寸进行样衣的制作。要求外观轮廓清晰，线条流畅，外形美观、平整，整体结构与人体比例相符；服装干净整洁无污，无多余线头、线钉和粉印；各部位尺寸符合成品规格要求。现需要根据订单要求进行低腰牛仔裤制板。

三、任务准备

根据客户提供的相关信息制定低腰牛仔裤样衣生产通知单，按照制板—排料裁剪—缝制的生产流程合理安排生产进度，并制定生产计划书。根据客户订单要求，准备绘制服装样板用的牛皮纸、白纸（复制）、比例尺、皮尺、工作台等工具和耗材。低腰牛仔裤样衣生产通知单见表 4-1-1。

表 4-1-1　低腰牛仔裤样衣生产通知单

款号：KZ001	名称：低腰牛仔裤	规格表（M 码　号型：160/68A） 单位：cm
下单日期：9 月 15 日	完成日期：9 月 19 日	

部位	身体净尺寸	加放松量	成品尺寸	码差
身高	163	—	—	5
低腰围	68	5	73	4
臀围	90	—	90	4
膝围	36	1	37	2
脚口	36	1	37	2
裤长（含腰头度）	89	—	100	3
腰头高	—	—	4	—

款式图：

款式说明：前衣身双线弧形袋（右前袋加表袋），门襟双线，双线缉前小裆；后衣身双线尖形明贴袋，双线缉育克（机头），双线缉后裆，五线锁边缝外侧缝，双线绱裤腰，五只裤襻（裤耳），沿裤脚口缉 2 cm

工艺说明：

1. 针距、线迹：明线 10~12 针 /3 cm，面线用撞色牛仔线，底线用配色的涤纶线；暗线 14~16 针 /3 cm，面线、底线均用配色涤纶线。针号：90/14 号、100/16 号。

2. 各部位缝制线路顺直、整齐、牢固，绱拉链平服，无连根线头。

3. 上下线松紧适宜，无跳线、断线。起落针处应有回针。底线不得外露。

4. 袋布的垫料要折光边或包缝。

5. 袋口两端封口应牢固、整洁。

6. 锁眼定位准确，大小适宜，扣与眼对位，整齐牢固。纽脚高低适宜，线结不外露。

7. 各部位明线和链线式线迹不允许跳针，明线不允许接线，其他缝纫线迹 30cm 内不得有两处单跳或连续跳针，不得脱线

改样记录：	面料：斜纹牛仔布 里料：棉涤布 绣花印花：根据款式设计后贴袋绣花 洗水方式：硝石洗＋手擦＋猫须＋套色	辅料： 1. 粘合衬 30cm/ 件 2. 拉链 YKK4# 黄铜牙配洗后色 13.5cm 1 条 / 件 3. 工字扣 1 副 / 件 4. 撞钉 6 套 / 件 挂牌与唛头： 1. 主唛 1 个 / 件 2. 洗水唛 1 个 / 件 3. 腰卡 1 个 / 件 4. 尺码贴纸 1 张 / 件

主管：　　　　制板：　　　　样衣：　　　　日期：

四、知识链接

（一）裁片数量及用量

1. 面辅料参考用量

（1）面料：幅宽 144 cm，用量约 120 cm。估算式为裤长 +20 cm 左右。

（2）里料：幅宽 144 cm，用量约 25 cm。

（3）辅料：粘合衬 30 cm，铜拉链 1 条、扣子 1 副、挂钉 6 套 / 件。

2. 裁片数量

（1）面料：前裤片 2 片，后裤片 2 片，后育克 2 片，腰头 3 片（腰头底连裁，腰头面 2 片），前垫袋布 2 片，后贴袋布 2 片，表袋 1 片，门襟 1 片，里襟 1 片，串带襻 6 个。

（2）里料：前袋布 2 片。

3. 粘衬部位

腰头面、门襟、里襟。

（二）低腰牛仔裤平面展开图

款式特点

该款为女式低腰直筒牛仔裤，前裤身双线弧形袋，后裤身双线尖形明贴袋，弯腰头，全件双明线的款式适合日常休闲穿着。

低腰牛仔裤平面展开图见图 4-1-1。

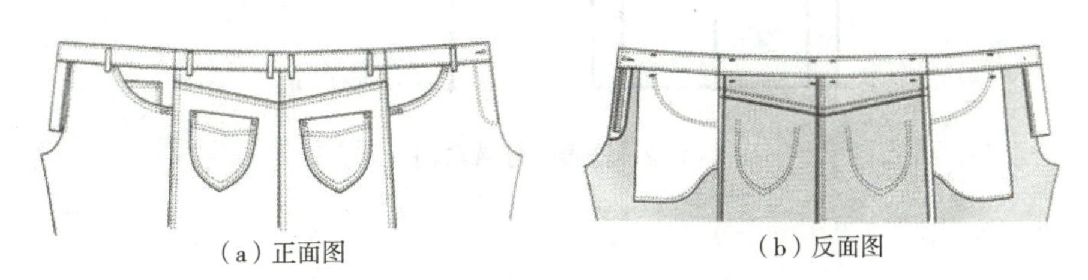

（a）正面图　（b）反面图

图 4-1-1　低腰牛仔裤平面展开图

五、任务实施

（一）绘制低腰牛仔裤结构图

低腰牛仔裤结构见图 4-1-2。

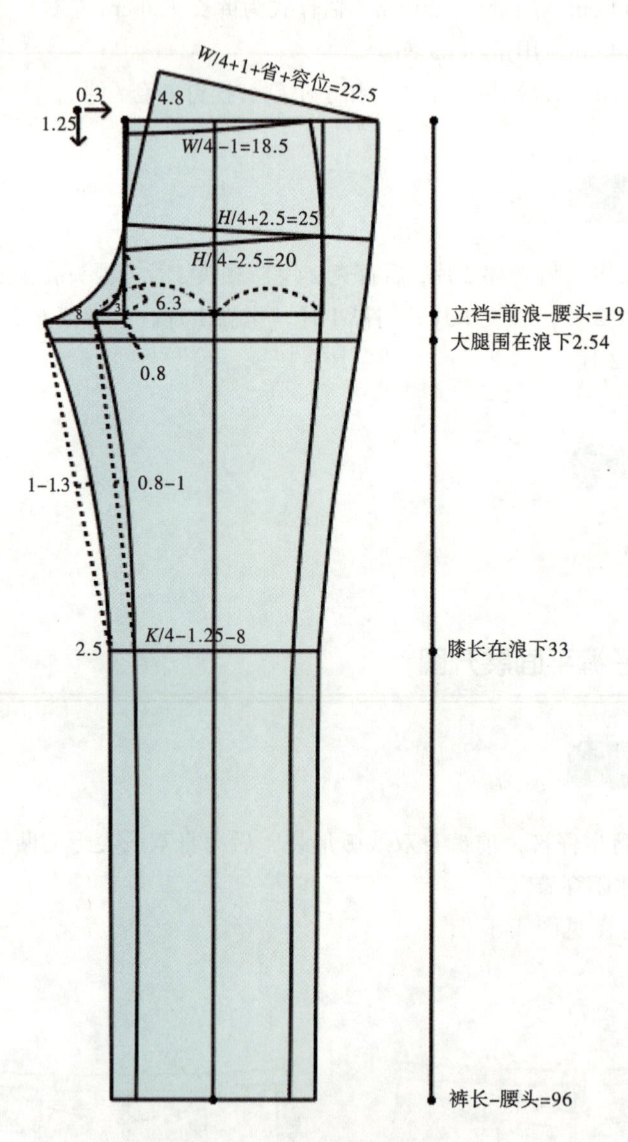

图 4-1-2 低腰牛仔裤结构

（二）零部件制图

零部件制图见图 4-1-3。

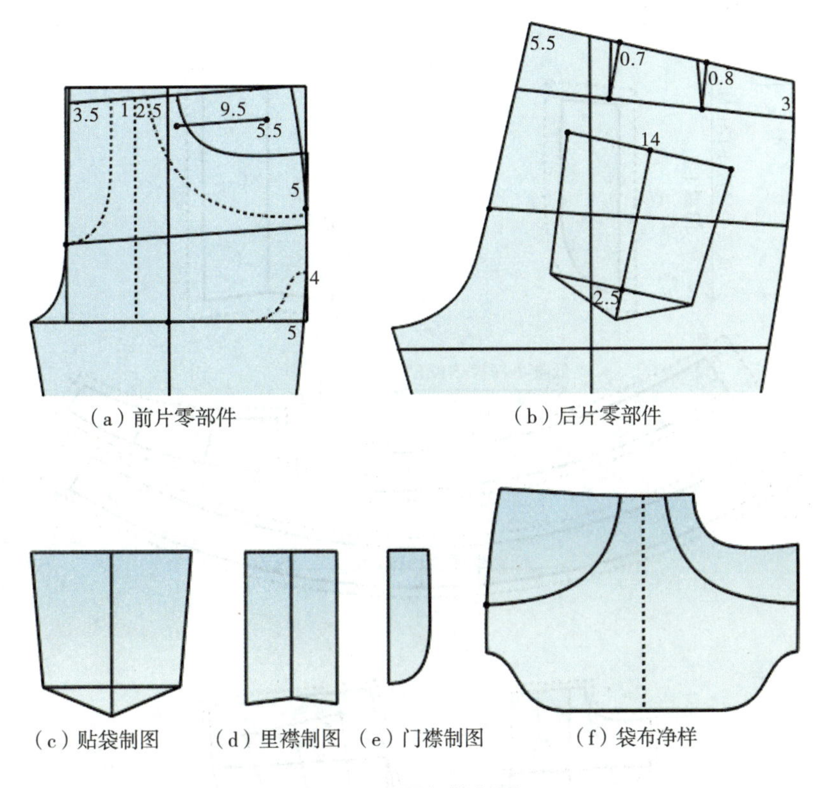

（a）前片零部件　（b）后片零部件

（c）贴袋制图　（d）里襟制图　（e）门襟制图　（f）袋布净样

图 4-1-3　零部件制图

（三）放缝、排料图

1. 面料放缝图

低腰牛仔裤面料放缝图见图 4-1-4。

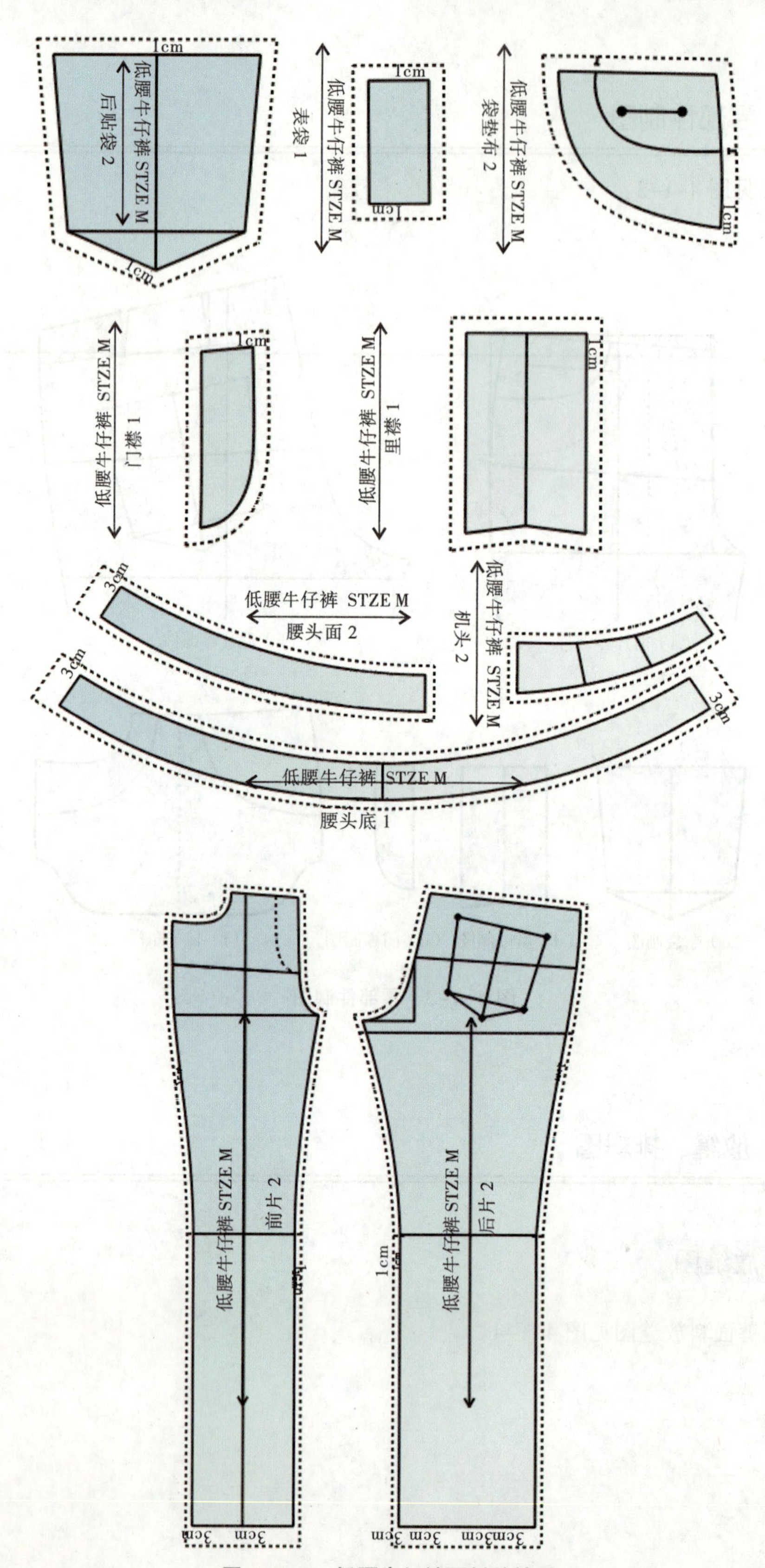

图 4-1-4　低腰牛仔裤面料放缝图

2. 袋布放缝图

低腰牛仔裤袋布放缝图见图 4-1-5。

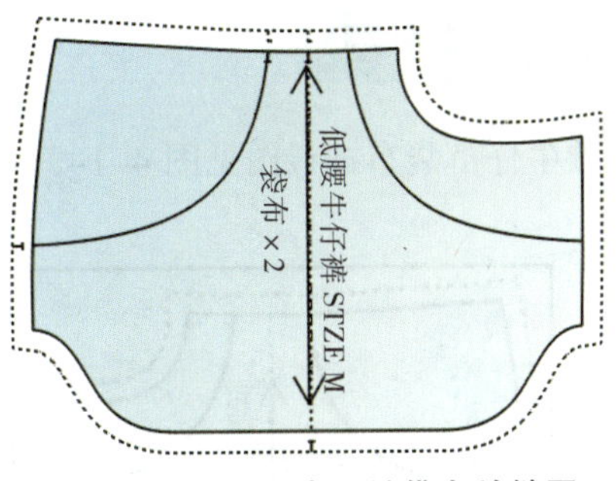

图 4-1-5 低腰牛仔裤袋布放缝图

3. 面料排料图

低腰牛仔裤面料排料图见图 4-1-6。

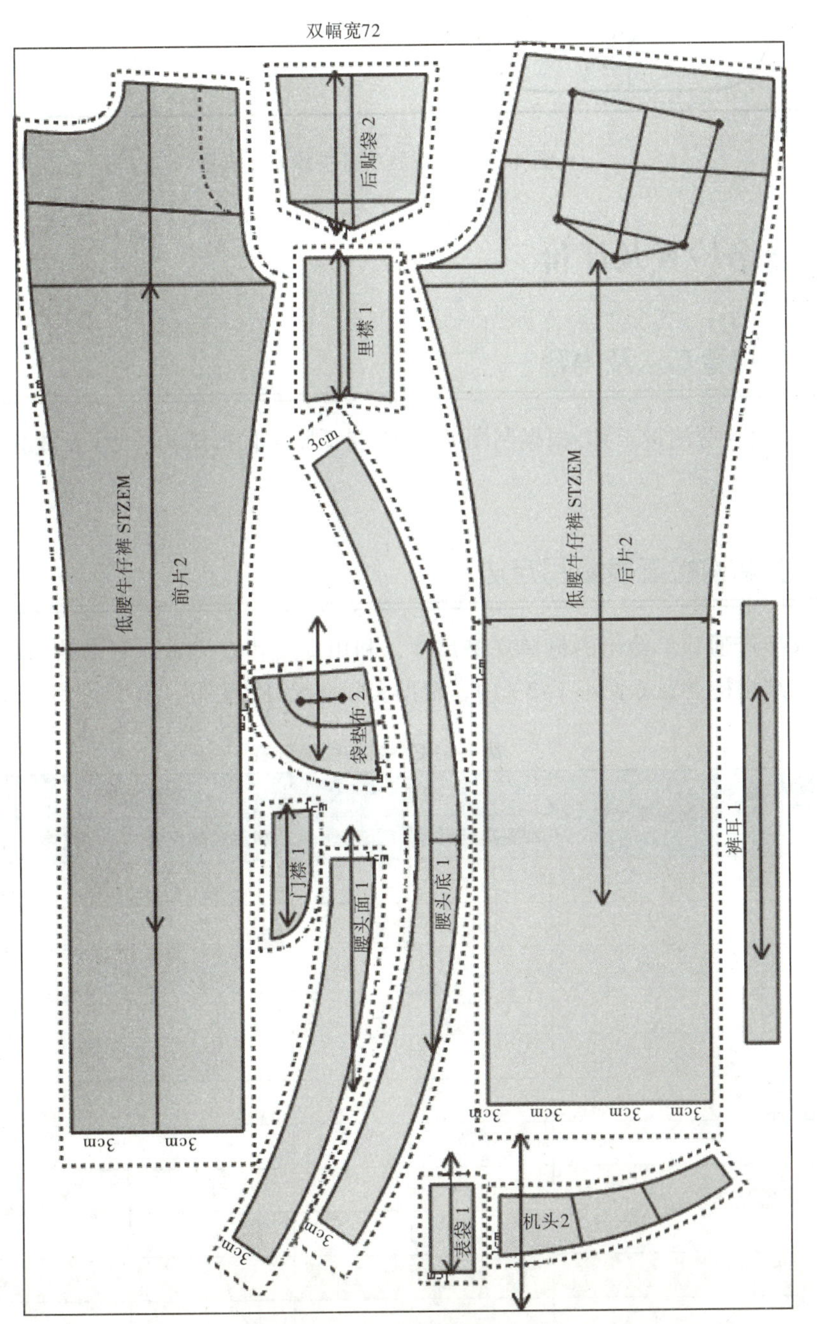

图 4-1-6 面料排料图

4. 袋布排料图

低腰牛仔裤袋布排料图见图 4-1-7。

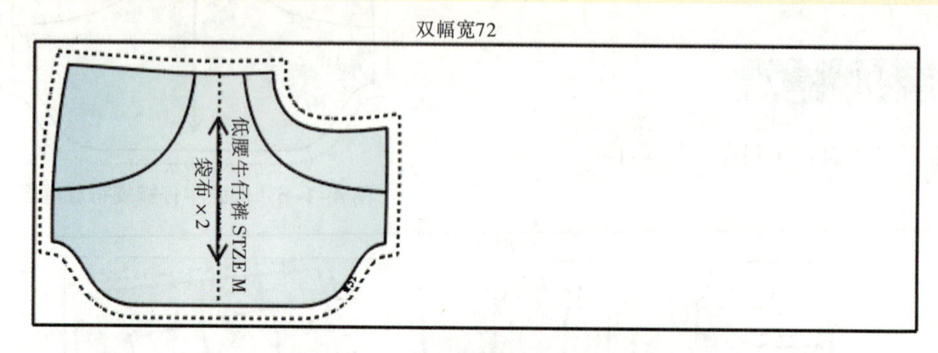

图 4-1-7　低腰牛仔裤袋布排料图

六、任务检查及评价

（一）检查方法及内容

使用皮尺、直尺等测量工具，根据制图方法，测量低腰牛仔裤结构、纸样及放缝等主要部位规格，并记录。

（二）结构检查表填写方法

根据样衣生产通知单给出的订单规格尺寸，利用皮尺和直尺实际测量结构和纸样的各部位尺寸，并登记在结构检查表（表 4-1-2）内，根据实际情况分析并写出误差产生的原因。

表 4-1-2　结构图检查表

部位	制图标准尺寸	自查		组长检查		产生原因
		制图实际尺寸	误差	制图实际尺寸	误差	
前浪（不含腰）						
后浪（不含腰）						
前腰围						
后腰围						
前臀围						
后臀围						
前大腿围						
后大腿围						
前膝围						
后膝围						
前脚口						

续表

部位	制图标准尺寸	自查		组长检查		产生原因
		制图实际尺寸	误差	制图实际尺寸	误差	
后脚口						
前内长						
后内长						
前侧缝						
后侧缝						
裤长（不含腰头度）						
腰头高						
腰头顶						
腰头底						

（三）小组讲评

小组评价过程中，组长组织组员提炼优点，分析缺点，找到解决办法，总结此次任务完成过程中的亮点和值得发扬的地方，归纳和吸取失败的教训。

任务二
低腰牛仔裤缝制

一、学习目标

掌握低腰牛仔裤的工艺流程；
熟练掌握低腰牛仔裤的成品缝制；
掌握低腰牛仔裤的成品检查方法。

二、情景描述

公司收到客户关于低腰牛仔裤样衣制作订单，要求在 3 天内根据客户提供的款式说明、图样及规格尺寸进行样衣的制作。要求服装干净整洁无污，无多余线头、线钉和粉印；各部位尺寸符合成品规格要求。

三、任务准备

（1）根据客户提供的相关信息制定低腰牛仔裤样衣生产通知单，按照制板—排料裁剪—缝制的生产流程合理安排生产进度，并制定生产计划书。根据客户订单要求，准备好制作样衣需要的所有裁片及辅料，准备缝制用的熨烫工具、平车、配色线、剪刀、纱剪、锥子、梭芯、梭壳、皮尺等工具。

（2）缝制前期准备。

①针、线：在缝制前需要选择相应的针号和线，调整好底线、面线的松紧度及针距密度。

针号：90/14 号、100/16 号。

用线与针密度：明线 10~12 针 /3 cm，面线用撞色牛仔线，底线用配色的涤纶线；暗线 14~16 针 /3 cm，面线、底线均用配色涤纶线。

②粘衬及修片。

a. 粘衬：先将衣片与粘合衬用熨斗固定。注意，粘合衬比裁片要略小 0.2 cm 左右，固定时不能改变布料的经纬向丝缕。

b. 修片：衣片过粘合机后，需将其摊平冷却后再重新按裁剪样板修剪裁片。

四、知识链接

（一）面料选择

可以选用各种棉质牛仔布、斜纹布。袋布可选用薄棉布或涤棉布。

（二）缝制工艺流程

准备工作→缝制前袋→绱拉链→缝制后贴袋→拼接后育克→缝合后裆缝→缝合侧缝→缝合下裆缝→缝制串带襻→做腰头→绱腰头→缝制裤口→锁眼、钉扣→整烫。

（三）低腰牛仔裤工艺的重点与难点

低腰牛仔裤工艺的重点与难点如下：

（1）重点：前片弯插袋。缝合时明缉线距 0.6 cm，袋口平服、无反吐、无扭曲。

（2）难点：门里襟及腰头。门襟止口不允许反吐，明缉线尺寸要正确，左右腰口要平齐，互差不超过 0.3cm，小裆弯及门襟止口平服。绱拉链是低腰牛仔裤缝制中的另外一个难点，绱腰时要按对位标记对位缝合。腰头面与腰头底折边要对称平齐，防止腰头底漏缝，线迹要平行美观、无跳线。腰头两端止口不能反吐，腰头端角方正平服且与门襟止口平齐；线迹美观，无跳针。

（四）缝制工艺质量要求及评分参考标准

缝制工艺质量要求及评分参考标准（总分 100 分）如下：

（1）外观：轮廓清晰，线条流畅，外形美观、平整，整体结构与人体比例相符；服装干净整洁无污，无多余线头、线钉和粉印（10 分）。

（2）规格：各部位尺寸符合成品规格要求（10 分）。

（3）粘衬：粘衬部位牢固，粘合衬不歪斜、不脱胶、不渗胶、不起皱、不起壳、不起泡（5 分）。

（4）线迹：缉线顺直，无浮线、跳针、漏针、毛出等现象；手工缲针正面不露针迹、针印，反面针迹整齐、牢固，针距紧密，缝线松紧适宜（5 分）。

（5）裤腰头：面、里、衬平服，松紧适宜（10 分）。

（6）门、里襟：面、里、衬平服，松紧适宜，长短互差不大于 0.3 cm（10 分）。

（7）前、后裆：圆顺、平服。裆底十字缝互差不大于 0.2 cm（10 分）。

（8）串带：长短、宽窄一致。位置准确、对称，前后互差不大于 0.4 cm，高低互差不大于 0.2 cm（10 分）。

（9）裤袋：袋位高低、袋口大小互差不大于 0.5 cm，前后互差不大于 0.3 cm，袋口顺直平服。袋布缝制牢固（10 分）。

（10）裤腿：两裤腿长短、肥瘦互差不大于 0.3 cm（10 分）。

（11）裤口：两裤口大小互差不大于 0.3 cm，吊脚不大于 0.5 cm，裤脚前后互差不大于 1.5 cm，裤口边缘顺直（5 分）。

（12）整烫：熨烫平整、挺括，无烫黄、极光、水渍等现象（5 分）。

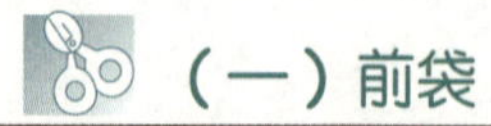

五、任务实施

五袋款低腰牛仔裤包括以下五个部分：前袋，拉链，后袋及育克（机头），裤腰、外侧缝、下裆缝、裤脚，打结、扣眼等。下面分别介绍各部分的缝制工艺及质量要求。

（一）前袋

（1）缉表袋口（图 4-2-1）。将表袋口按要求的尺寸折边后缉明线。折边止口要均匀，缉线与口袋平行。

（2）定位表袋（图 4-2-2）。将袋垫布放于台面上，根据实样在面上定出袋位，位置要准确。

（3）缲表袋（图 4-2-3）。将表袋折好止口后放于袋垫布的袋位处缝制。表袋口要平行于袋垫布边，两边缉线不能超过袋口，袋口两端要回针。

（4）三线锁袋垫布（图 4-2-4）。三线锁袋垫布圆弧边。线迹张力要适当，没有毛边现象。

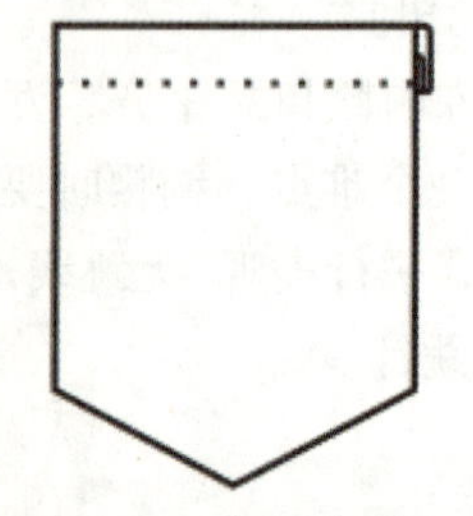

图 4-2-1　缉表袋口

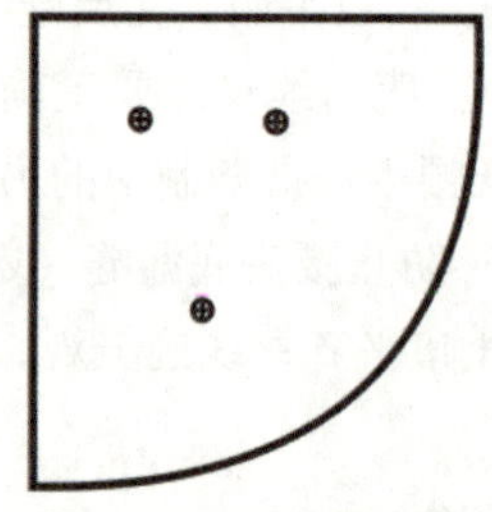

图 4-2-2　定位表袋

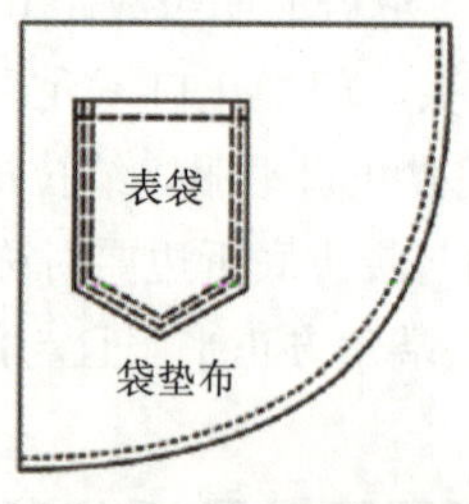

图 4-2-3　缲表袋

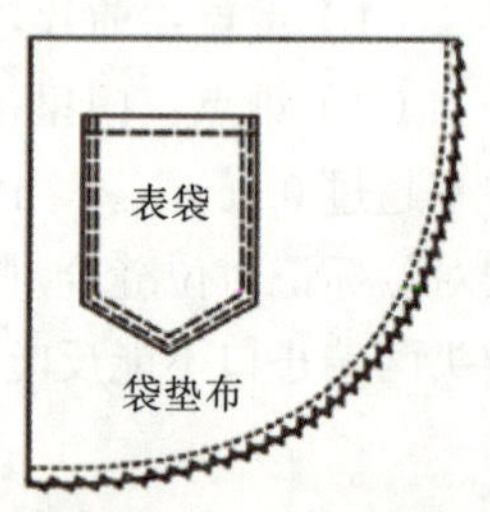

图 4-2-4　三线锁袋垫布

（5）在袋布上缲袋垫布，见图 4-2-5。将袋垫布放于袋布上，袋布与袋垫布上边对齐，袋垫布外侧边与袋布对齐，沿袋垫布圆弧边缉线。袋垫布与袋布的外侧和裤腰边要对齐。

（6）做前弯袋口（图 4-2-6），将袋布的袋口位与前衣身的袋口位正面对齐后缉袋口线，然后修剔袋口位多余止口（或使用切刀在辑袋口时切掉多余止口）。要以前衣身袋口为准对位，并将多余止口均匀地切除，完成的袋口要符合要求。

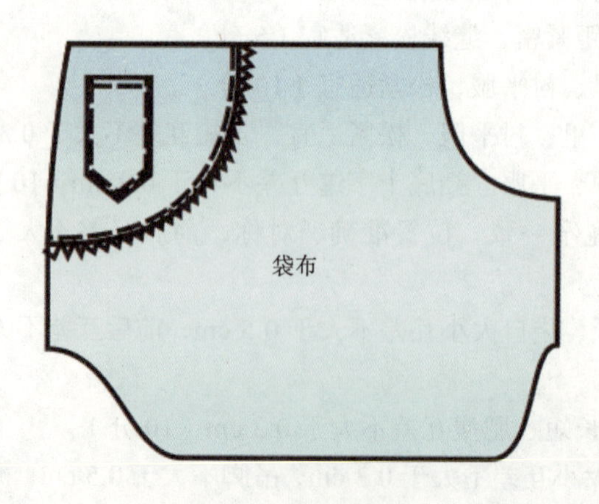

图 4-2-5　缲袋垫布

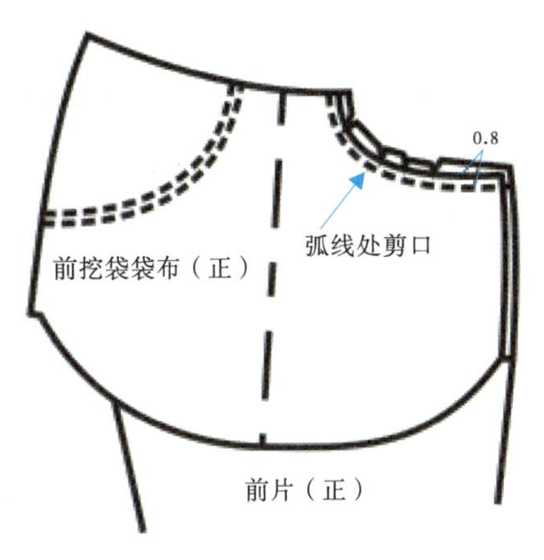

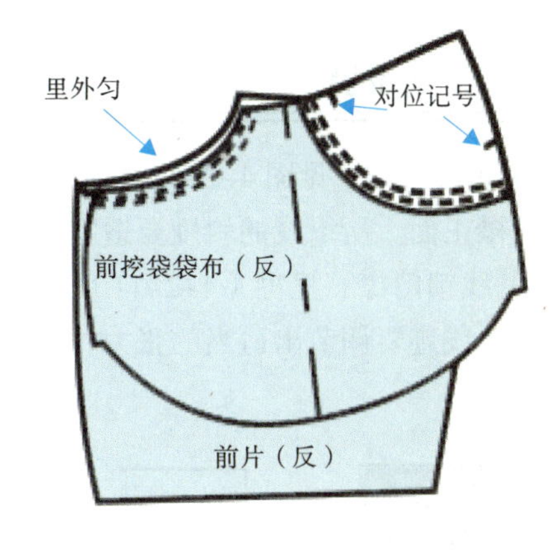

图 4-2-6　做前弯袋口

（7）双线缉前弯袋口（图 4-2-7），将袋布翻于前衣身反面，用双针机沿前弯袋口位缉双明线。翻袋布时，要将止口翻尽，不能让袋布露出表面，出现上下层不齐（缉光）现象，完成后袋口位不能有起皱现象。

（8）缉前袋布底（图 4-2-8），将袋布反面对反面按中间位对折对齐袋底，沿袋底边缉线，然后将袋布翻出正面，并在袋底处缉明线。完成后袋底弯位要圆滑。

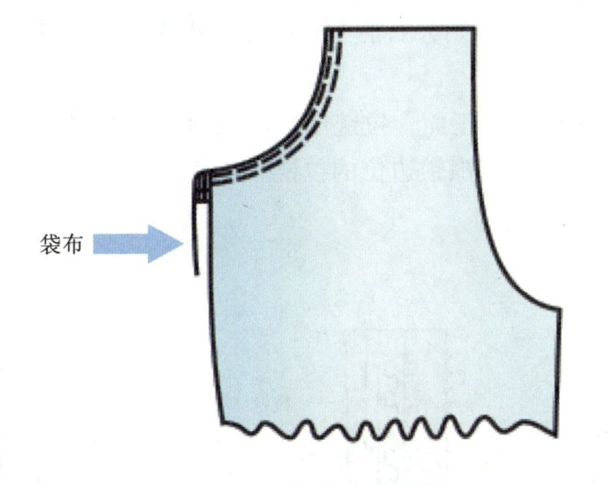

图 4-2-7　双线缉前弯袋口

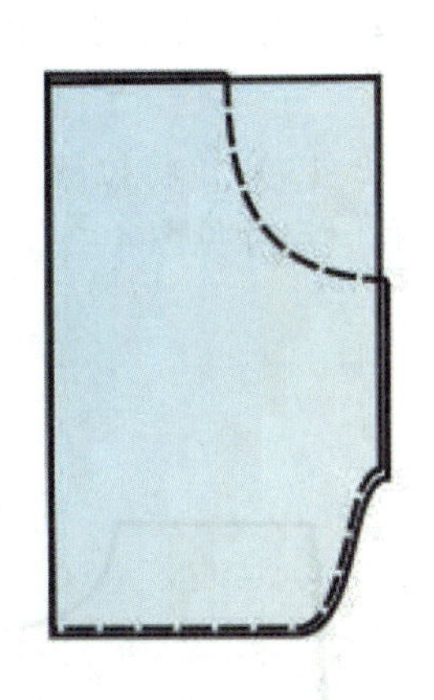

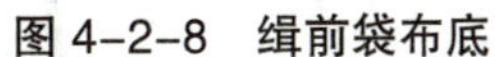

图 4-2-8　缉前袋布底

（9）固定前弯袋口，见图 4-2-9。根据剪口位定好袋口位，在止口处缉 0.5 cm 线以固定前衣身、袋垫布、袋布。袋布裤腰位要和前衣身对齐，完成后的前弯袋口要有一定的宽松度。

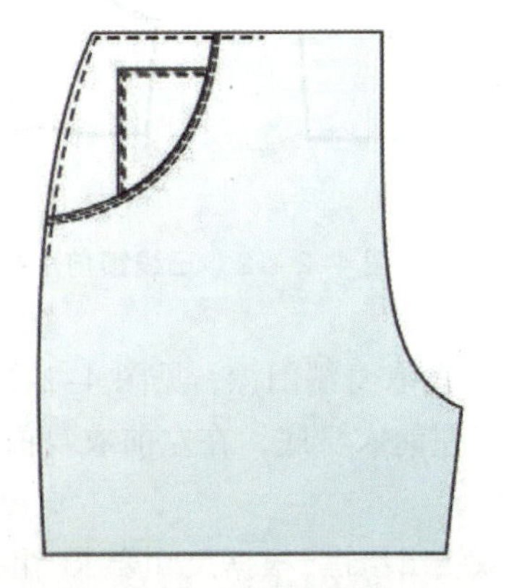

图 4-2-9　固定前弯袋口

（二）绱拉链

（1）缉里襟末端，见图 4-2-10。将里襟按中间位正面对正面对折，从止口边向折位斜线缉线，然后翻出里襟正面。所缉线的斜度要适宜，太斜则不能遮掩拉链尾，里襟末端止口要翻尽。

（2）三线锁门襟、里襟（4-2-11），将门襟面向上，从圆弧边锁到直边，将里襟面向上，锁完直边。锁边线迹要调节出适当的张力，门襟弯位要圆顺。

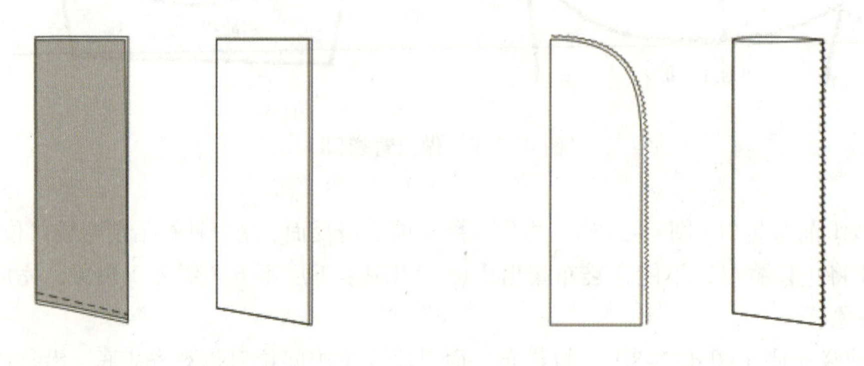

图 4-2-10　缉里襟末端　　图 4-2-11　三线锁门襟、里襟

（3）三线锁前小裆，见图 4-2-12。左前衣身由小裆部分开始，右前衣身由裤腰处开始，锁完整个前裆，不能有毛边现象。

（4）门襟处绱拉链（图 4-2-13），将拉链与门襟正面对正面，拉链尾与门襟圆位要对齐，门襟直边位留出 1 个斜线止口位，尺寸见图 4-2-13，双线缉门襟锁边位的拉链布。所缉双线要平行于拉链布料。

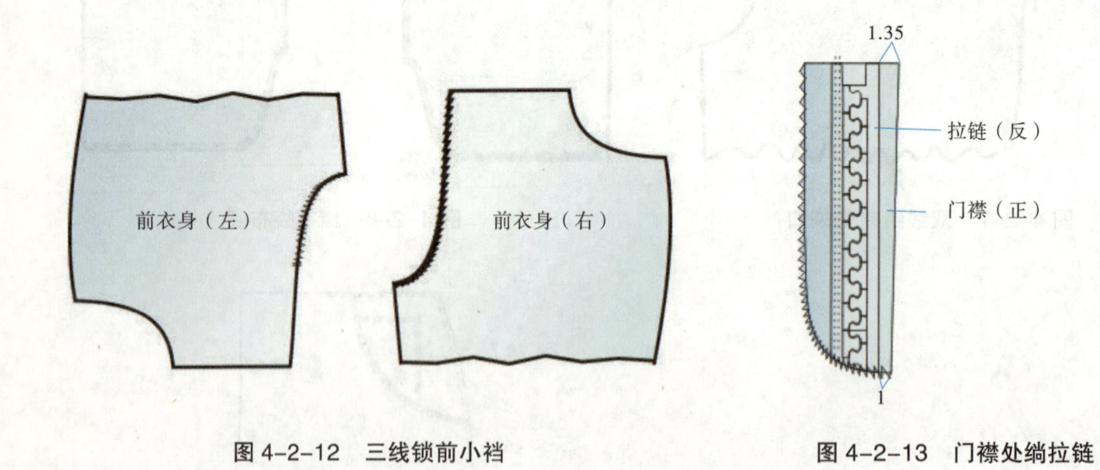

图 4-2-12　三线锁前小裆　　图 4-2-13　门襟处绱拉链

（5）左前衣身绱门襟，见图 4-2-14。将左前衣身前裆位与门襟正面对正面，对齐缉线，然后将门襟翻于左前衣身底，在左前衣身前裆位缉明线。翻门襟时止口要翻尽，完成后的前裆位应是直线。

（6）双线缉门襟，根据尺寸要求，由裤腰位开始双线缉门襟。缉线要均匀，完成后的门襟要平服。

（7）绱里襟及缉右前小裆，将拉链布置于里襟和右前裆中间，右前裆向里折 1 个止口，且止口从上到下逐渐减少，然后用双线固定里襟、拉链和右前衣身。将右前小裆向表面折止口后，缉线固定。

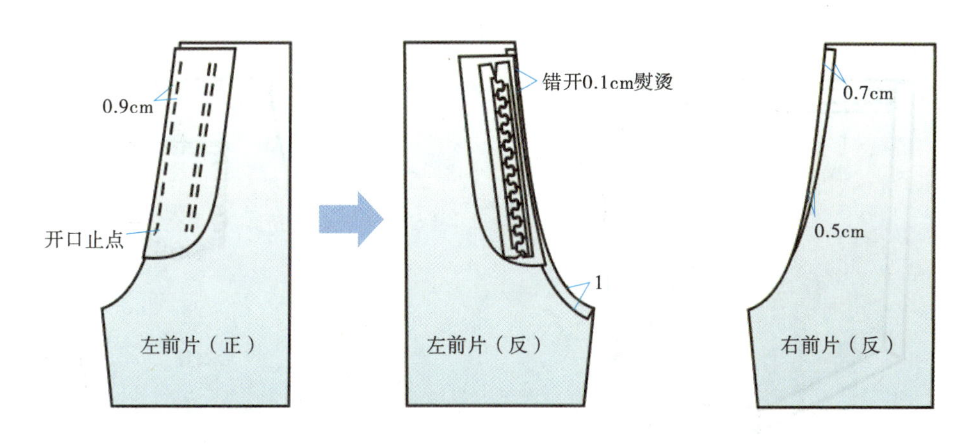

图 4-2-14　左前衣身绱门襟

（8）双针平缝机缉小裆（图 4-2-15），将左前小裆止口向里折后叠在右前小裆处，由小裆底缉线至门襟线上约 3 针。缉线要均匀，没有下坑（落坑）现象。

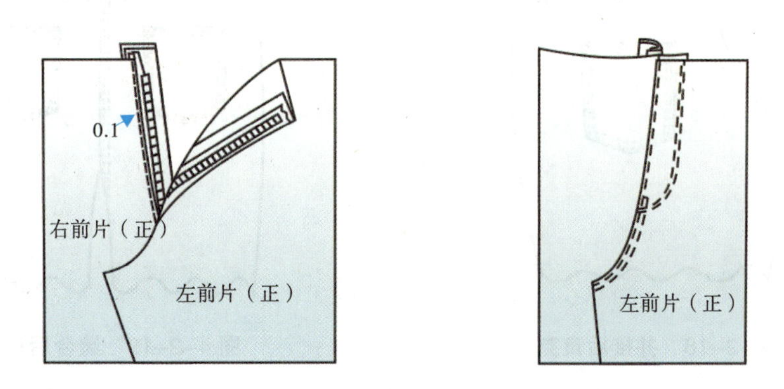

图 4-2-15　双针平缝机缉小裆

（三）后袋

（1）缉后袋口，按止口位折后袋口，然后双线缉袋口。止口和缉线要均匀，袋口平直。

（2）熨烫后袋（图 4-2-16），将后袋里向上置于烫台上，然后将铁板实样放在后袋里部正中位处，把袋边止口折起并烫实。袋花必须处于正中位，熨烫温度要适中。

（3）在后衣身绱后袋（图 4-2-17），利用实样在后衣身上划出袋位，然后将后袋放于袋位缝制。完成后的后袋左右要对称，缉线均匀，袋口平服。

（4）并接后育克（机头），见图 4-2-18。将后育克与后裤片正面相对，按照 1 cm 缝份车缝，三线包缝后缝份倒向下、平烫，然后在正面车两道明线 0.1 cm、0.6 cm。止口要均匀、充足，完成后，始端和结尾处要对齐。

（5）缝合后裆缝，见图 4-2-19。将两片后裤片正面相对缝合后裆缝，缝份 1 cm, 要注意左右育克分割线的对位，再将后裤片放上层三线包缝，将缝份倒向右边，在左裤片正面缉双明线。

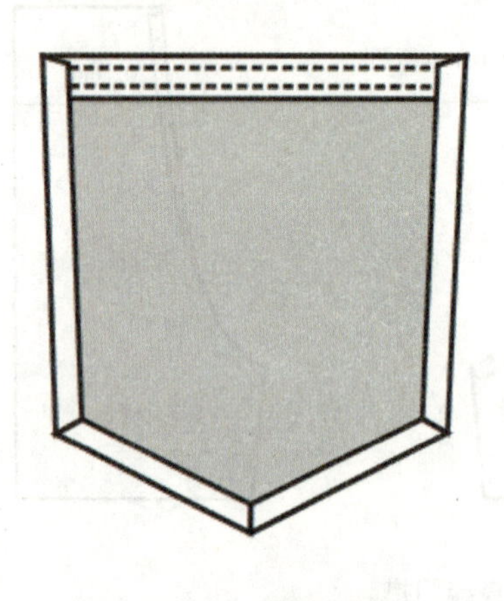

图 4-2-16　熨烫后袋

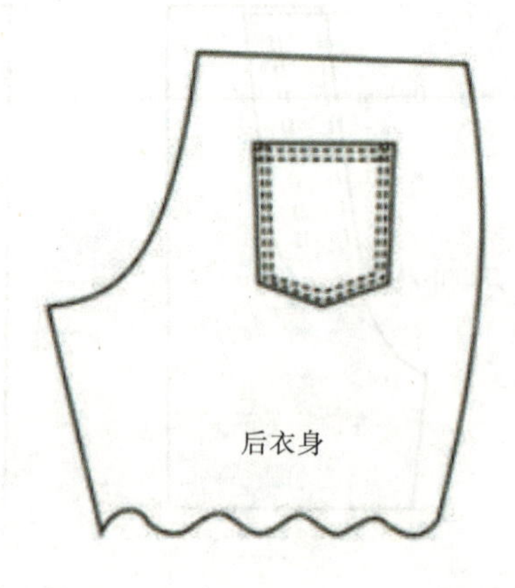

图 4-2-17　绱后袋

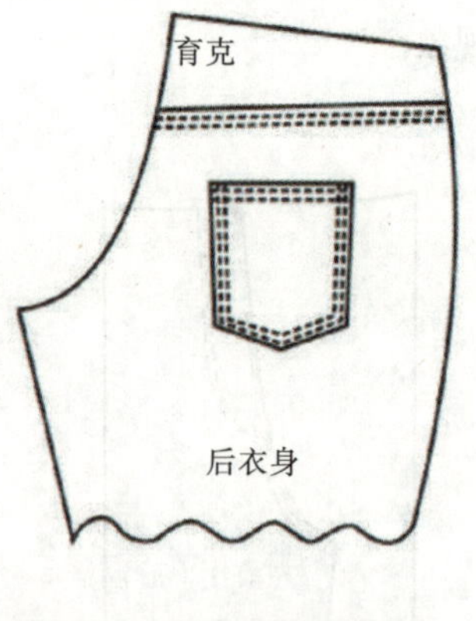

图 4-2-18　并接后育克

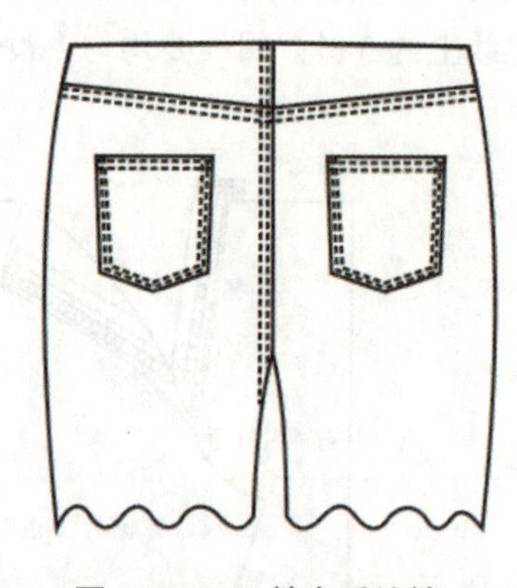

图 4-2-19　缝合后裆缝

（四）裤腰、外侧缝、下裆缝、裤脚

（1）五线锁边缉外侧缝（图 4-2-20），前衣身在上，后衣身在下，正面对正面放锁边机上缝纫。完成后，前、后衣身在裤腰和裤脚处要对齐。

（2）缉外侧裤腰上端线（图 4-2-21）。将外侧缝止口翻于后衣身处，然后在后衣身位缉明线。缉线均匀，位置要准确。

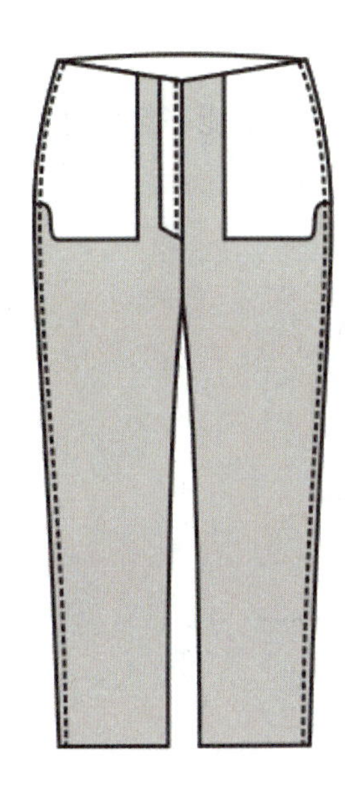

图 4-2-20　五线锁边缉外侧缝

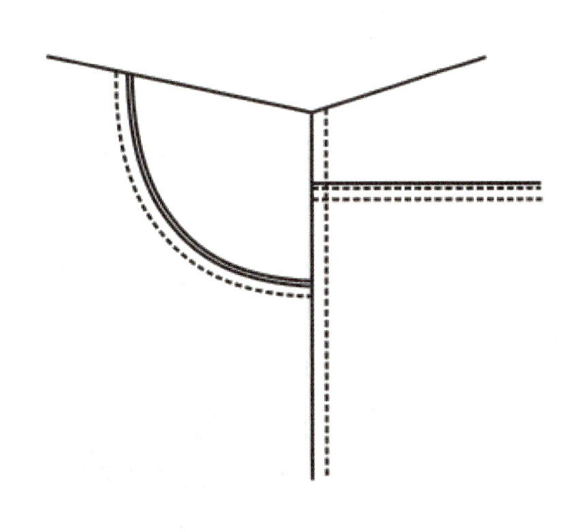

图 4-2-21　缉外侧裤腰上端线

（3）绱裤腰，见图 4-2-22。利用绱裤腰附件来缝制，将裤腰裁片放于附件内，然后将裤身放入折好的裤腰内缝纫。在开始和结尾处留 5 cm 不缉线，完成后的裤腰尺寸要符合要求。

（4）缉裤腰头，见图 4-2-23。将裤腰头止口剪至 0.6 cm 左右，然后将裤腰头止口折入里部缉线。完成后不能有上、下层不齐（缉光）和突嘴现象，拉上拉链后的左右裤腰要成一条直线，缉线要与绱裤腰的线重合。

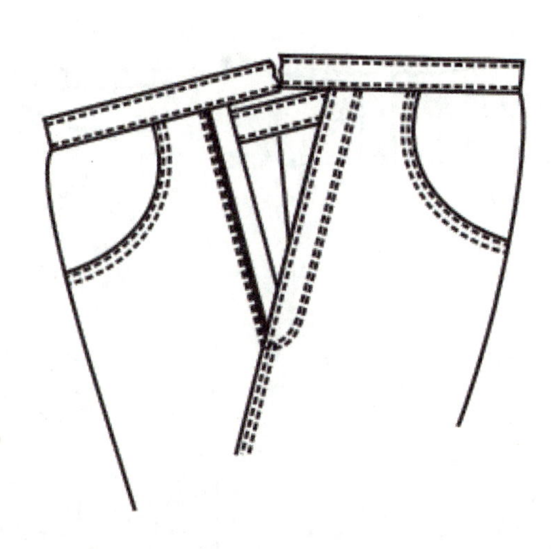

图 4-2-22　绱裤腰

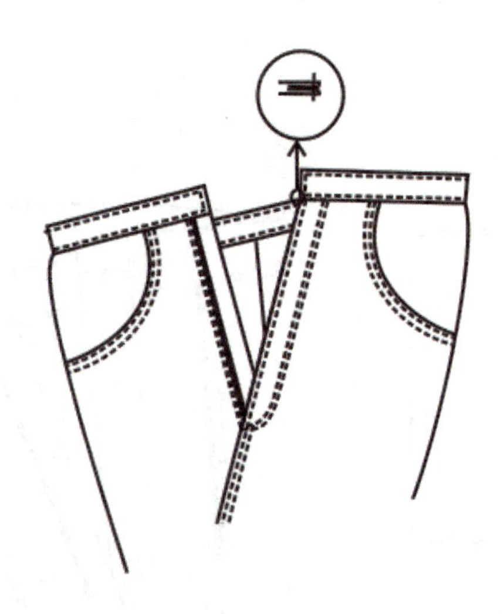

图 4-2-23　缉裤腰头

（5）双针埋夹机缉下裆，将前衣身置于附件上层，对齐止口开始缝制。完成后，前裆和后裆缝要对齐，裤腰位要对齐。

（6）缉裤脚，见图 4-2-24，由下裆缝开始缉裤脚。完成后的裤脚不能有起皱现象，缉线和止口要均匀，开始和结尾处的线缝要重合。

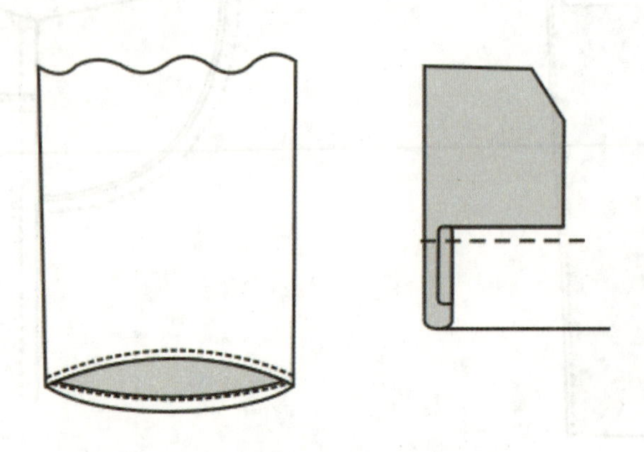

图 4-2-24　缉裤脚

（五）打结、扣眼（打枣、凤眼）

（1）缉、剪串带襻，将串带襻裁片放入附件上折好止口，开始缝纫，边缝纫边剪出串带襻。完成后串带襻的长度和宽度要符合要求。

（2）缉扣眼，见图 4-2-25。拉开拉链，将裤腰门襟位里向上放入扣眼机内缉扣眼。扣眼位置要符合要求。

（3）打结（打枣），见图 4-2-26。将串带襻两边止口内折，按要求位置用套结（打枣）机缟于裤身。折串带襻止口要均匀，位置要符合要求。若裤身部位需要打结，应在此工序内完成。

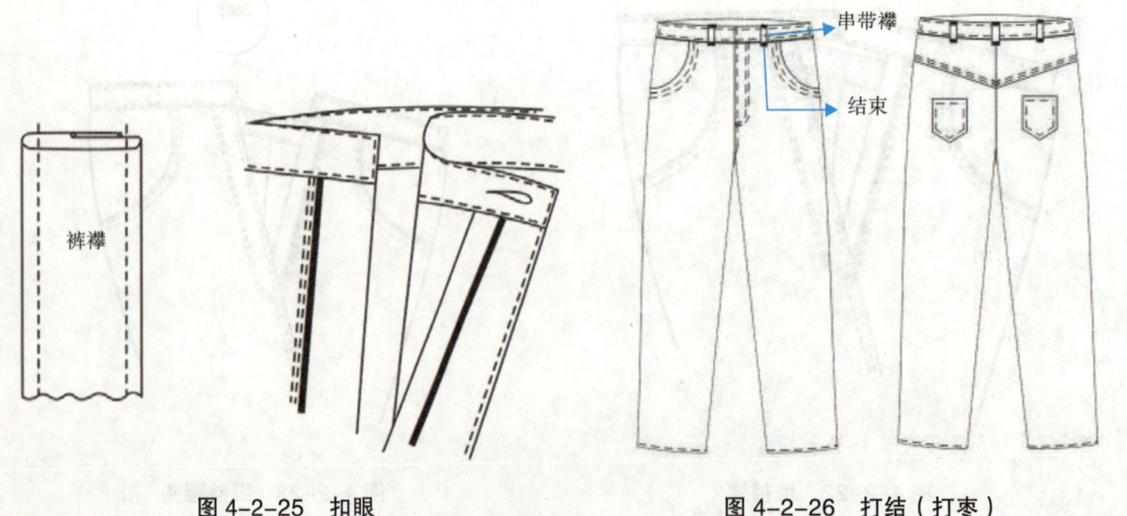

图 4-2-25　扣眼　　图 4-2-26　打结（打枣）

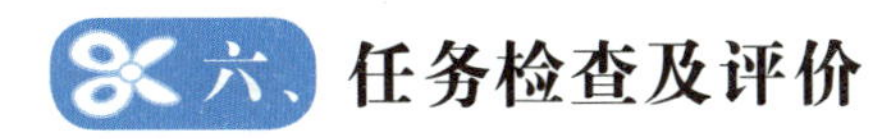

六、任务检查及评价

（一）检查方法及内容

使用皮尺、直尺等测量工具，根据产品订单规格，测量旗袍各部位尺寸，记录主要部位规格。

（二）成品检查表填写方法

根据样衣生产通知单给出的订单规格尺寸，利用皮尺和直尺实际测量成品样衣规格尺寸，并登记在成品检查表（表 4-2-1）内，根据实际情况分析并写出误差产生的原因。

表 4-2-1　成品检查表

评分项及分值(总分 100)	评分标准（每错一项扣 1 分）	自评得分（占 20%）	组长评分（占 40%）	组长评语	教师评分（占 40%）	教师评语	总分
外观（10 分）	轮廓清晰，线条流畅，外形美观、平整，整体结构与人体比例相符；服装干净整洁无污，无多余线头、线钉和粉印						
规格（10 分）	各部位尺寸符合成品规格要求						
粘衬（5 分）	粘衬部位牢固，粘合衬不歪斜、不脱胶、不渗胶、不起皱、不起壳、不起泡						
线迹（5 分）	缉线顺直，无浮线、跳针、漏针、毛出等现象；手工缲针正面不露针迹、针印，反面针迹整齐、牢固，针距紧密，缝线松紧适宜						
裤腰头（10 分）	面、里、衬平服，松紧适宜						
门、里襟（10 分）	面、里、衬平服，松紧适宜，长短互差不大于 0.3cm						
前、后裆（10 分）	圆顺、平服。裆底十字缝互差不大于 0.2cm						
串带（10 分）	长短、宽窄一致。位置准确、对称，前后互差不大于 0.4cm，高低互差不大于 0.2cm						
裤袋（10 分）	袋位高低、袋口大小互差不大于 0.5cm，前后互差不大于 0.3cm，袋口顺直平服。袋布缝制牢固						

续表

评分项及分值(总分 100)	评分标准（每错一项扣 1 分）	自评得分（占 20%）	组长评分（占 40%）	组长评语	教师评分（占 40%）	教师评语	总分
裤腿（10 分）	两裤腿长短、肥瘦互差不大于 0.3cm						
裤口（5 分）	两裤口大小互差不大于 0.3cm，吊脚不大于 0.5cm，裤脚前后互差不大于 1.5cm，裤口边缘顺直						
整烫（5 分）	熨烫平整、挺括，无烫黄、极光、水渍等现象						

（三）小组讲评

小组评价过程中，组长组织组员提炼优点，分析缺点，找到解决办法，总结此次任务完成过程中的亮点和值得发扬的地方，归纳和吸取失败的教训。

项目五　旗袍制板与缝制

任务一　旗袍制板

一、学习目标

了解旗袍的款式特点；
了解旗袍款式变化及设计要点；
掌握旗袍平面款式图的绘制；
掌握旗袍制图成品规格；
掌握旗袍结构绘制；
熟练掌握旗袍放缝、排料和裁剪。

二、情景描述

公司收到客户关于旗袍样衣制作订单，要求在 3 天内根据客户提供的款式说明、图样及规格尺寸进行样衣的制作。要求外观轮廓清晰，线条流畅，外形美观、平整，整体结构与人体比例相符；服装干净整洁无污，无多余线头、线钉和粉印；各部位尺寸符合成品规格要求。现需要根据订单要求进行旗袍制板。

三、任务准备

根据客户提供的相关信息制定旗袍样衣生产通知单，按照制板—排料裁剪—缝制的生产流程合理安排生产进度，并制定生产计划书。根据客户订单要求，准备绘制服装样板用的牛皮纸、白纸（复制）、比例尺、皮尺、工作台等工具和耗材。旗袍样衣生产通知单见表 5-1-1。

表 5-1-1　旗袍样衣生产通知单

款号：FS013	名称：长袖旗袍	规格表（M 码　号型：160/84A）				单位：cm
下单日期：11 月 7 日	完成日期：11 月 10 日	部位	身体净尺寸	加放松量	成品尺寸	码差
款式图：		身高	160	—	—	5
		胸围	86	3	89	4
		腰围	65	5	70	4
		臀围	90	2	92	4
		肩宽	39	–2	37	1
		衣长	105	2	107	1.6
		袖长	53	4	57	1.6
		袖口	17	3	20	0.8

款式说明：立领、右偏襟、两侧开衩、一片式装袖结构；采用腋下省、袖肘省、腰省充分展示人体曲线美；工艺采用全夹式，门襟处钉 4 副盘花扣，侧缝钉 5 副盘花扣

工艺说明：

1. 针距、线迹：缝线针距 12 ~ 14 针 /3cm；机针用 11 号；缝制线、钉扣线用配色线。
2. 合侧缝直顺、宽窄一致，侧缝开叉在臀围线下 20cm，开叉左右对称、长短一致。
3. 粘衬部位粘牢，无起泡、褶皱。
4. 各部位缝制牢固，各部位符合规格要求。
5. 缲线要求正面不露针迹、针印，反面针迹整齐，缝线松紧相适宜

改样记录：	面料：丝绸面料 里料：丝绸里料	辅料： 1. 树脂衬 5cm/ 件 2. 直丝粘合牵条 100cm/ 件 3. 无纺粘合衬 20cm 4. 盘扣 9 副 / 件 挂牌与唛头： 1. 主唛 1 个 / 件 2. 洗水唛 1 个 / 件 3. 尺码唛 1 个 / 件
	绣花印花：否	
	水洗：普通水洗	

主管：　　　　制板：　　　　样衣：　　　　日期：

四、知识链接

（一）裁片数量及用量

1. 面辅料参考用量

（1）面料：幅宽 110cm，用量约 185cm。估算式为衣长 + 袖长 +20cm 左右。
（2）里料：幅宽 110cm，用量约 170cm。估算式为衣长 + 袖长 +5cm 左右。
（3）辅料：树脂衬 5cm，直丝粘合牵条 100cm，无纺粘合衬 20cm，盘扣 9 副，配色线适量。

2. 裁片数量

（1）面料：前片 1 片、后片 1 片、底襟 1 片、袖子 2 片、领子 2 片、门襟贴边 1 片。
（2）里料：前片 1 片、后片 1 片、袖子 2 片、底襟 1 片。

3. 粘衬部位

（1）树脂衬：领里。
（2）直丝粘合牵条：侧缝、门襟弯位。
（3）无纺衬：门襟贴边、领面。

（二）旗袍款式特点

旗袍是贴体的紧身型服装，为了更好地强调和表达出东方女性和体型特点，胸围、腰围、臀围三处均在净尺寸基础上加少量放松量，以满足正常的呼吸和行动需要，同时也适度地强调了体形。本款介绍的结构制图和缝制方法是以丝绸面料、带里子的装袖旗袍作为典型范例，外形特点：立领、右偏襟、两侧开衩、一片式装袖结构；采用腋下省、袖肘省、腰省充分展示人体曲线美。工艺采用全夹式，门襟处钉 4 副盘花扣，侧缝钉 5 副盘花扣。领口、门襟及开衩可运用传统的镶、嵌、滚等技法。

五、任务实施

（一）绘制旗袍结构

旗袍结构制图见图 5–1–1，旗袍袖子领子制图见图 5–1–2。

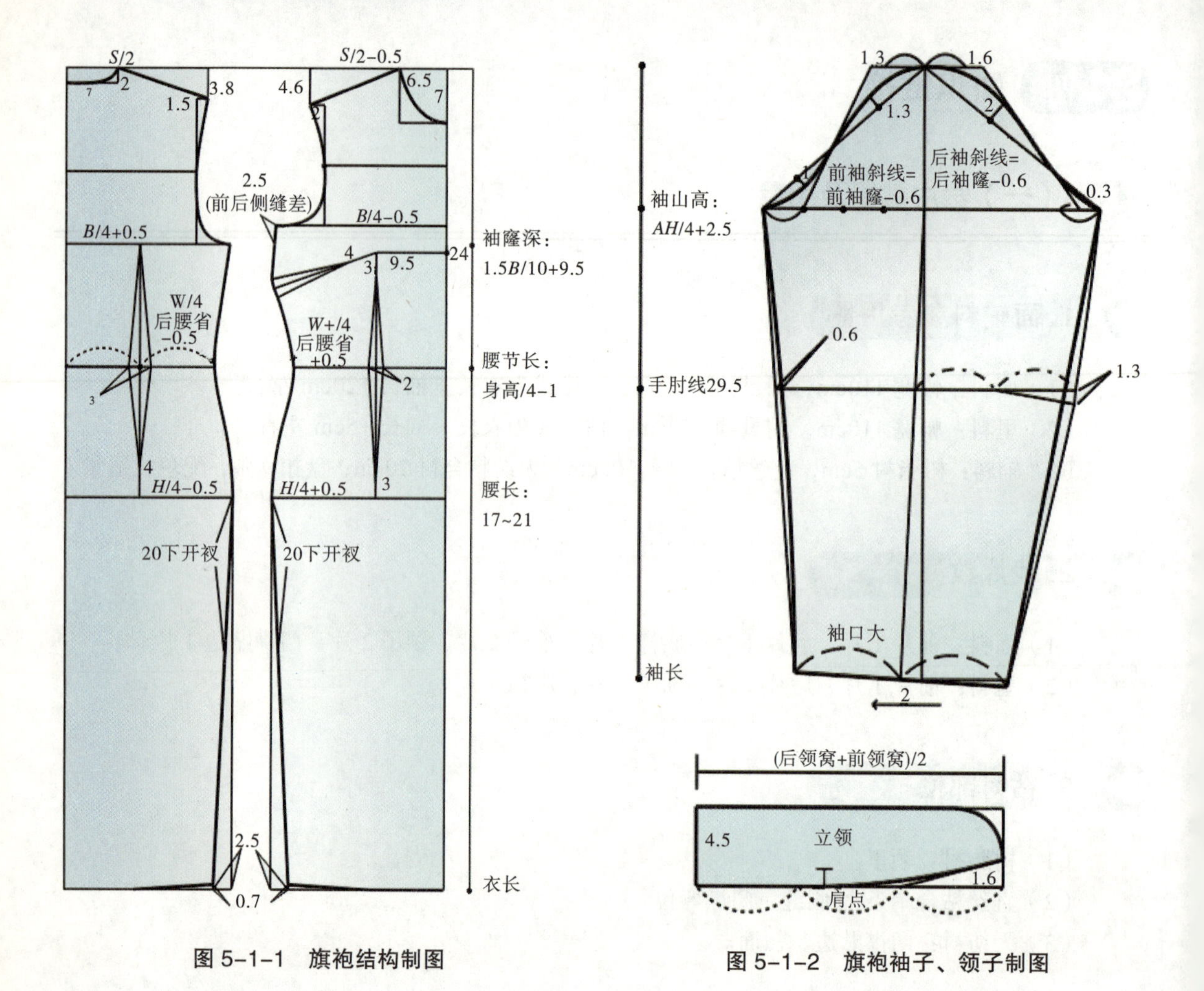

图 5-1-1　旗袍结构制图　　　图 5-1-2　旗袍袖子、领子制图

（二）绘制底襟、门襟贴边结构

底襟制图见 5-1-3，门襟贴边制图见图 5-1-4。

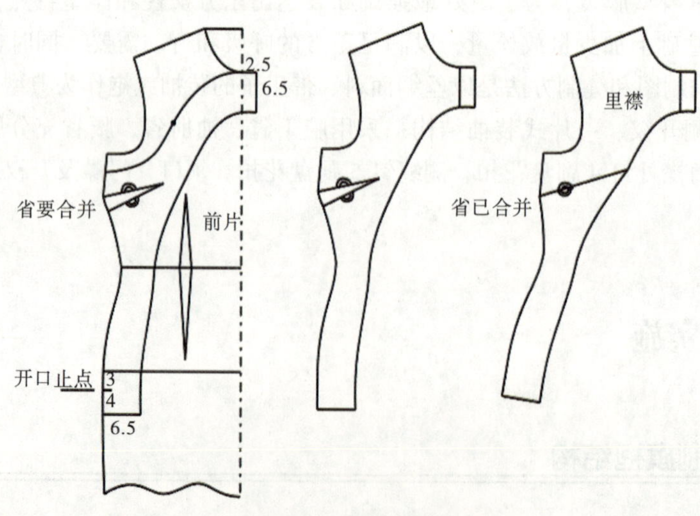

图 5-1-3　底襟制图

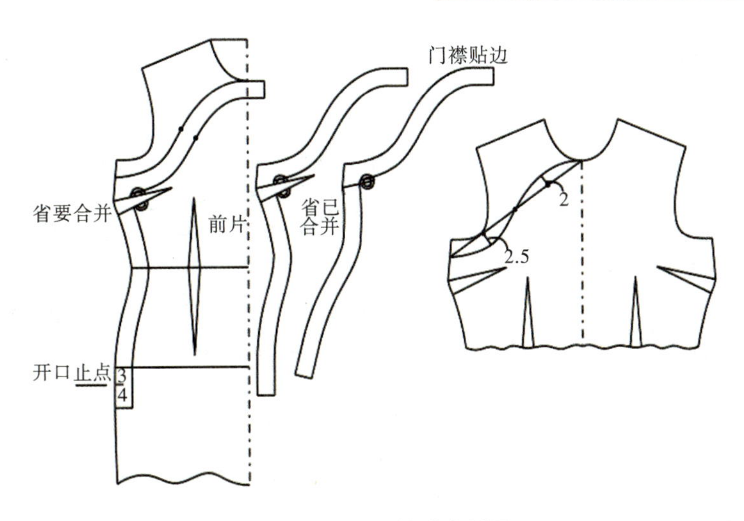

图 5-1-4　门襟贴边制图

 （三）放缝、排料图

 1. 面料放缝图

面料放缝图见图 5-1-5。

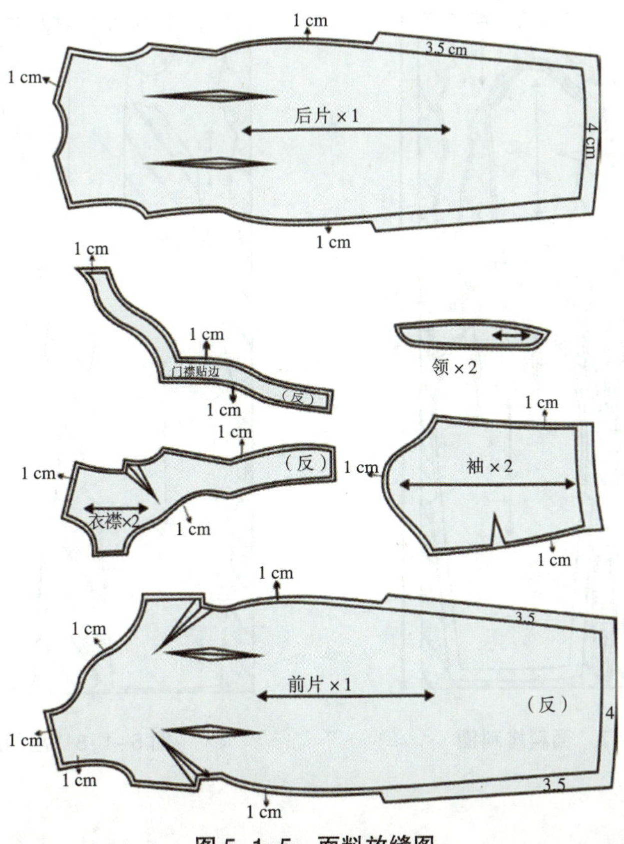

图 5-1-5　面料放缝图

2. 里料放缝图

里料放缝图见图 5-1-6。

3. 面料排料图

面料排料图见图 5-1-7。

4. 里料排料图

里料排料图见图 5-1-8。

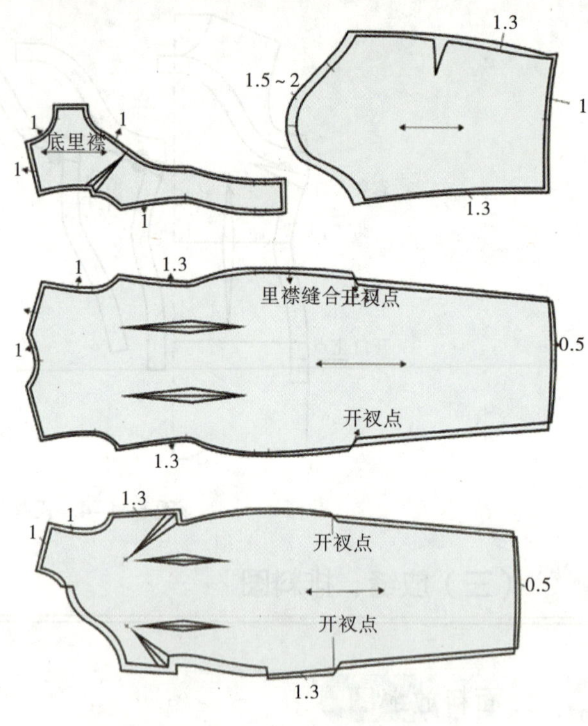

图 5-1-6　里料放缝图

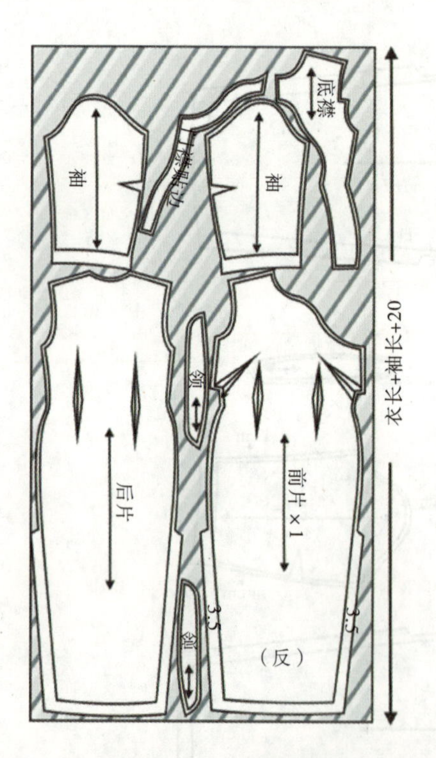

图 5-1-7　面料排料图

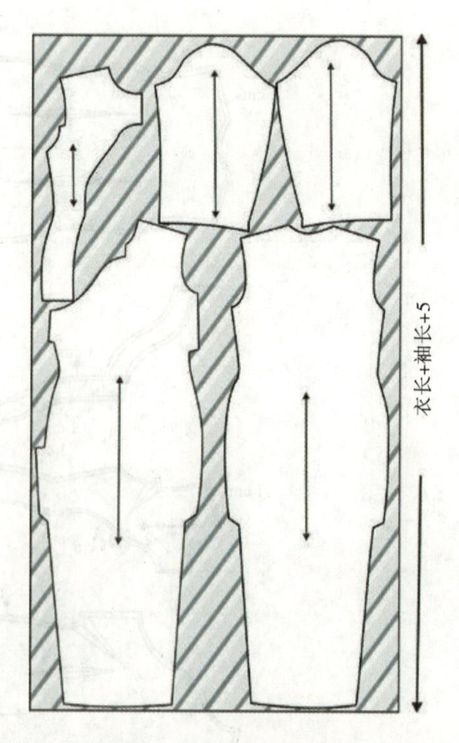

图 5-1-8　里料排料图

六、任务检查及评价

（一）检查方法及内容

使用皮尺、直尺等测量工具，根据制图方法，测量旗袍结构、纸样及放缝等主要部位规格，并记录。

（二）结构检查表填写方法

根据样衣生产通知单给出的订单规格尺寸，利用皮尺和直尺实际测量结构和纸样的各部位尺寸，并登记在结构检查表（表 5-1-2）内，根据实际情况分析并写出误差产生的原因。

表 5-1-2　结构检查表

部位	制图标准尺寸	自查		组长检查		产生原因
		制图实际尺寸	误差	制图实际尺寸	误差	
前胸围						
后胸围						
前胸宽						
后背宽						
前腰围						
后腰围						
前臀围						
后臀围						
前肩宽						
后肩宽						
前袖窿弧线						
后袖窿弧线						
前袖山弧线长						
后袖山弧线长						
前后袖窿与袖山弧线差值						
前领窝						
后领窝						

续表

部位	制图标准尺寸	自查		组长检查		产生原因
		制图实际尺寸	误差	制图实际尺寸	误差	
领下口线						
前后领窝与领子下口线差值						
袖长						
袖口						
衣长						
前腰省						
后腰省						
前侧缝长						
后侧缝长						

（三）小组讲评

小组评价过程中，组长组织组员提炼优点，分析缺点，找到解决办法，总结此次任务完成过程中的亮点和值得发扬的地方，归纳和吸取失败的教训。

任务二
旗袍缝制

一、学习目标

掌握旗袍的工艺流程；
熟练掌握旗袍的成品缝制；
掌握旗袍的成品检查方法。

二、情景描述

公司收到客户关于旗袍样衣制作订单，要求在3天内根据客户提供的款式说明、图样及规格尺寸进行样衣的制作。要求服装干净整洁无污，无多余线头、线钉和粉印；各部位尺寸符合成品规格要求。

三、任务准备

（1）根据客户提供的相关信息制定旗袍样衣生产通知单，按照制板—排料裁剪—缝制的生产流程合理安排生产进度，并制定生产计划书。根据客户订单要求，准备好制作样衣需要的所有裁片及辅料，准备缝制用的熨烫工具、平车、配色线、剪刀、纱剪、锥子、梭芯、梭壳、皮尺等工具。

（2）缝制前期准备

① 针、线：根据面料厚度使用相应的机针，一般丝料采用11号机针。一律用顺色线，缝线针码12~14针/3 cm；缝份均匀，不得出现浮线、跳线现象。

② 粘衬及修片：

a. 粘衬：先将衣片与粘合衬用熨斗固定。注意，粘合衬比裁片要略小0.2 cm左右，固定时不能改变布料的经纬向丝缕。

b. 修片：衣片过粘合机后，需将其摊平冷却后再重新按裁剪样板修剪裁片。

c. 粘牵条：为防止侧缝、门襟弯位等部位拉伸变形，需烫粘合牵条。

四、知识链接

（一）面料选择

旗袍适合选用真丝绸缎、绒料及棉、麻等具有民族气质的面料，素色或各种花色均可，可以与开衫、皮草、披肩等配搭。里料一般选用配色的涤丝纺、尼丝纺、醋酯纤维绸等织物。

（二）缝制工艺流程

检查裁片→打线钉→缝制后衣片、前衣片→缝合前后衣片→缝制衣片里料→缝底襟→缝合里子→做领、绱领→做袖、绱袖→盘扣、钉扣→整烫。

（三）缝制工艺质量要求及评分标准

缝制工艺质量要求及评分标准（总分 100 分）如下：

（1）外观：轮廓清晰，线条流畅，外形美观、平整，整体结构与人体比例相符；服装干净整洁无污，无多余线头、线钉和粉印（10 分）。

（2）规格：各部位尺寸符合成品规格要求（10 分）。

（3）粘衬：粘衬部位牢固，粘合衬不歪斜、不脱胶、不渗胶、不起皱、不起壳、不起泡（5 分）。

（4）线迹：缉线顺直、无浮线、跳针、漏针、毛出等现象；手工缲针正面不露针迹、针印，反面针迹整齐、牢固，针距紧密，缝线松紧适宜（5 分）。

（5）领子：领面平服、挺括，领角圆弧两侧对称、窝服、大小一致；领口圆顺，无皱起或拉伸现象（5 分）。

（6）衣襟止口：门襟与里襟位置配合准确平服、无涟形；门襟贴边宽窄一致，与里缝合松紧适宜（5 分）。

（7）盘扣：纽头紧密结实，纽袢圈大小适宜，与纽头组合后松紧适宜；装订位置准确、牢固，无歪斜、无毛漏；纽位间距相等（5 分）。

（8）胸部：省尖圆顺，省缝顺直，胸省位置准确，左右对称，饱满、挺括（10 分）。

（9）肩部：肩缝平服、顺直，左右对称，不后甩、不起皱、不起空（10 分）。

（10）腰部：吸腰自然、优美（10 分）。

（11）开衩：左右两侧缝平服、顺直，松紧一致不起涟；开衩平服不起翘，不豁不搅，长短一致，里布松紧适宜，无起吊现象（5 分）。

（12）袖子：装袖位置准确，左右两袖吃势均匀不起涟，袖山饱满圆顺；袖子不翻不吊、左右对称、袖口平服且大小一致（10 分）。

（13）里布：面布与里布平服，与门襟贴边及开衩贴边缝合松紧适宜，无牵吊、涌起现象（5 分）。

（14）整烫：熨烫平整、挺括，无烫黄、极光、水渍等现象（5 分）。

五、任务实施

（一）旗袍缝制工艺的重点和难点

1. 重点

（1）装领。旗袍立领要求合体服帖，做好领子的窝势，领外口圆顺，绱领左右对称。

（2）绱袖。保证袖窿圆顺，装袖后左右长度一致且对称，袖口平服。

2. 难点

盘扣、钉扣。盘扣多用于中式服装，先做袢条，再手工盘结成纽扣。做袢条时要特别注意用料，做盘结时要特别注意用力。钉扣时，注意钉扣位置和钉扣方法。

（二）旗袍的缝制工艺

1. 画净线或打线钉

在衣片的主要位置，如省道位置、开衩缝止点、净线等处画净印（画在反面）或打线钉作标记。

2. 车缝前、后身省道

车缝胸省和前、后腰省（图 5-2-1），注意起、止不要打倒针，而将面、底线均挑在反面打结；然后倒缝烫平，腰省向中间倒，胸省向上倒。

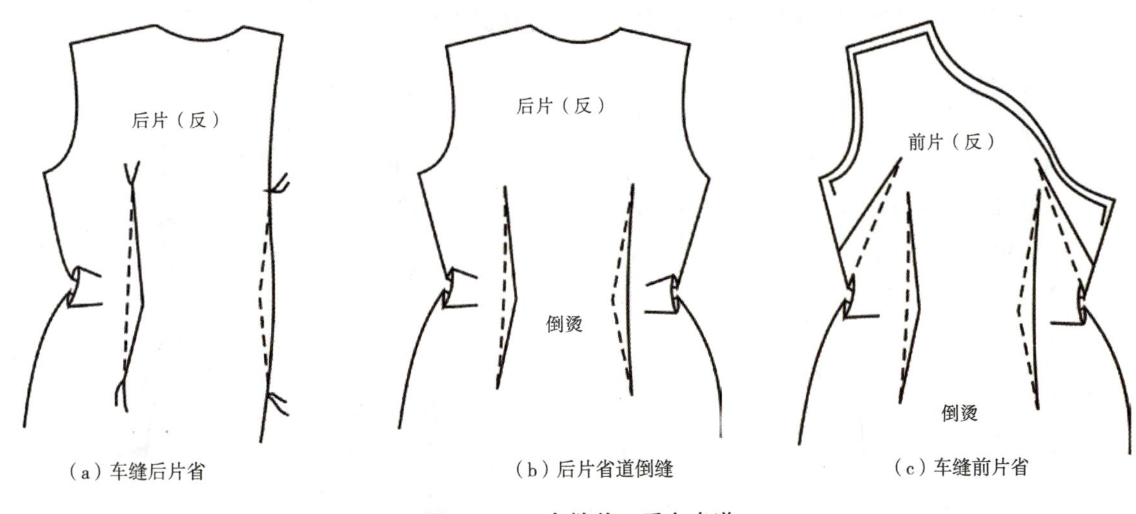

（a）车缝后片省　（b）后片省道倒缝　（c）车缝前片省

图 5-2-1　车缝前、后身省道

3. 归拔熨烫前、后衣片

归拔熨烫前、后衣片，见图 5-2-2。

（1）拔烫腰部，形成吸腰效果。

（2）归烫臀部，形成凸臀效果。

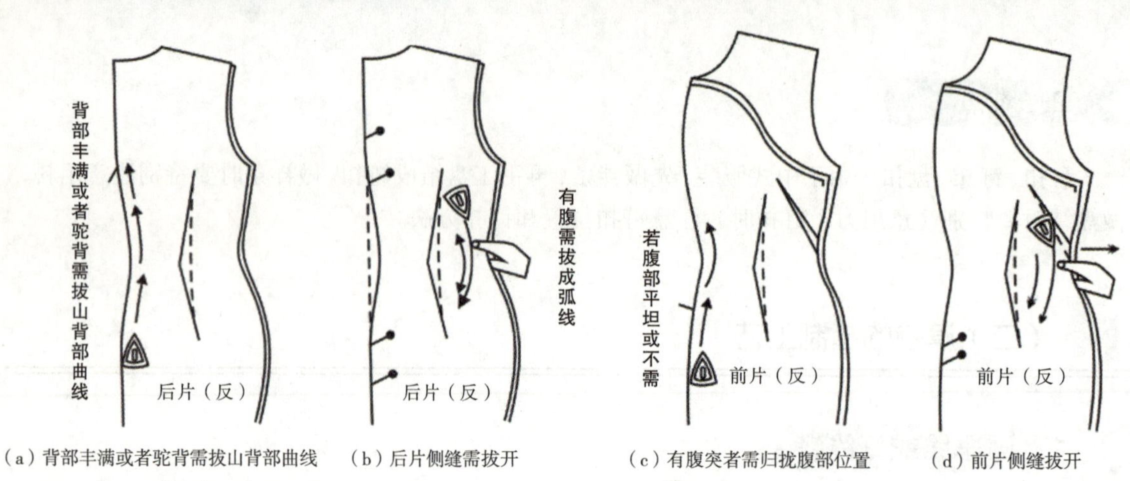

图 5-2-2　归拔熨烫前、后衣片

4. 粘牵条

粘牵条，见图 5-5-3。

5. 缝合侧缝

前、后片正面相对，车缝侧缝至开衩处，然后分缝烫平，见图 5-2-4。

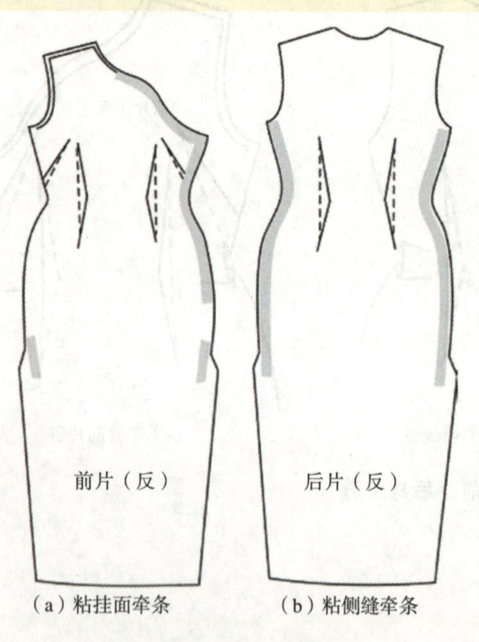

图 5-2-3　粘牵条

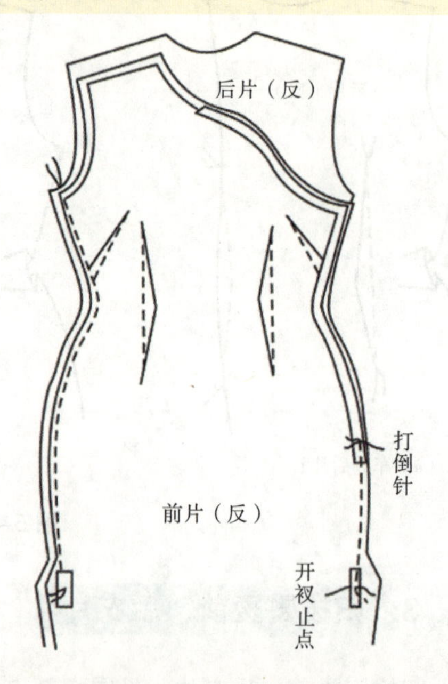

图 5-2-4　缝合侧缝

6. 勾门襟贴边

勾门襟贴边，见图 5-2-5。

（1）将前门襟贴边与前片正面相对，沿净线车缝。

（2）弧线部位的缝份打剪口，将正面翻出，烫平，注意贴边不要倒吐。

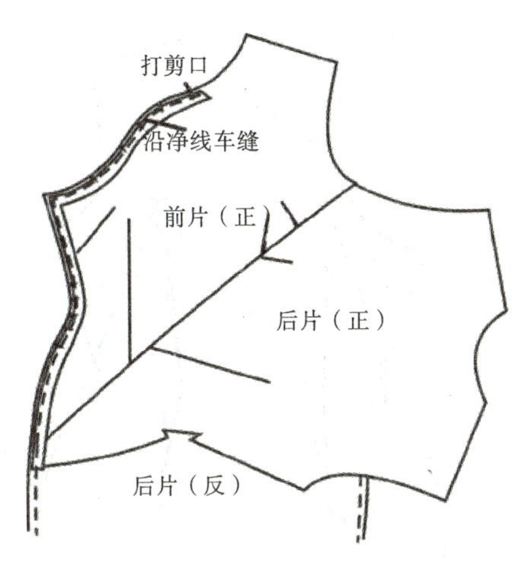

（a）车缝前门襟贴边与前片正面

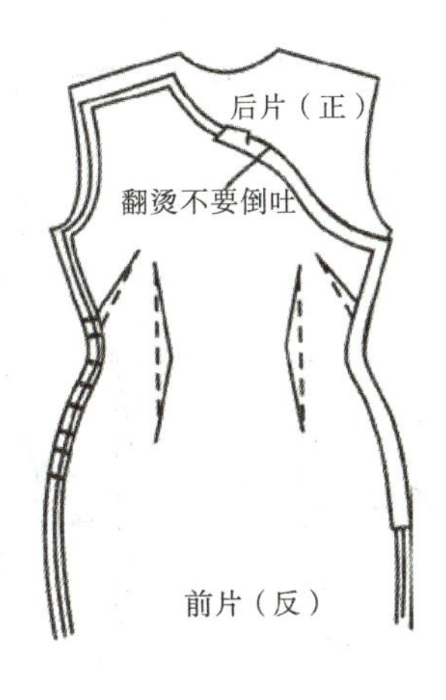

（b）弧线部位打剪口，翻烫整理

图 5-2-5　勾门襟贴边

7. 做开衩及下摆

（1）扣烫开衩贴边，用手针绷缝，观察是否平顺，然后用三角针固定［图 5-2-6（a）］。
（2）扣烫下摆并绷缝，确认平顺后，用暗缲固定［图 5-2-6（b）］。

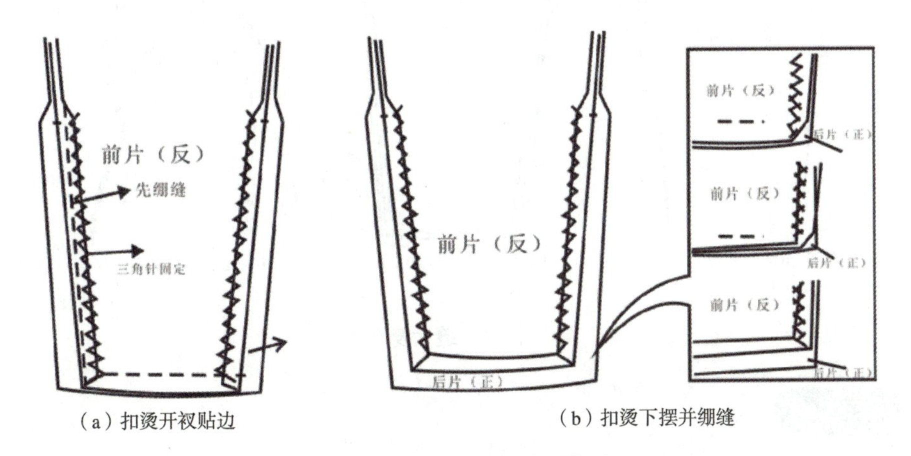

（a）扣烫开衩贴边　（b）扣烫下摆并绷缝

图 5-2-6　做开衩和下摆

8. 缝大身里料

缝大身里料，见图 5-2-7。
（1）车缝前、后身省道，并倒缝烫平，倒缝方向与面料相反。
（2）车缝侧缝，并分缝烫平，注意车缝的缝份为 1 cm。
（3）里子在开衩处打剪口，扣烫开衩处折边 1 cm。
（4）将底摆先扣烫 0.5 cm，再翻折扣烫 1.5 cm，沿边车缝 0.1 cm 明线。
（5）扣烫前身里贴边的缝份，弯度较大的地方可打剪口。

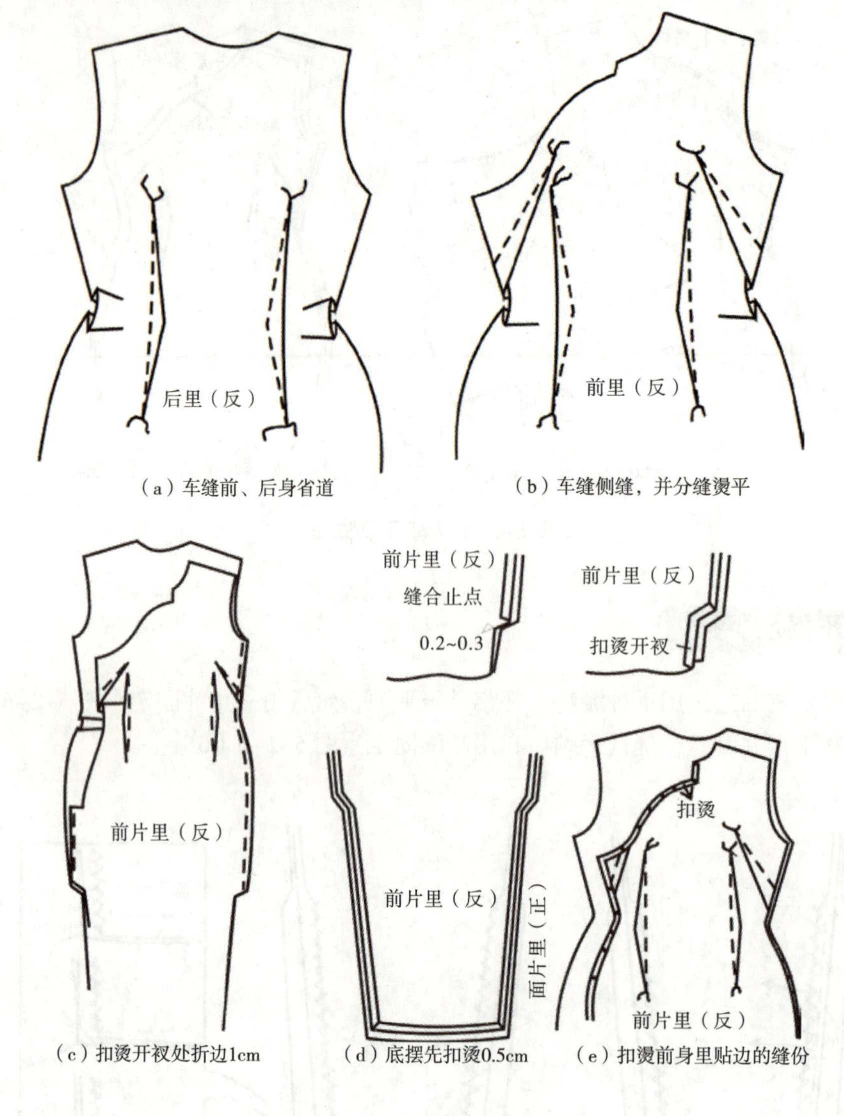

图 5-2-7 缝大身里料

9. 做底襟

做底襟，见图 5-2-8。

（1）分别车缝底襟面、里上的胸省，并倒缝烫平。

（2）将底襟面、里正面相对，车缝里口。

（3）翻烫底襟。

10. 缝合底襟与大身

（1）将底襟与大身面对面相对，车缝肩缝和侧缝，同时车缝另一侧肩缝。

（2）将肩缝和侧缝分缝烫平。

（3）将底襟里与大身里正面相对，车缝肩缝和侧缝，然后分缝烫平。

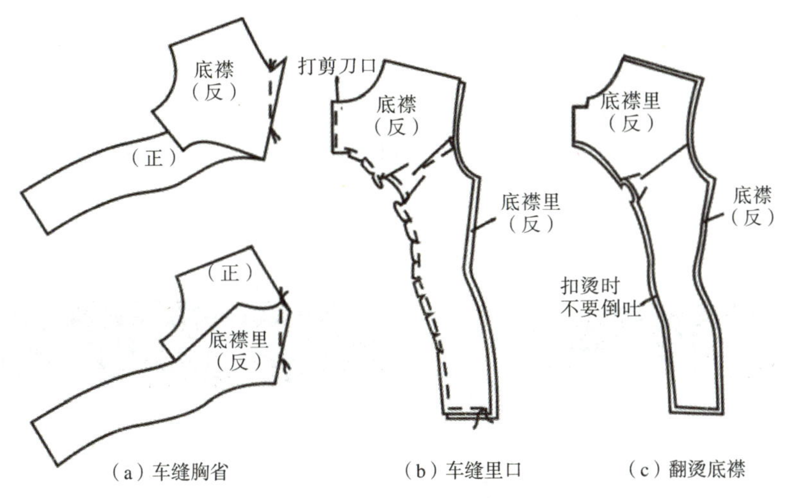

（a）车缝胸省　（b）车缝里口　（c）翻烫底襟

图 5-2-8　做底襟

11. 固定面、里

固定面、里，见图 5-2-9。

（1）将前身面与前身里反面相对，将肩缝、侧缝处的缝份绷缝固定，注意由于面、里均为分缝，因此只绷缝一层面料和里料的缝份。

（2）将里子的大襟绷在贴边上，然后暗缲固定。

（3）里子开衩绷在面料的贴边上，然后暗缲固定。

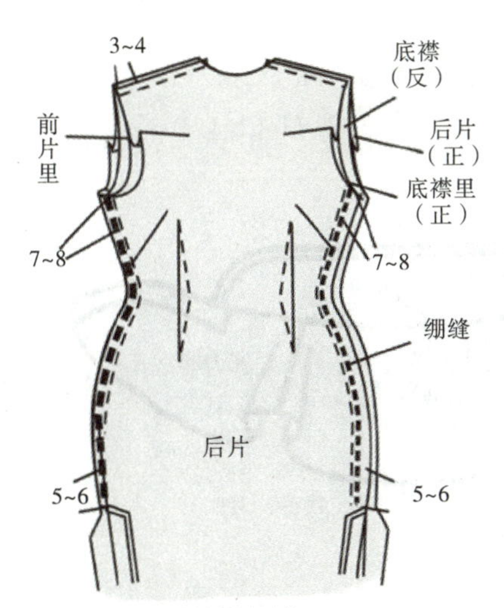

（a）缝份绷缝固定

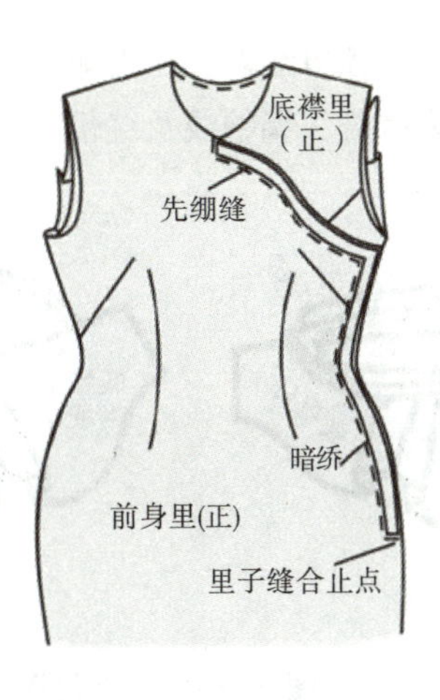

（b）里子大襟手针固定在贴边上

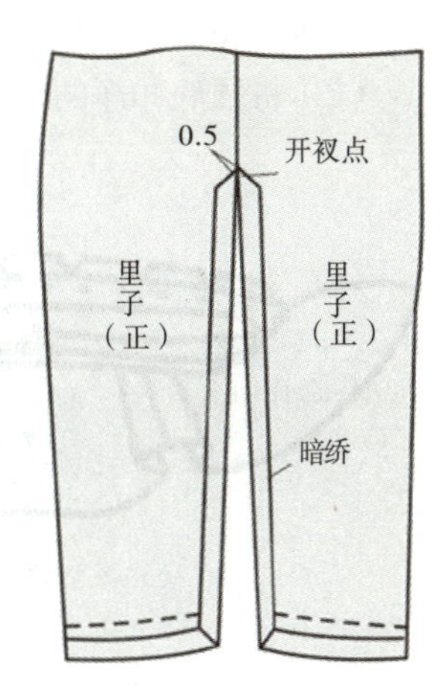

（c）里子开衩手针固定在面料的贴边上

图 5-2-9　固定面、里

12. 做领子

做领子，见图 5-2-10。

（1）剪树脂衬（周围小于领净样 0.1 cm）和粘合衬（略大于领净样）。

（2）将树脂衬车缝在粘合衬正面上。

（3）将粘合衬粘在领面的反面上。
（4）将领底、领面正面相对，沿树脂衬外缘净线车缝领外口。
（5）将领底下口缝份扣净、烫平，清剪领外口缝份，留 0.3 cm，翻烫领外口。

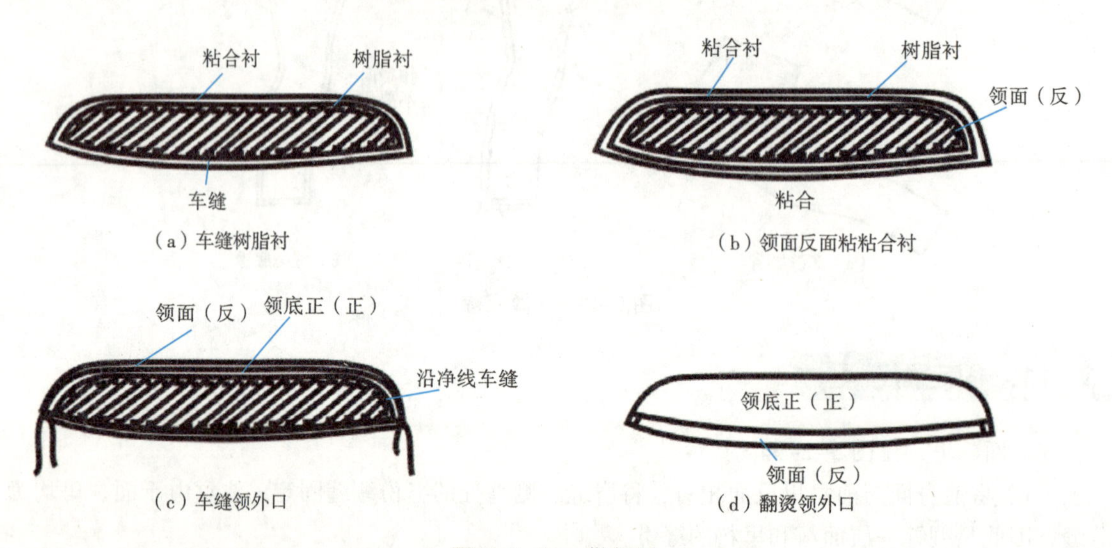

图 5-2-10　做领子

13. 绱领子

（1）将领面与大身正面相对，领口线对齐，沿净线车缝［图 5-2-11（a）］。
（2）将领底扣净的领下口边缘盖住绱领线及缝份，暗缲固定［图 5-2-11（b）］。

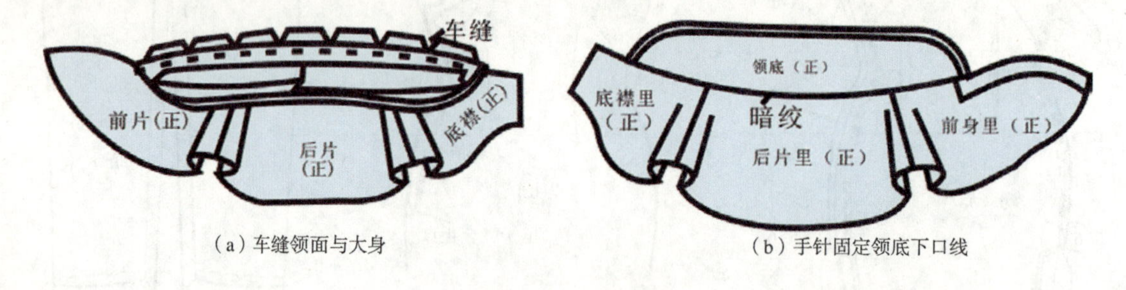

图 5-2-11　绱领子

14. 做袖子

做袖子，见图 5-2-12。
（1）拔烫袖片的前袖缝线。
（2）缝合袖肘省，并向上倒缝烫平。缝合袖缝并分缝烫平。
（3）缩缝袖山吃量，并熨烫圆顺。
（4）扣烫袖口折边。

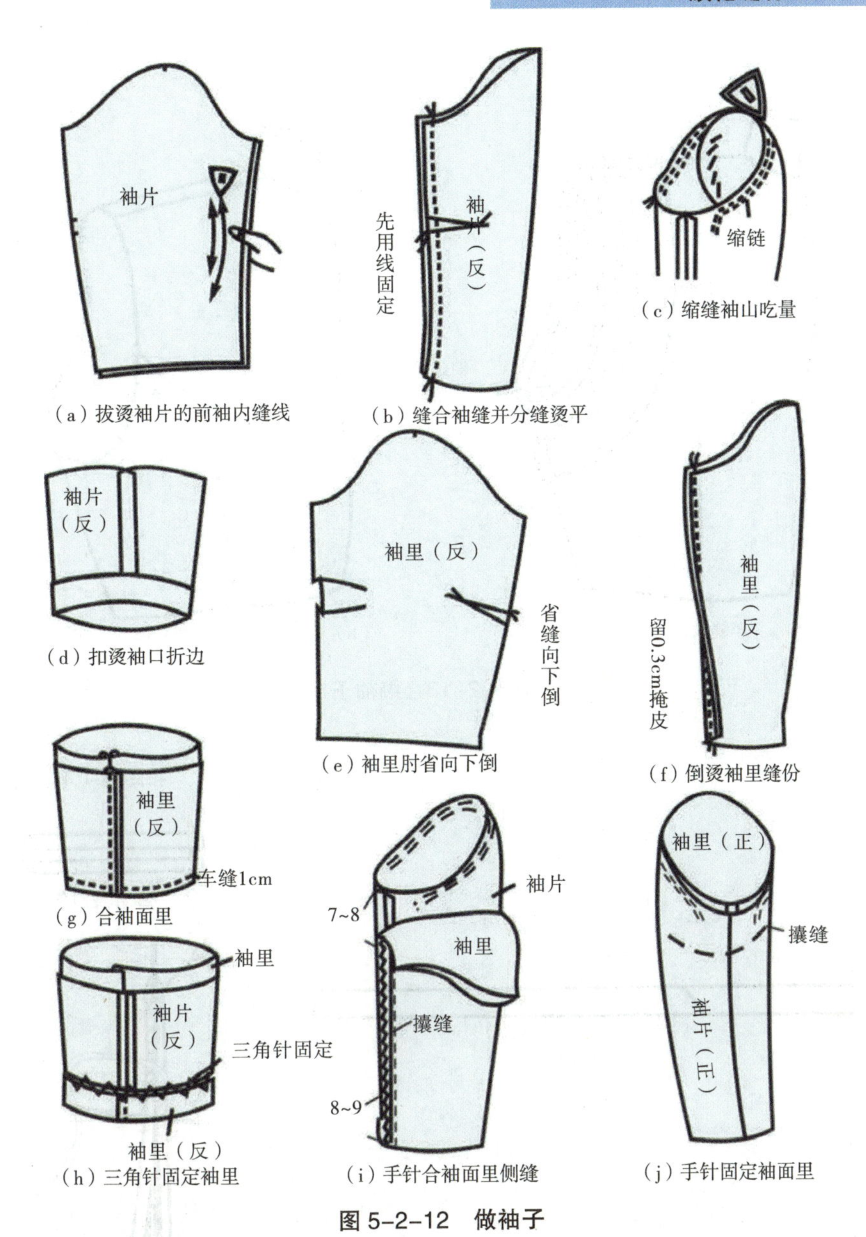

图 5-2-12　做袖子

15. 绱袖子

绱袖子，见图 5-2-13。

(1) 将袖片与大身面绷缝，确认位置合适后再车缝。

(2) 将大身里袖窿处的缝份与面固定，然后将袖里袖山上的缝份扣净，用手针绗缝固定。

16. 做盘扣用的纽条

做盘扣用的纽条，见图 5-2-14。

(1) 将盘扣料剪成 1.5 cm 宽的 45° 正斜条。

(2) 将斜条两边各扣烫 0.3 ~ 0.4 cm。

(3) 用 4 ~ 6 根棉线或一根小棉绳做芯，将斜条绕缝在外面，注意缝时可适当拉紧斜条。

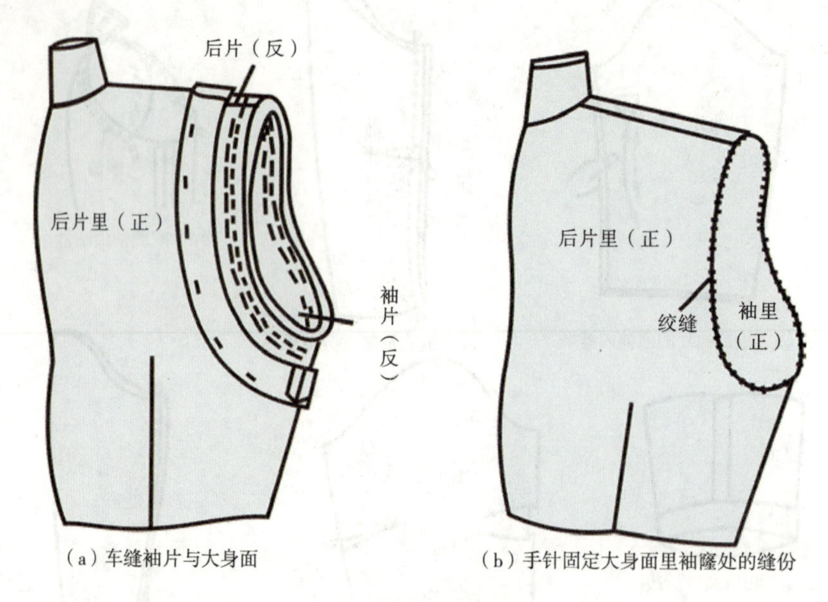

（a）车缝袖片与大身面

（b）手针固定大身面里袖窿处的缝份

图 5-2-13 绱袖子

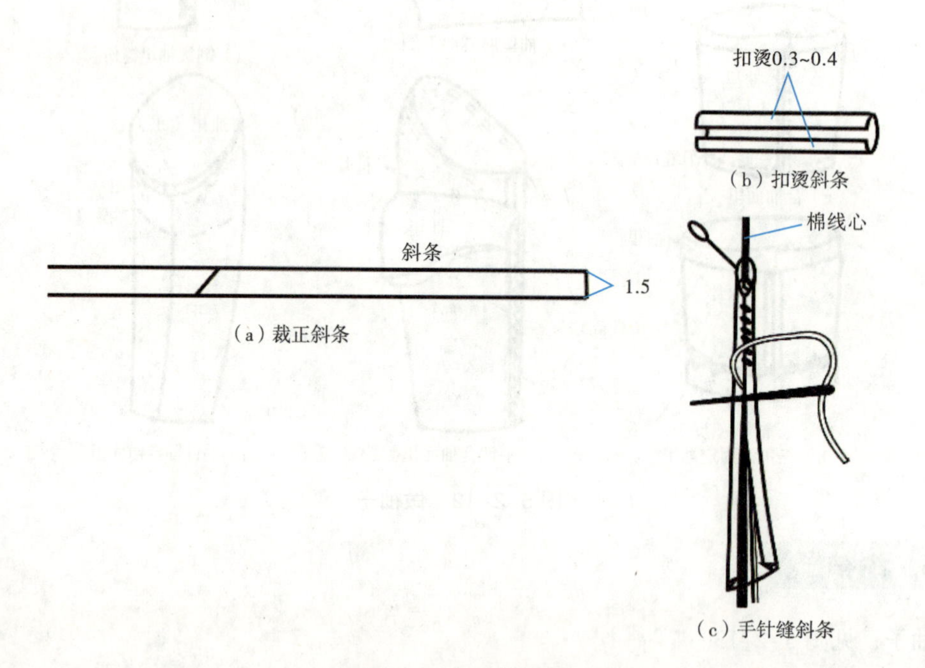

（a）裁正斜条

（b）扣烫斜条

（c）手针缝斜条

图 5-2-14 做纽条

17. 制作葡萄纽

葡萄纽是一种最常用的纽头结法，多用于薄面料，其制作方法见图 5-2-15。

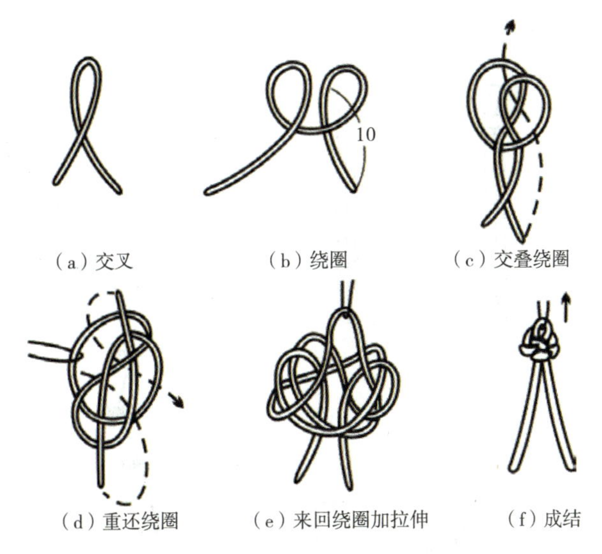

图 5-2-15　葡萄扣的制作方法

18. 制作蜻蜓纽

蜻蜓纽多用于厚型面料，其制作方法见图 5-2-16。

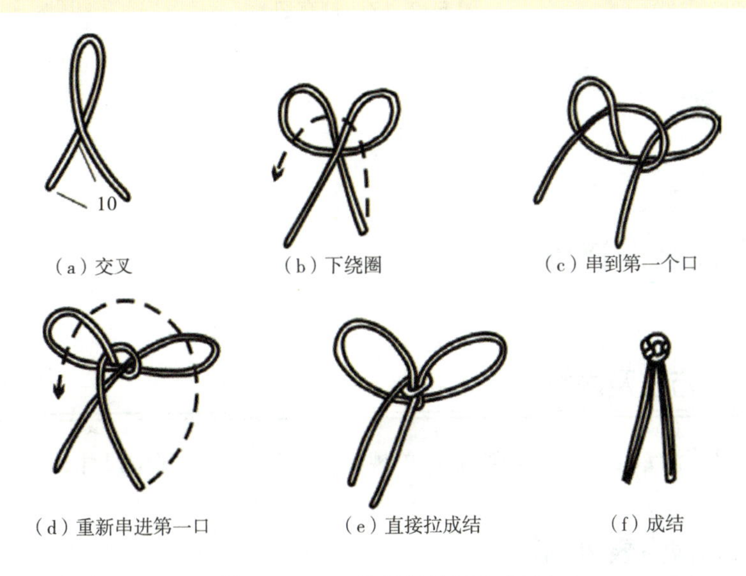

图 5-2-16　蜻蜓纽的制作方法

19. 钉直纽

直纽是最普通的一种纽条式样。

（1）修剪纽条长度［图 5-2-17（a）］。

（2）缲缝固定两根纽条［图 5-2-17（b）］。

（3）将纽头固定在大襟上［图 5-2-17（c）］，注意纽头要探出止口。

（4）在底襟相应位置上固定纽袢［图 5-2-17（d）］。

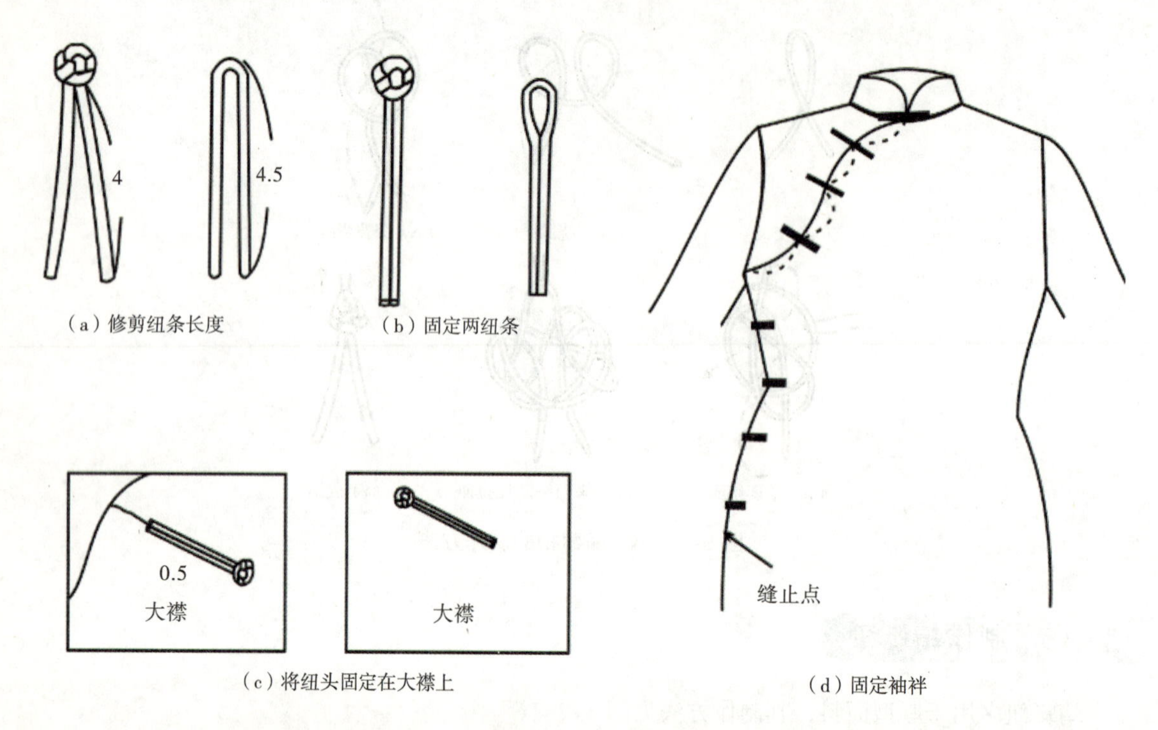

（a）修剪纽条长度
（b）固定两纽条
（c）将纽头固定在大襟上
（d）固定袖袢

图 5-2-17　钉直纽

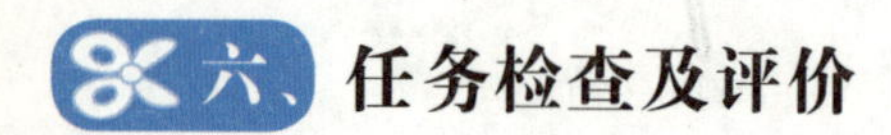

20. 整烫

六、任务检查及评价

（一）检查方法及内容

使用皮尺、直尺等测量工具，根据产品订单规格，测量旗袍各部位尺寸，记录主要部位规格。

（二）成品检查表填写方法

根据样衣生产通知单给出的订单规格尺寸，利用皮尺和直尺实际测量成品样衣规格尺寸，并登记在成品检查表表 5-2-1 内，根据实际情况分析并写出误差产生的原因。

表 5-2-1　成品检查表

评分项及分值（总分 100）	评分标准（每错一项扣 1 分）	自评得分（占 20%）	组长评分（占 40%）	组长评语	教师评分（占 40%）	教师评语	总分
外观（10 分）	轮廓清晰，线条流畅，外形美观、平整，整体结构与人体比例相符；服装干净整洁无污，无多余线头、线钉和粉印						
规格（20 分）	各部位尺寸符合成品规格要求						
粘衬（5 分）	粘衬部位牢固，粘合衬不歪斜、不脱胶、不渗胶、不起皱、不起壳、不起泡						
线迹（5 分）	缉线顺直，无浮线、跳针、漏针、毛出等现象；手工缲针正面不露针迹、针印，反面针迹整齐、牢固，针距紧密，缝线松紧适宜						
领子（5 分）	领面平服、挺括，领角圆弧两侧对称、窝服、大小一致；领口圆顺，无皱起或拉伸现象						
衣襟止口（5 分）	门襟与里襟位置配合准确平服、无涟形；门襟贴边宽窄一致，与里缝合松紧适宜						
盘扣（5 分）	门襟与里襟位置配合准确平服、无涟形；门襟贴边宽窄一致，与里缝合松紧适宜						
胸部（10 分）	省尖圆顺，省缝顺直，胸省位置准确，左右对称，饱满、挺括						
肩部（10 分）	肩缝平服、顺直，左右对称，不后甩、不起皱、不起空						
腰部（5 分）	吸腰自然、优美						
开衩（5 分）	左右两侧缝平服、顺直，松紧一致，不起涟；开衩平服不起翘，不豁不搅，长短一致，里布松紧适宜，无起吊现象						
袖子（5 分）	装袖位置准确，左右两袖吃势均匀，不起涟，袖山饱满圆顺；袖子不翻不吊、左右对称，袖口平服且大小一致						
里布（5 分）	面布与里布平服，与门襟贴边及开衩贴边缝合松紧适宜，无牵吊、涌起现象						
整烫（5 分）	熨烫平整、挺括，无烫黄、极光、水渍等现象						

（三）小组讲评

小组评价过程中，组长组织组员提炼优点，分析缺点，找到解决办法，总结此次任务完成过程中的亮点和值得发扬的地方，归纳和吸取失败的教训。

项目六　男式夹克衫制板与缝制

任务一　男式夹克衫制板

一、学习目标

了解男式夹克衫的款式特点；
了解男式夹克衫款式变化及设计要点；
掌握男式夹克衫平面款式图的绘制；
掌握男式夹克衫制图成品规格；
掌握男式夹克衫结构绘制；
熟练掌握男式夹克衫放缝、排料和裁剪。

二、情景描述

公司收到客户关于男式夹克衫样衣制作订单，要求在 3 天内根据客户提供的款式说明、图样及规格尺寸进行样衣的制作。要求外观轮廓清晰，线条流畅，外形美观、平整，整体结构与人体比例相符；服装干净整洁无污，无多余线头、线钉和粉印；各部位尺寸符合成品规格要求。现需要根据订单要求进行男式夹克衫制板。

三、任务准备

根据客户提供的相关信息制定男式夹克衫样衣生产通知单，按照制板—排料裁剪—缝制的生产流程合理安排生产进度，并制定生产计划书。根据客户订单要求，准备绘制服装样板用的牛皮纸、白纸（复制）、比例尺、皮尺、工作台等工具和耗材。男士夹克衫样衣生产通知单见表 6–1–1。

表 6-1-1　男士夹克衫样衣生产通知单

款号：JK002	名称：男式夹克衫	规格表（M 码　号型：170/88A）				单位：cm
下单日期：12 月 7 日	完成日期：12 月 10 日	部位	身体净尺寸	加放松量	成品尺寸	码差
款式图：		身高	170	—	—	5
		胸围	90	26	116	4
		摆围	92	—	86（缩后）	4
		肩宽	43	7	50	1.5
		领宽	15	3	18	0.6
		衣长	61	9	70	1.8
		袖长	57	5	62	1.6
		袖口围	23	0	23	0.8
		袖窿	40	20	60	2

款式说明：宽松型男式夹克衫，前中装拉链至领外口线。袖口、下摆加橡皮筋，全件压 0.7cm 双明线。由于胸部松量较大，其肩宽、领大，前后胸都较宽松，与整体协调统一

工艺说明：

1. 针距密度：平缝机明线 11 针 /3 cm，平缝机暗线 13 针 /3 cm，上下线松紧适宜，无跳线、断线，起落针应有回针。

2. 线的使用：明线用 50S/3 线，缝纫、锁边用 60S/3 线，锁眼用 30S/3 线。

3. 针的使用：面料缝制用 11 ~ 14 号针（根据面料不同而定），里子缝制用 9 ~ 11 号针。

4. 领子平服，领面松紧适宜，前止口拉链处领接缝左右对齐，前止口拉链顺直平服，拉链闭合后衣片平服。

5. 绱袖圆顺，前后适宜，明线无涟形；袖分割线缝与衣身分割线接合顺畅，对齐接缝点

改样记录：	面料：100% 锦纶 里料：100% 聚酯纤维	辅料： 1. 无纺粘合衬 75cm/ 件 2. 拉链 80cm 1 条 / 件 挂牌与唛头： 1. 主唛 1 个 / 件 2. 洗水唛 1 个 / 件 4. 尺码唛 1 个 / 件
	绣花印花：否	
	洗水：普通水洗	

主管：　　　　制板：　　　　样衣：　　　　日期：

四、知识链接

（一）裁片数量及用量

1. 面辅料参考用量

（1）面料：幅宽 144cm，用量约 198cm。

（2）里料：幅宽 144cm，用量约 160cm。

（3）辅料：无纺粘合衬 75cm/ 件，拉链 80cm 一条，配色线适量。

2. 裁片数量

（1）面料：前片 2 片、后上片 1 片、后下片 1 片、挂面 2 片、大袖片 2 片、小袖片 2 片、领片 2 片、后领贴 1 片、袖头前片 2 片、袖头中片 2 片、袖头后片 2 片、袋板面布、垫袋面布 2 片、下摆后中片 1 片、下摆前中片 1 片、下摆侧片 2 片。

（2）里料：前片 2 片、后片 2 片、袖片 2 片、里袋嵌线 4 片、里袋 1 片、大袋布 2 片、小袋布 1 片。

3. 粘衬部位

无纺粘合衬：挂面、领面、后摆头、前摆头、袖头前、袖头后、垫袋布、袋板、后领贴、里袋嵌线。

（二）男式夹克衫款式特点

本款属宽松型男式夹克衫，前中装拉链至领外口线。袖口、下摆加橡皮筋，全件压 0.7 cm 双明线。由于胸部松量较大，其肩宽、领大，前后胸都较宽松，与整体协调统一。

五、任务实施

（一）绘制男式夹克衫结构

男士夹克衫结构制图见图 6-1-1，领子制图见图 6-1-2，袖子制图见图 6-1-3。

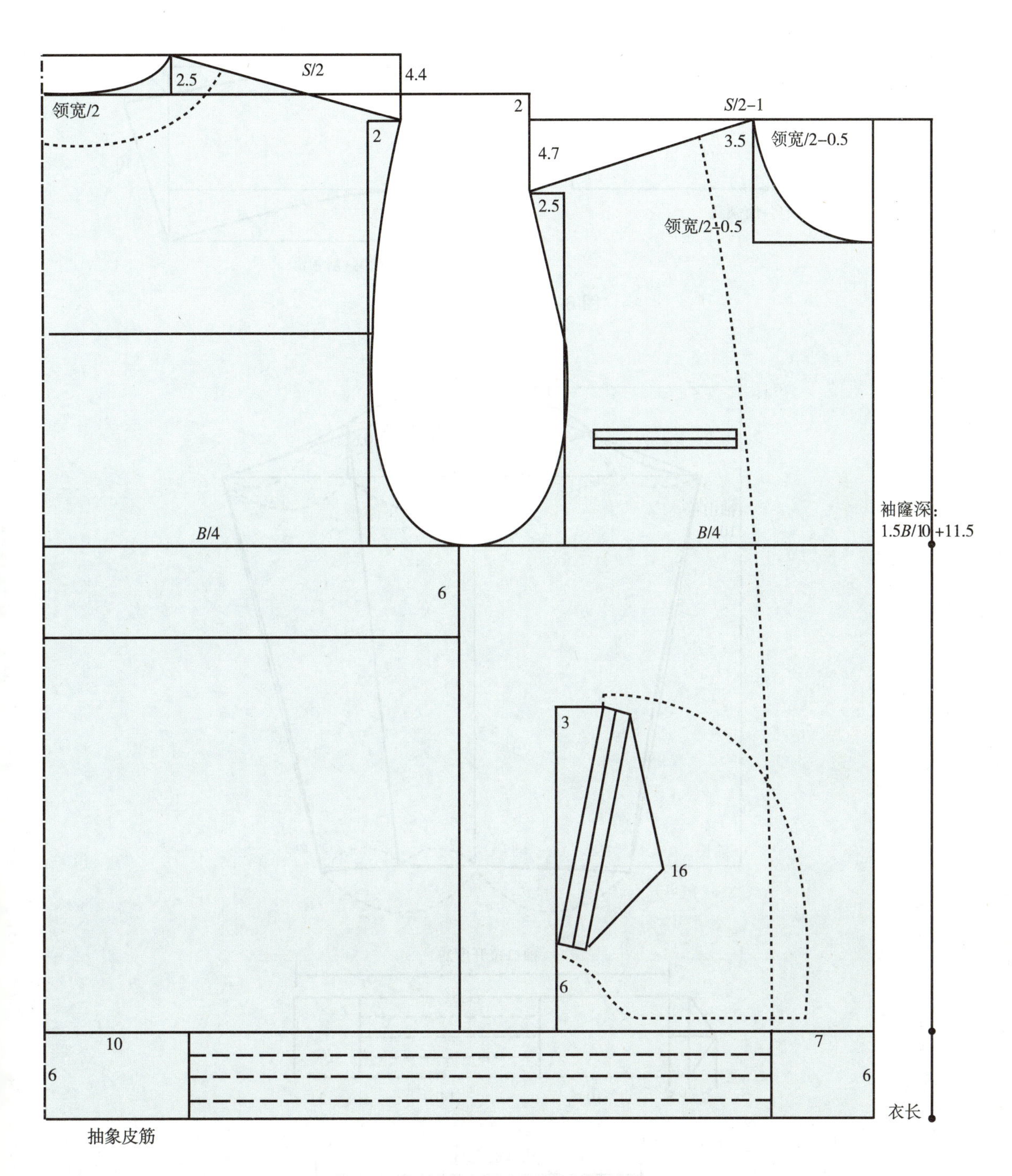

图 6-1-1　男式夹克衫结构制图

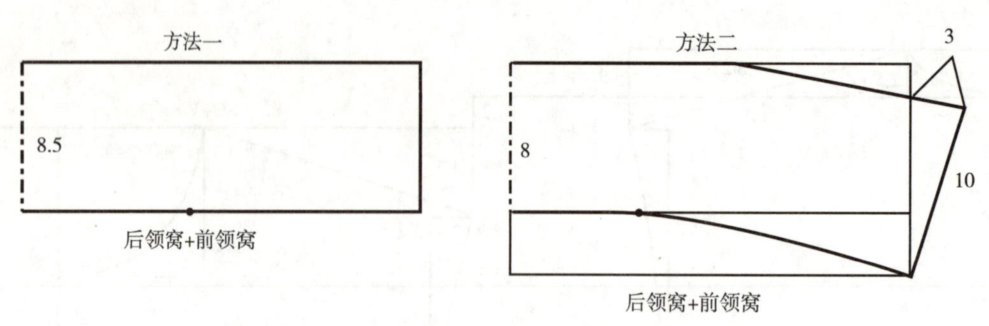

图 6-1-2　领子制图

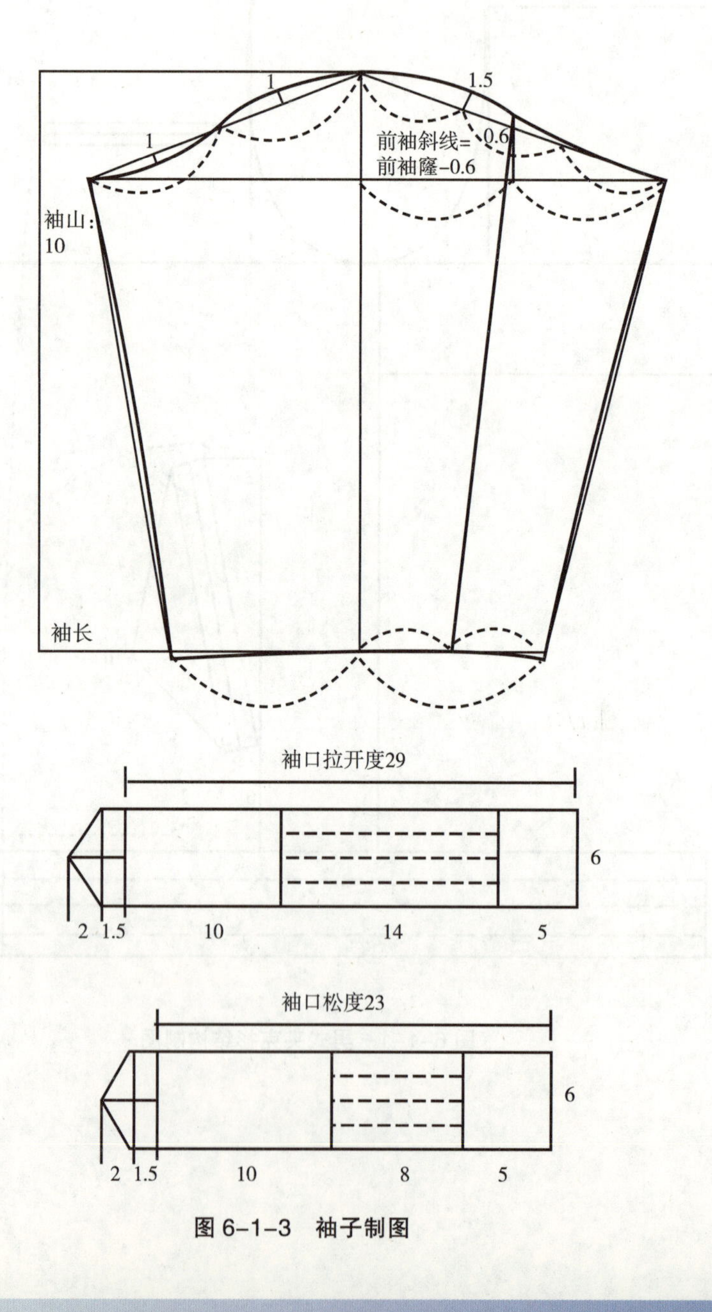

图 6-1-3　袖子制图

（二）放缝、排料图

1. 面料放缝图

面料放缝图见图 6-1-4。

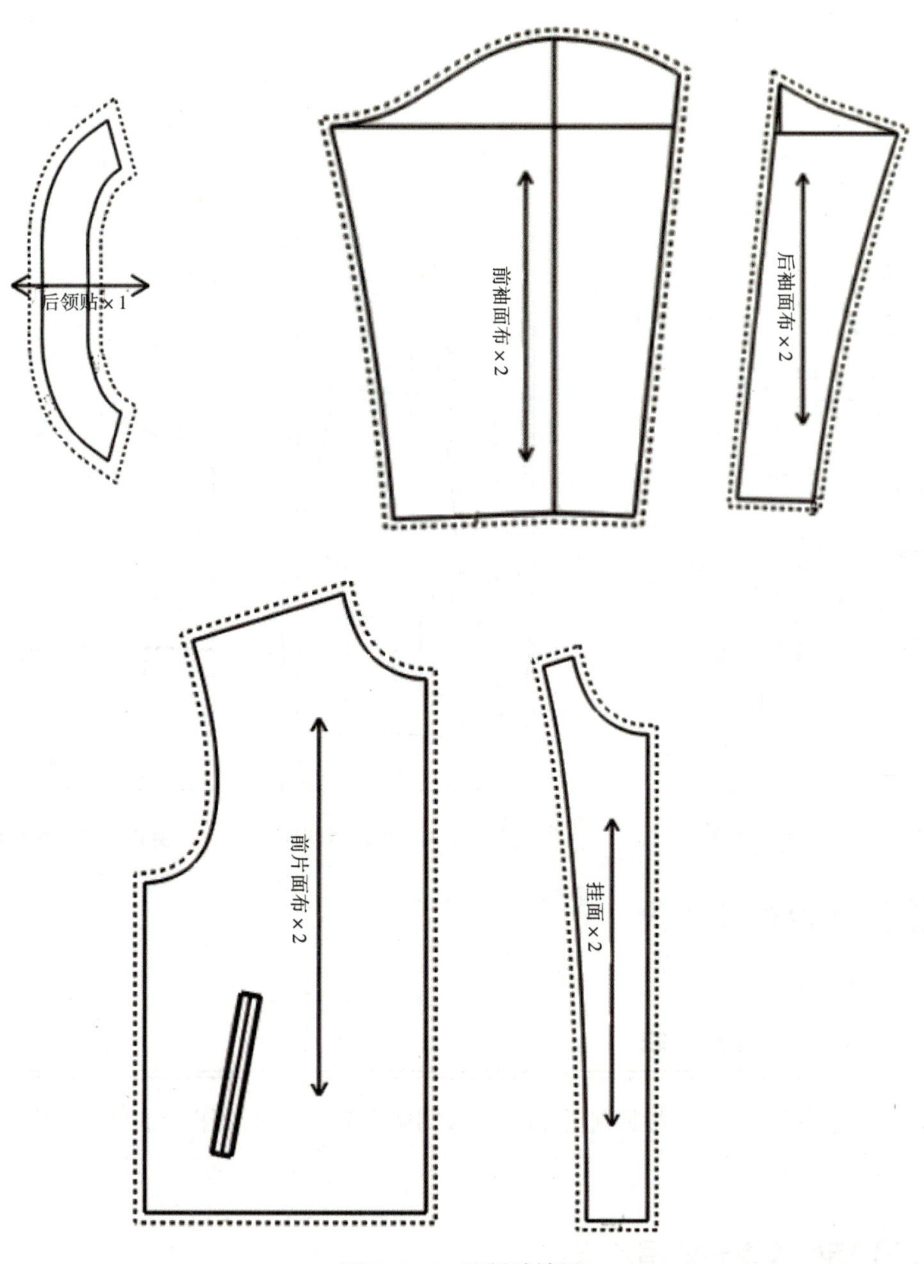

图 6-1-4　面料放缝图

2. 里料放缝图

里料放缝图见图 6-1-5。

3. 面料排料图

面料排料图见图 6-1-6。

4. 里料排料图

里料排料图见图 6-1-7。

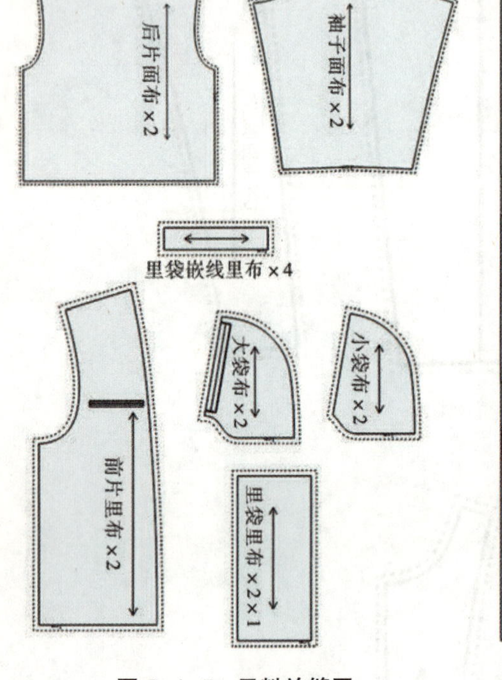

图 6-1-5 里料放缝图

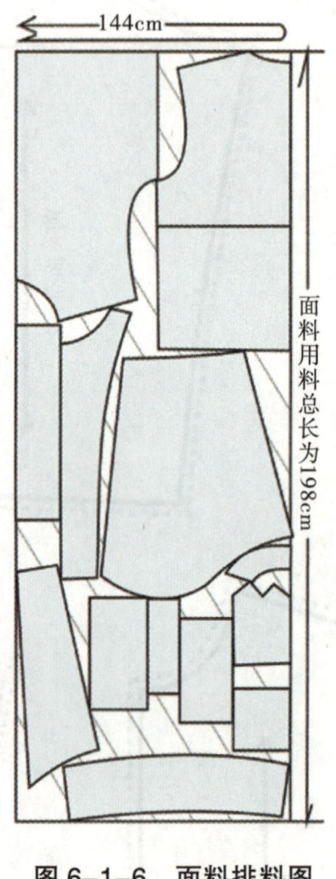

图 6-1-6 面料排料图

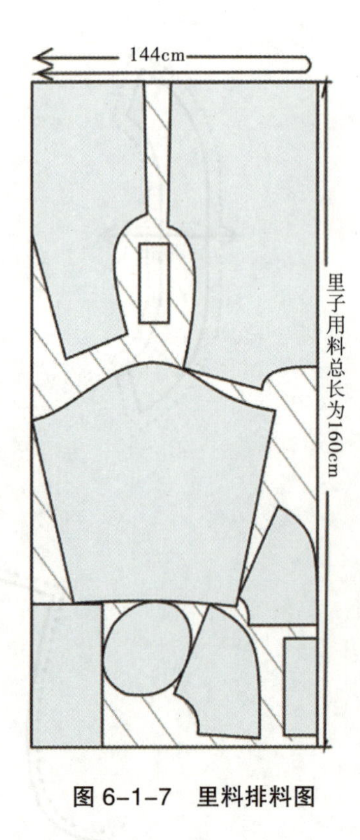

图 6-1-7 里料排料图

六、任务检查及评价

（一）检查方法及内容

使用皮尺、直尺等测量工具，根据制图方法，测量男式夹克衫结构、纸样及放缝等主要部位规格，并记录。

（二）结构检查表填写方法

根据样衣生产通知单给出的订单规格尺寸，利用皮尺和直尺实际测量结构图和纸样的各部位尺寸，并登记在结构检查表（表 6-1-2）内，根据实际情况分析并写出误差产生的原因。

表 6-1-2　结构检查表

部位	制图标准尺寸	自查		组长检查		产生原因
		制图实际尺寸	误差	制图实际尺寸	误差	
前胸围						
后胸围						
前胸宽						
后背宽						
前肩宽						
后肩宽						
前袖窿弧线						
后袖窿弧线						
前袖山弧线长						
后袖山弧线长						
前后袖窿与袖山弧线差值						
前领窝						
后领窝						
领下口线						
前后领窝与领子下口线差值						
袖长						
袖口						
衣长						

（三）小组讲评

小组评价过程中，组长组织组员提炼优点，分析缺点，找到解决办法，总结此次任务完成过程中的亮点和值得发扬的地方，归纳和吸取失败的教训。

任务二 男式夹克衫缝制

一、学习目标

掌握男式夹克衫的工艺流程；
熟练掌握男式夹克衫的成品缝制；
掌握男式夹克衫的成品检查方法。

二、情景描述

公司收到客户关于男式夹克衫样衣制作订单，要求在 3 天内根据客户提供的款式说明、图样及规格尺寸进行样衣的制作。要求服装干净整洁无污，无多余线头、线钉和粉印；各部位尺寸符合成品规格要求。

三、任务准备

（1）根据客户提供的相关信息制定男式夹克衫样衣生产通知单，按照制板—排料裁剪—缝制的生产流程合理安排生产进度，并制定生产计划书。根据客户订单要求，准备好制作样衣需要的所有裁片及辅料，准备缝制用的熨烫工具、平车、配色线、剪刀、纱剪、锥子、梭芯、梭壳、皮尺等工具。

（2）缝制前期准备。

①针、线：平缝机明线 11 针 /3cm，平缝机暗线 13 针 /3cm，上下线松紧适宜，无跳线、断线，起落针应有回针。明线用 50S/3 线，缝纫、锁边用 60S/3 线，锁眼用 30S/3 线。面料缝制用 11 ~ 14 号针（根据面料不同而定），里子缝制用 9 ~ 11 号针。

②粘衬及修片：

a. 粘衬：先将衣片与粘合衬用熨斗固定。注意粘合衬比裁片要略小 0.2cm 左右，固定时不能改变布料的经纬向丝缕。

b. 修片：衣片过粘合机后，需将其摊平冷却后再重新按裁剪样板修剪裁片。

四、知识链接

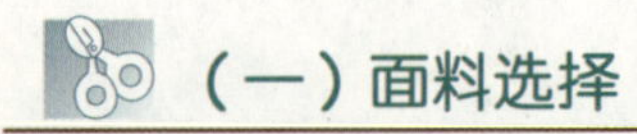

（一）面料选择

男式夹克衫用料较多，面料宜选用天然革的羊皮、牛皮、马皮等，还有毛涤混纺、毛棉混纺、特种处理的高级化纤混纺和纯化纤织物；里料一般选用配色的涤丝纺、尼丝纺、醋酯纤维绸等织物。

（二）缝制工艺流程

粘衬→做缝制标记→做前片斜插袋→拼后片→合肩缝→绱袖子→做里袋→合里缝→做、绱领子、下摆、拉链→装袖头→合里面→翻膛→缉明线→整烫。

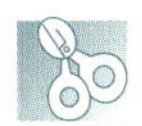

（三）缝制工艺质量要求及评分标准

缝制工艺要求及评分标准（总分 100 分）如下：

（1）外观：轮廓清晰，线条流畅，外形美观、平整，整体结构与人体比例相符；服装干净整洁无污，无多余线头、线钉和粉印（10 分）。

（2）规格：各部位尺寸符合成品规格要求（20 分）。

（3）粘衬：粘衬部位牢固，粘合衬不歪斜、不脱胶、不渗胶、不起皱、不起壳、不起泡（10 分）。

（4）线迹：缉线顺直、无浮线、跳针、漏针、毛出等现象；手工缲针正面不露针迹、针印，反面针迹整齐、牢固，针距紧密，缝线松紧适宜（5 分）。

（5）领子：领形状、高低一致，左右对称（10 分）。

（6）拉链：前止口顺直，拉链平顺，拉链从领外口线绱到下摆处，要求闭合后衣片平服，不露齿（10 分）。

（7）前斜插袋：前身左右口袋高低一致，左右对称，袋口明线顺直美观，不毛露。（10 分）

（8）袖子：装袖位置准确，左右两袖吃势均匀不起涟，袖山饱满圆顺；袖子不翻不吊、左右对称、袖口平服且大小一致（10 分）。

（9）里布：面布与里布平，与挂面及后领贴缝合松紧适宜，无牵吊、涌起现象（10 分）。

（10）整烫：熨烫平整、挺括，无烫黄、极光、水渍等现象（5 分）。

五、任务实施

（一）男式夹克衫缝制工艺的重点和难点

（1）重点：前片斜插袋。缝合时，要求袋口明线顺直美观，不毛露。

（2）难点：前门襟装拉链。前门襟绱拉链是服装缝制中的难点，拉链从领外口线绱到下摆处，要求闭合后衣片平服，不露齿。

（二）男式夹克衫的缝制工艺

1. 粘衬部位

粘衬部位见图 6-2-1，采用无纺粘合衬，压胶机粘合。棉、毛面料温度应控制在 120℃左右，压力 2.5~3 kg/cm。

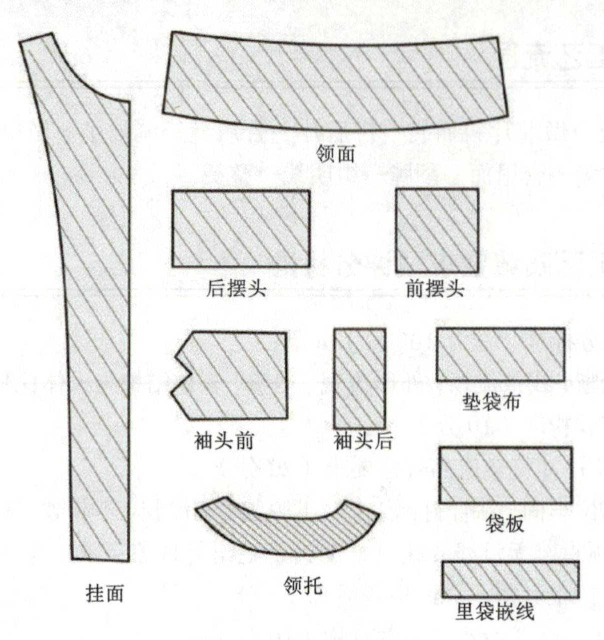

图 6-2-1 粘衬部位

2. 制作零部件

(1) 制作下摆(图 6-2-2):

① 将下摆前、后中片对折烫好。
② 在侧下摆加入橡皮筋。
③ 先缝住橡皮筋两端，再拉直橡皮筋正面车缝明线，针距为大针距（可采用专用机）。
④ 将前、后、中摆片对接好，烫平。

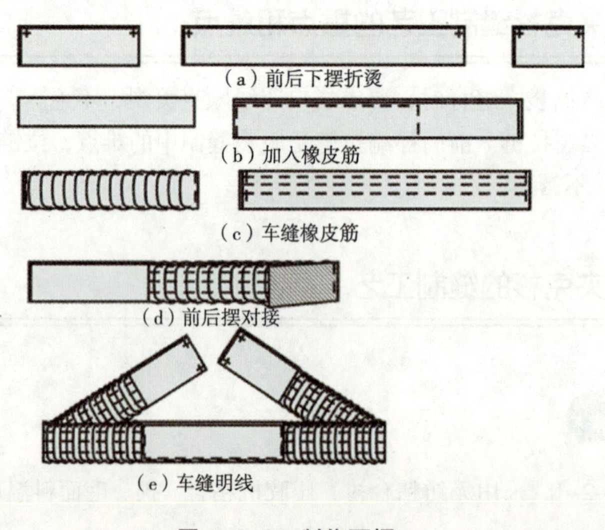

图 6-2-2 制作下摆

（2）制作袖头（图 6-2-3）：

① 袖头有三部分，中间部分加入橡皮筋。
② 缝合好前端（宝剑头）和后端袖头。
③ 将袖头三部分拼合完整，车缝明线。

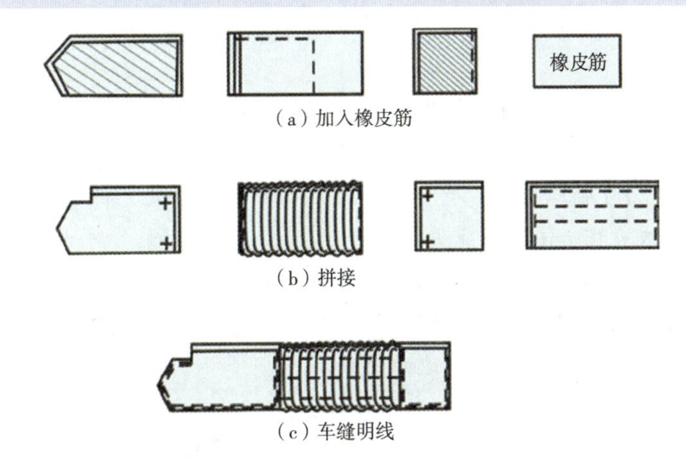

（a）加入橡皮筋

（b）拼接

（c）车缝明线

图 6-2-3　制作袖头

（3）制作领子（图 6-2-4）：

① 领面、领里缝合，外口缝合。
② 领面、领里翻好烫平。

（4）制作垫肩（图 6-2-5）：

垫肩可用包缝好的成品。如使用未包缝好的泡沫垫肩，要用大于垫肩一倍的圆布（45° 正斜丝），包好后用平缝机沿半圆包缝。

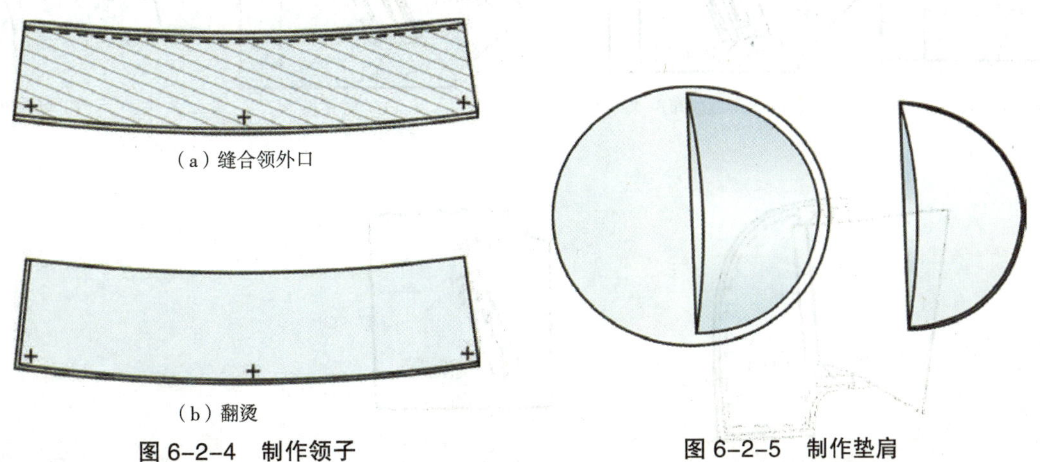

（a）缝合领外口

（b）翻烫

图 6-2-4　制作领子

图 6-2-5　制作垫肩

3. 缝制面料前后片

（1）制作前片斜插袋（图 6-2-6）：

①粘好衬的袋布对折，烫好后在袋上缉双明线 0.8cm。

②将袋口和袋布 A（反面）对齐固定、垫袋布与袋布 B 正面缝合，垫袋布边折一缝份，压缝光边与袋布 B 缝住。

③在前片正面将袋口位置画好，将袋布 A 对准插袋位置标迹线缉缝，标迹两端回车固缝。

④将袋布 B 垫袋一侧边线对准另一侧插袋位置标迹线缉缝，标迹两端回车固缝。

⑤剪开袋口，两端剪成三角形，要剪到缉合线的端点线根处，但不能剪断线。将袋布 A 和袋板翻进去，沿翻折线 0.15 cm 压一条明线。

⑥将袋布 B 和垫袋布翻到后面，把三角也翻到里面缉缝封死三角。

⑦在袋布反面外边缘车缝一圈封好袋布。

⑧在前片正面车缝斜插袋口另外三边的明线。

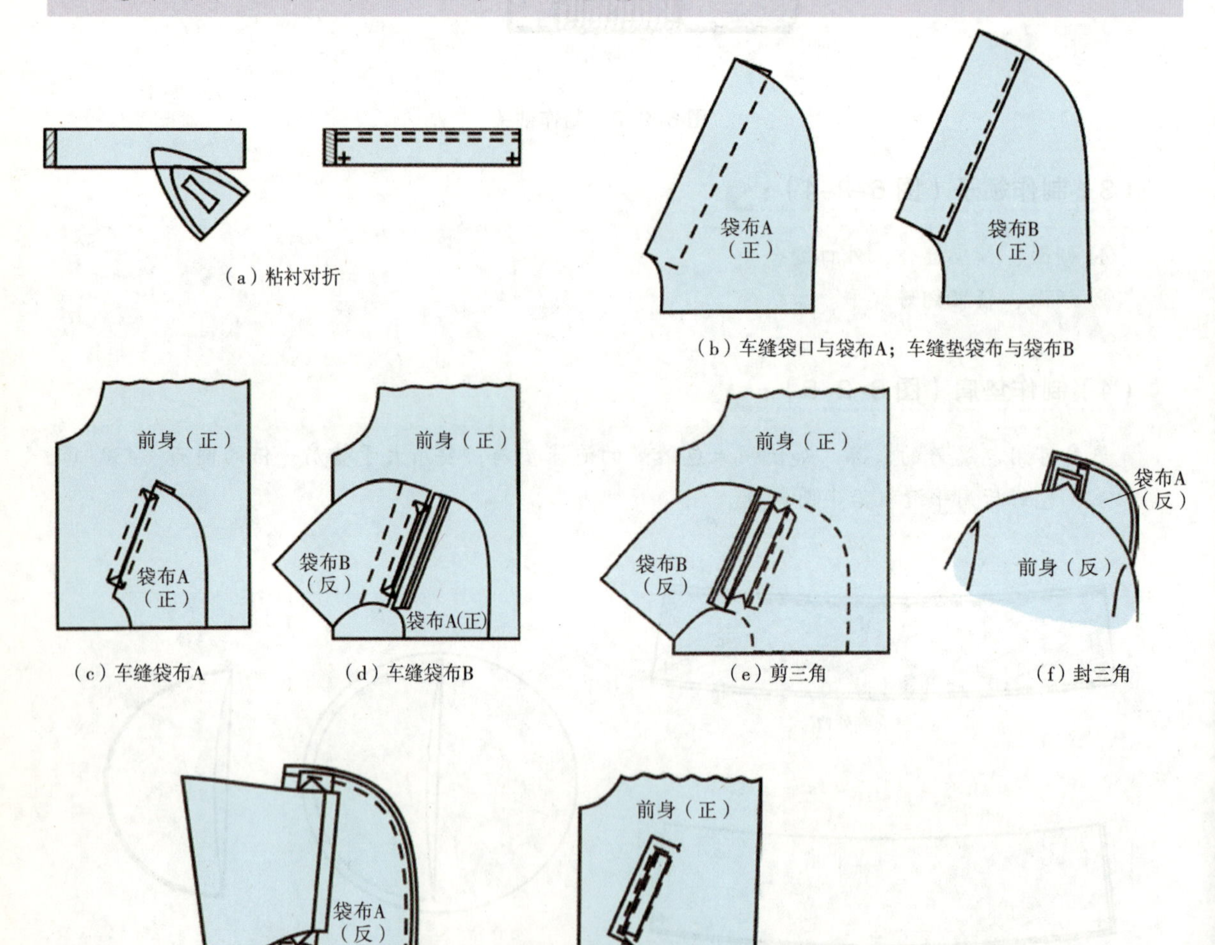

图 6-2-6　制作前片斜插袋

（2）缝制后片面（图 6-2-7）：

后片拼缝，并在破缝处正面压一条明线。

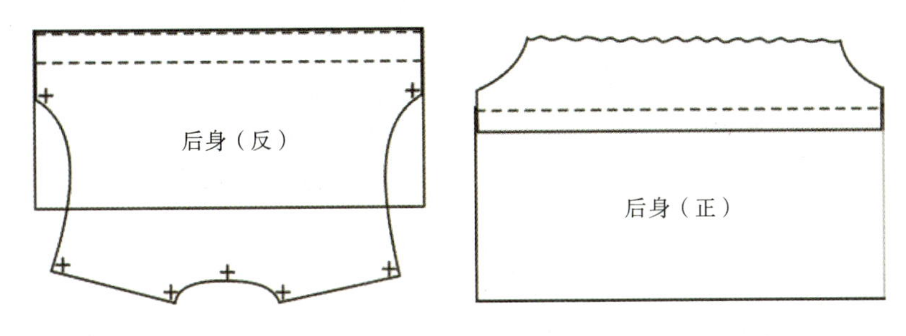

图 6-2-7　缝制后片面

（3）缝合肩缝（图 6-2-8）：

缝合面布前后片肩缝，缝份倒向前片，正面缉 0.8 cm 双明线。

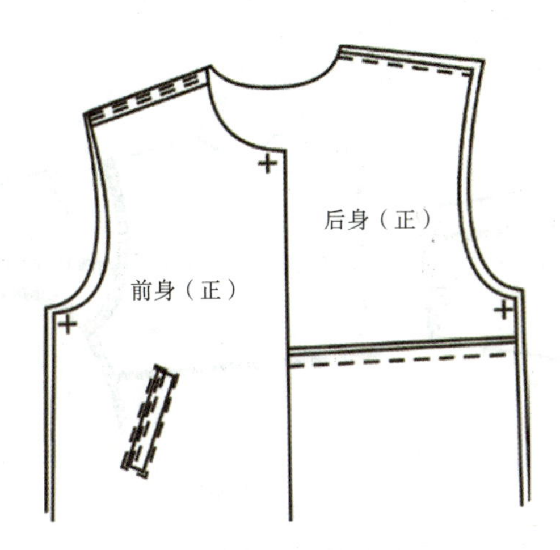

图 6-2-8　缝合肩缝

4. 缝制袖子

（1）做袖面（图 6-2-9）：

① 将剖开的后袖片与前袖片缝合。

② 缝份倒向前袖，缉双明线 0.8 cm。袖口缝一道线后抽碎褶，使其长度同制作好的袖头（包括橡皮筋拉开的长度）。

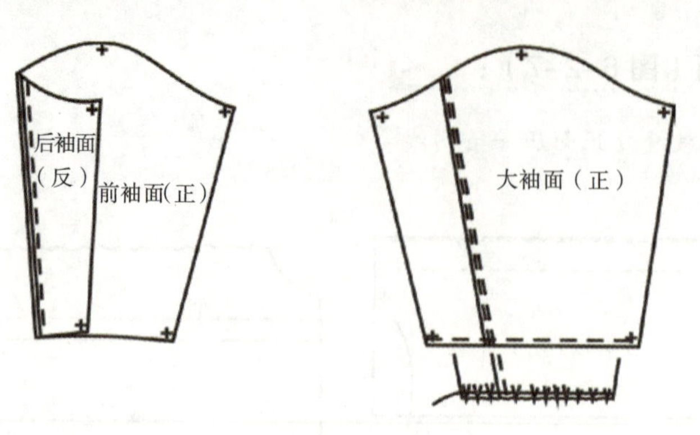

图 6-2-9　做袖面

（2）绱袖子（图 6-2-10）：

① 将袖子与袖窿缝合，向袖窿方向倒缝，正面车缝双明线 0.8cm。

② 缝合袖底缝，前后片侧摆缝对合，正面相对反面缝合，留出袖开口 7cm 左右（用于翻膛）。

③ 装垫肩，沿肩缝线用手针缲缝垫肩中部。

④ 用手针将垫肩前沿按袖窿大针码缲住。

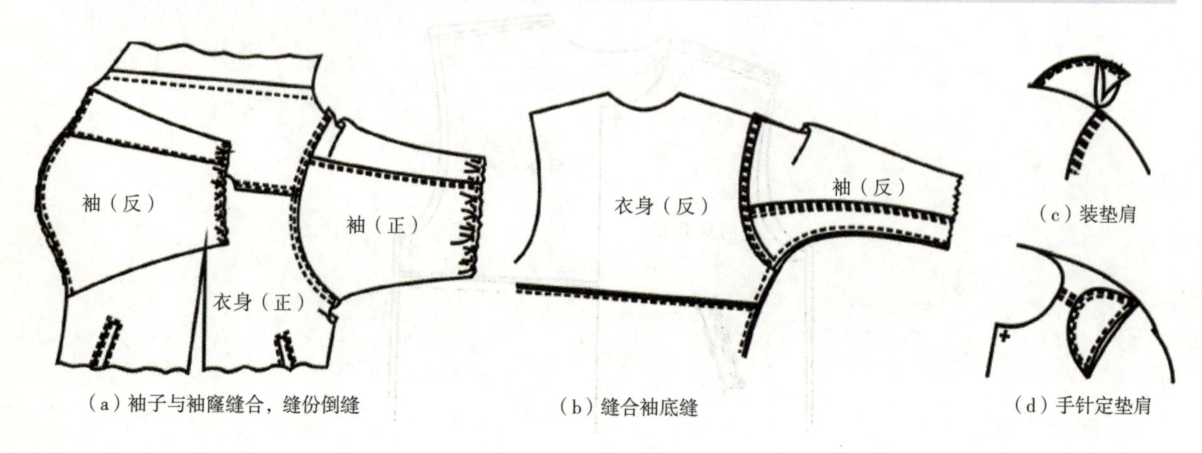

（a）袖子与袖窿缝合，缝份倒缝　（b）缝合袖底缝　（c）装垫肩　（d）手针定垫肩

图 6-2-10　绱袖子

5. 制作里子

（1）缝制里子前片（图 6-2-11）：

① 挂面与前片里子缝合。

② 里子与挂面倒缝烫平，确定里袋位置，在袋口处粘无纺粘合衬一块。

③ 嵌线布两片粘衬，在里子正面沿开袋口车缝嵌线片于袋口线上。

④ 剪开袋口，两端剪成三角形，把双嵌线翻出，嵌线牙子固定烫平，在正面下嵌线缝辑一明线，距边 0.2 cm。

⑤ 反面缝口袋布于下嵌线上。

⑥ 袋布翻折好对齐上嵌线，手针从正面沿嵌线缝处固定，正面车缝明线一条，距边 0.2 cm，固定上嵌线和上袋布。

⑦ 从正面将袋布两侧露出，封缝三角形后，再车缝袋布两侧。

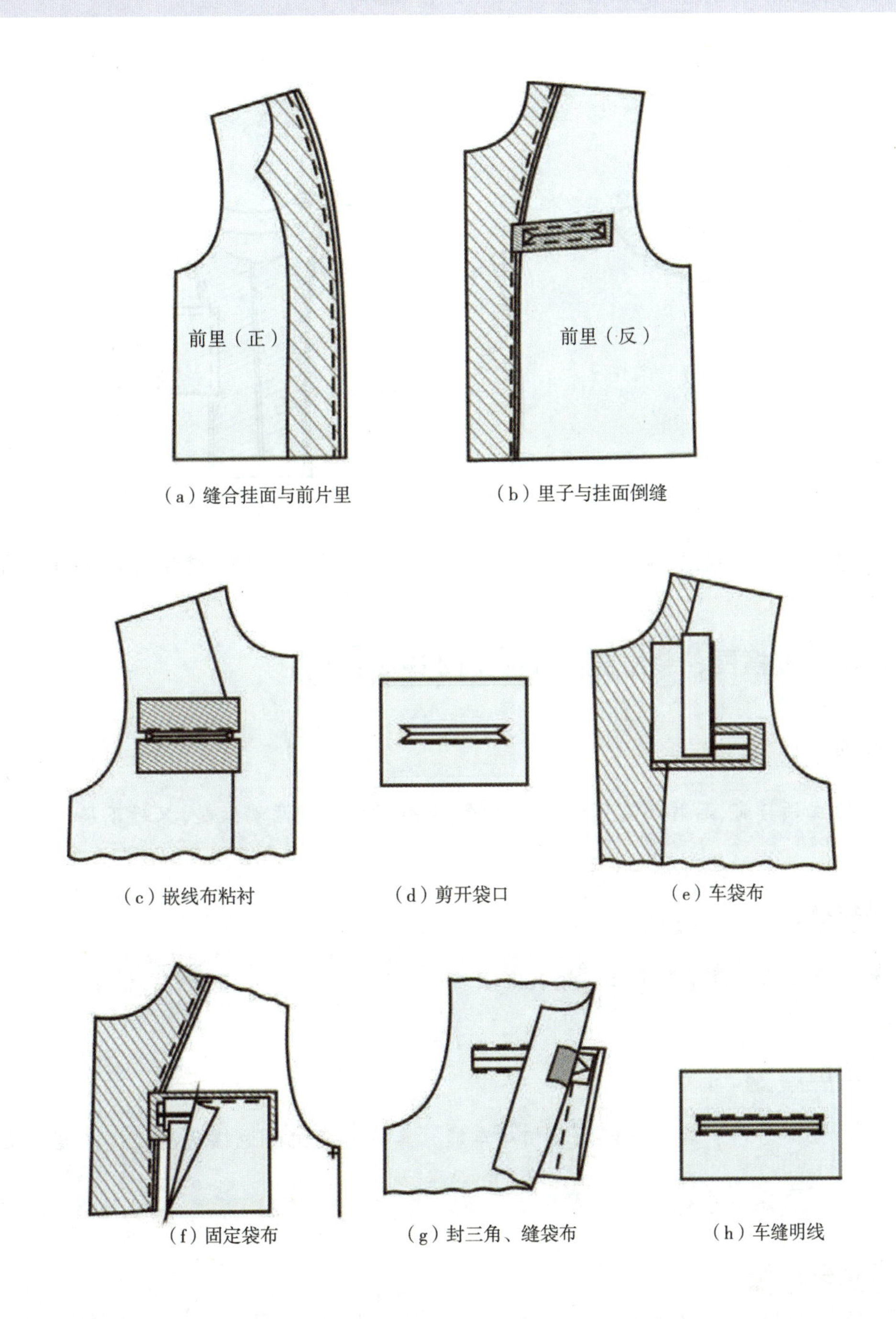

（a）缝合挂面与前片里
（b）里子与挂面倒缝
（c）嵌线布粘衬
（d）剪开袋口
（e）车袋布
（f）固定袋布
（g）封三角、缝袋布
（h）车缝明线

图 6-2-11　缝制里子前片

（2）缝制里子后片（图 6-2-12）：

将后片里子与后领托缝合，侧缝烫平。

（3）缝合肩缝、袖子、侧缝（图 6-2-13）：

先将前、后片肩缝合，再缝合袖山与袖窿，最后缝合侧缝与袖窿，在一侧袖缝上留 20cm 不缝，用于大翻膛开口。

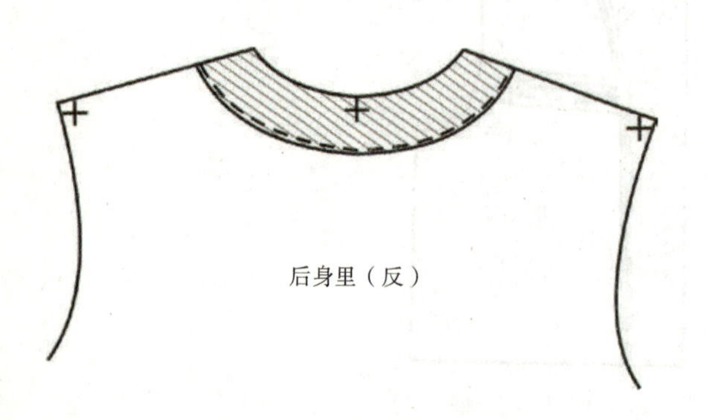

图 6-2-12　缝制里子后片

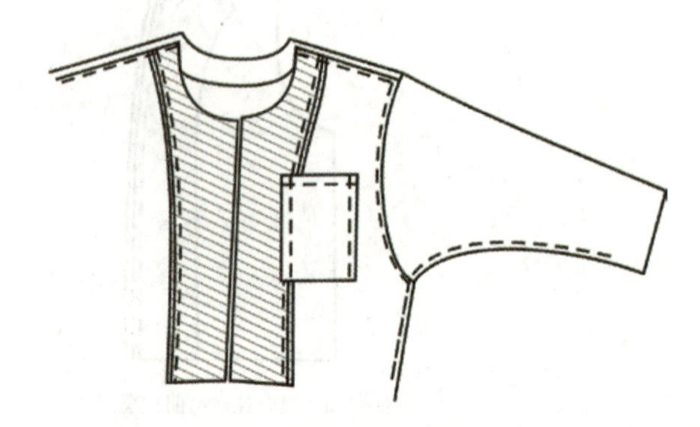

图 6-2-13　缝合肩缝、袖子、侧缝

6. 绱领子、摆围，装拉链、袖头（图 6-2-14）

（1）绱领子：

将做好的立领与前、后片领窝正面相对车缝，车缝时要把领两端掀起，只缝下层，不要缝上层。

（2）装拉链：

将拉链从下摆头一直车缝至领端外止口。

（3）绱摆围：

将做好的摆围与前、后片下摆正面相对车缝，车缝时要把两边摆头掀起，只缝下层，不要缝上层。

（4）装袖头：

将缝制好的袖头与袖口缝份对齐车缝。

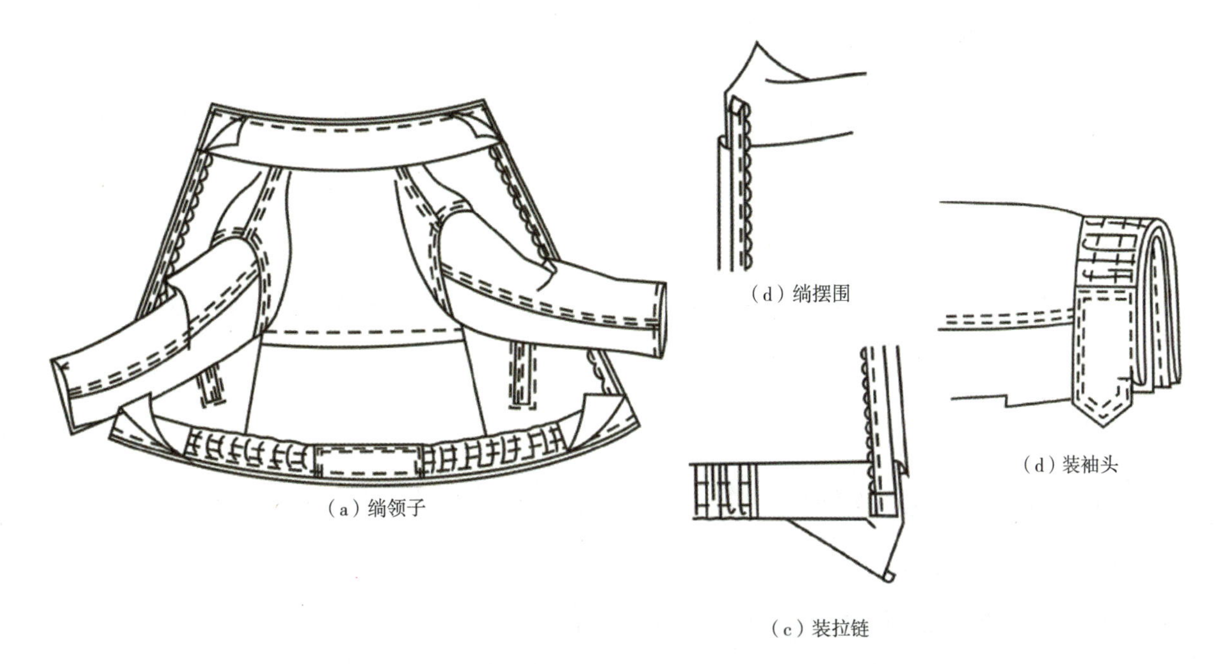

图 6-2-14　绱领子、装拉链，摆围、袖头

7. 缝合里子与面

缝合里子与面，见图 6-2-15。

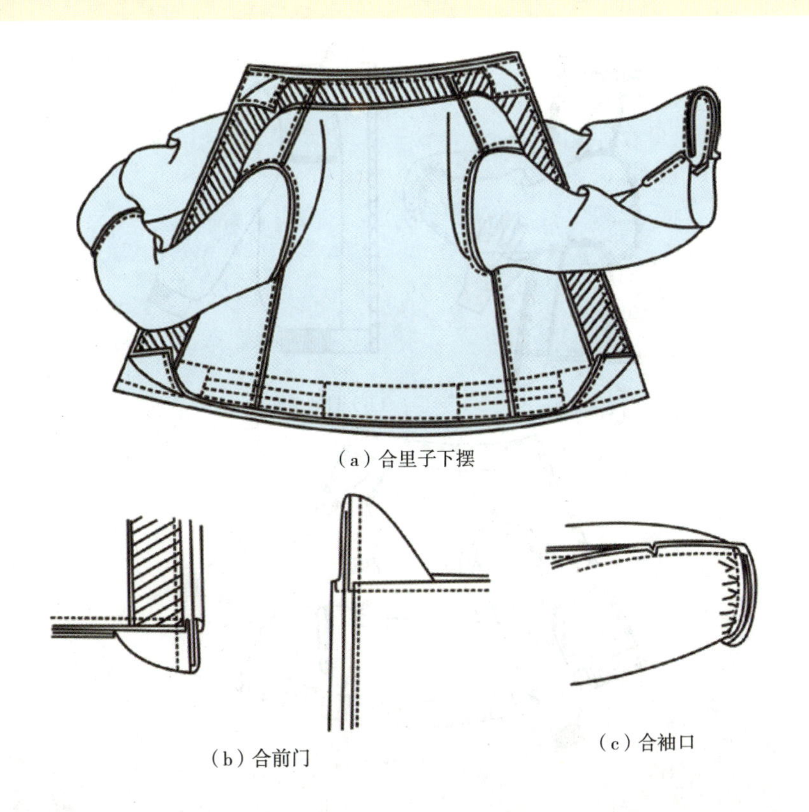

图 6-2-15　缝合里子与面

(1)合里子下摆:

将里子与面下摆对齐，两端摆头掀起，上层摆头与里子缝合，中间一部分里子与面夹着摆围车缝。

(2)合前门:

前门里子与前片中间夹着拉链从摆头下端开始车缝，摆头和身拉直车缝，至领外端，要将领子与身拉直，一直车缝至领端，拉链要平服。

(3)合袖口:

袖里子和袖面的袖开衩正面相对缝合，然后袖口里子和面正面相对，中间夹上袖头车缝一圈。

8. 大翻膛、缉明线、整烫(图 6-2-16)

(1)大翻膛:

从袖里子的袖底缝预留的开口处翻膛，将衣片正面在此处掏翻出来，整理平整。

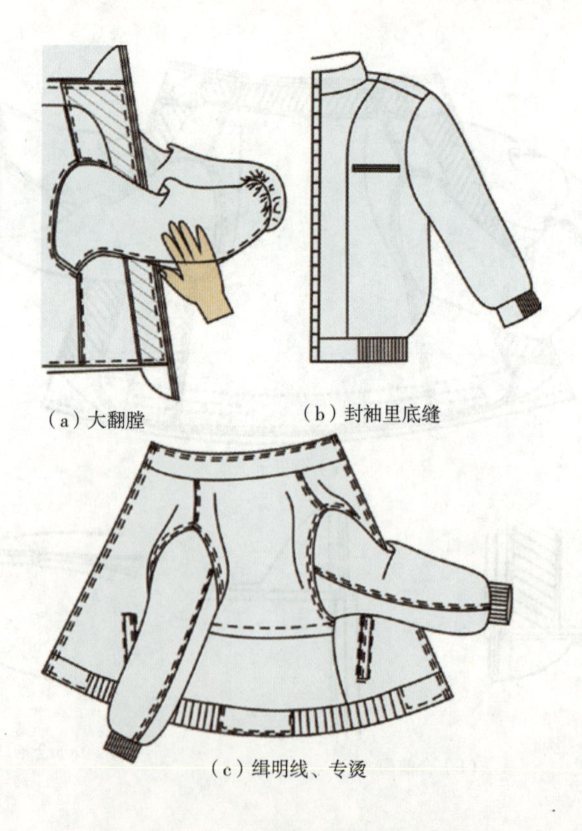

(a)大翻膛　(b)封袖里底缝

(c)缉明线、专烫

图 6-2-16　大翻膛、缉明线、整烫

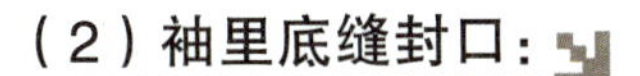

（2）袖里底缝封口：

翻膛后将袖里预留的开口正面车缝一条明线封死。

（3）缉明线、整烫：

将衣身正面门襟、领子及下摆等部位初步整烫后，车缝双明线 0.8 cm。整件衣服缝制工艺完毕后进行全面整烫整理。

六、任务检查及评价

（一）检查方法及内容

使用皮尺、直尺等测量工具，根据产品订单规格，测量男式夹克衫各部位尺寸，记录主要部位规格。

（二）成品检查表填写方法

根据样衣生产通知单给出的订单规格尺寸，利用皮尺和直尺实际测量成品样衣规格尺寸，并登记在成品检查表（表 6-2-1）内，根据实际情况分析并写出误差产生的原因。

表 6-2-1　成品检查表

评分项及分值(总分 100)	评分标准（每错一项扣 1 分）	自评得分（占 20%）	组长评分（占 40%）	组长评语	教师评分（占 40%）	教师评语	总分
外观（10 分）	轮廓清晰，线条流畅，外形美观、平整，整体结构与人体比例相符；服装干净整洁无污，无多余线头、线钉和粉印						
规格（20 分）	各部位尺寸符合成品规格要求						
粘衬（10 分）	粘衬部位牢固，粘合衬不歪斜、不脱胶、不渗胶、不起皱、不起壳、不起泡						
线迹（5 分）	缉线顺直，无浮线、跳针、漏针、毛出等现象；手工缲针正面不露针迹、针印，反面针迹整齐、牢固，针距紧密，缝线松紧适宜						

续表

评分项及分值(总分100)	评分标准（每错一项扣1分）	自评得分（占20%）	组长评分（占40%）	组长评语	教师评分（占40%）	教师评语	总分
领子（10分）	领形状、高低一致，左右对称						
拉链（10分）	前止口顺直，拉链平顺，拉链从领外口线绱到下摆处，要求闭合后衣片平服，不露齿						
前斜插袋（10分）	前身左右口袋高低一致，左右对称，袋口明线顺直美观，不毛露						
袖子（10分）	装袖位置准确，左右两袖吃势均匀，不起涟，袖山饱满圆顺；袖子不翻不吊、左右对称，袖口平服且大小一致						
里布（10分）	面布与里布平服，与挂面及后领贴缝合松紧适宜，无牵吊、涌起现象						
整烫（5分）	熨烫平整、挺括，无烫黄、极光、水渍等现象						

（三）小组讲评

小组评价过程中，组长组织组员提炼优点，分析缺点，找到解决办法，总结此次任务完成过程中的亮点和值得发扬的地方，归纳和吸取失败的教训。

项目七　女西装制板与缝制

任务一　女西装制板

一、学习目标

了解女西装的款式特点；
了解女西装的款式变化及设计要点；
掌握女西装平面款式图的绘制；
掌握女西装的成品规格；
掌握女西装的结构和纸样绘制；
熟练掌握女西装放缝、排料和裁剪。

二、情景描述

公司收到客户关于女西装样衣制作订单，要求在10天内根据客户提供的款式说明、图样及规格尺寸进行样衣的制作。要求外观轮廓清晰，线条流畅，外形美观、平整，整体结构与人体比例相符；服装干净整洁无污，无多余线头、线钉和粉印；各部位尺寸符合成品规格要求。现需要根据订单要求进行女西装制板。

三、任务准备

根据客户提供的相关信息制定女西装样衣生产通知单，按照制板—排料裁剪—缝制的生产流程合理安排生产进度，并制定生产计划书。根据客户订单要求，准备绘制服装样板用的牛皮纸、白纸（复制）、比例尺、皮尺、工作台等工具和耗材。女西装样衣生产通知单见表7-1-1。

表 7-1-1　女西装样衣生产通知单

款号：FS07	名称：女西装	规格表（M 码　号型：160/84A）				单位：cm	
下单日期：9 月 15 日	完成日期：9 月 25 日	部位	尺寸	部位	尺寸	部位	尺寸
款式图：		衣 / 裤 / 裙长	后衣长 62 前衣长 66	肩宽	39	挂肩	
		胸围	96	领高		前腰节	
		腰围		前领深		后腰节	38
		臀围		前领宽		下摆宽	
		袖长	57	后领深		裤脚口宽	
		袖口	25	后领宽	6.5	立裆深	
款式说明：该款为四粒扣女西装，平驳领、四开身公主线分割、两片式合体袖（袖口开衩并钉两粒纽扣）、明贴袋 2 个		工艺说明：					
改样记录：领片弧度的修改，袖山弧线弧度缩小		面料：纯毛或涤毛混纺面料 里料：涤丝纺、尼丝纺				辅料：配色线、有纺衬、无纺衬、胸衬、牵条、扣子	
		绣花印花：					
		水洗：否					

主管：　　　　制板：　　　　样衣：　　　　日期：

四、知识链接

（一）裁片数量及用量

1. 面辅料参考用量

（1）面料：幅宽 144 cm，用量约 140 cm。估算式为衣长 + 袖长 +20 cm 左右。

（2）里料：幅宽 144 cm，用量约 130 cm。估算式为衣长 + 袖长 +10 cm 左右。

（3）辅料：有纺粘合衬适量，无纺粘合衬适量，薄垫肩 1 副，斜丝粘合牵条 100 cm，直丝粘合牵条 300 cm，大纽扣 4 粒，小纽扣 4 粒，配色线适量。

2. 裁片数量

（1）面料：前中片 2 片、前侧片 2 片、后中片 2 片、后侧片 2 片、挂面 2 片、大袖片 2 片、小袖片 2 片、领面 1 片、领里 2 片、贴袋面布 2 片。

（2）里料：前中片 2 片、前侧片 2 片、后中片 2 片、后侧片 2 片、大袖片 2 片、小袖片 2 片、贴袋里布 2 片。

3. 粘衬部位

（1）有纺粘合衬：前中片、前侧片、领里。

（2）无纺粘合衬：挂面、领面、后中片局部、后侧片局部、贴袋面布、袖衩及袖口。

（二）女西装平面展开图

女西装平面展开图见图 7-1-1。该款为四粒扣女西装，平驳领、四开身公主线分割、两片式合体袖（袖口开衩并钉两粒纽扣）、明贴袋 2 个。

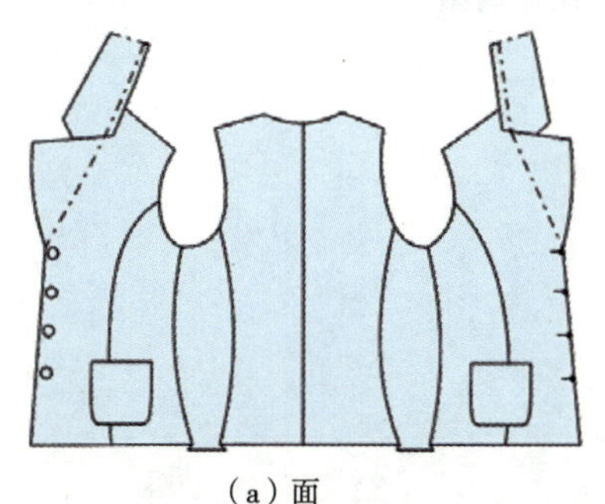

（a）面

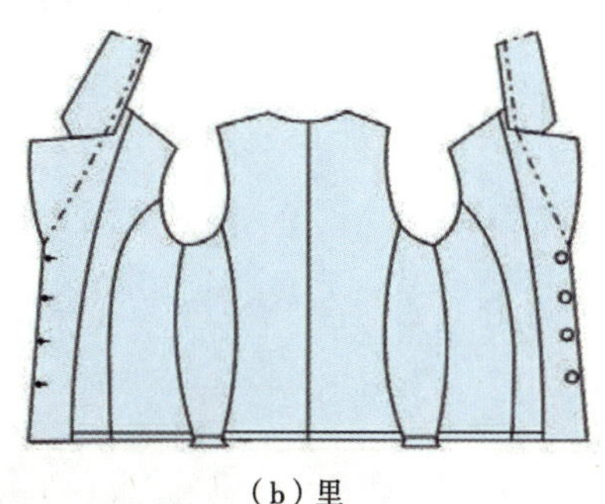

（b）里

图 7-1-1　女西装平面展开图

五、任务实施

（一）绘制女西装结构（图 7-1-2、图 7-1-3）

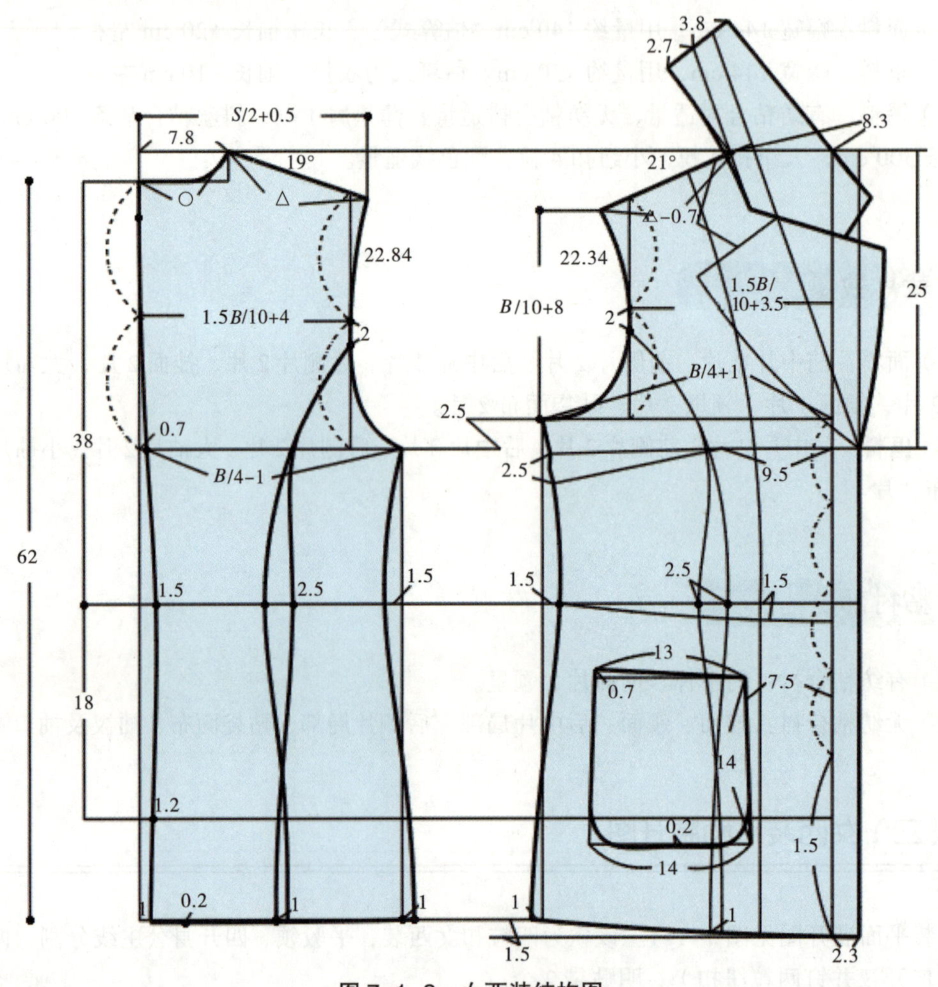

图 7-1-2　女西装结构图

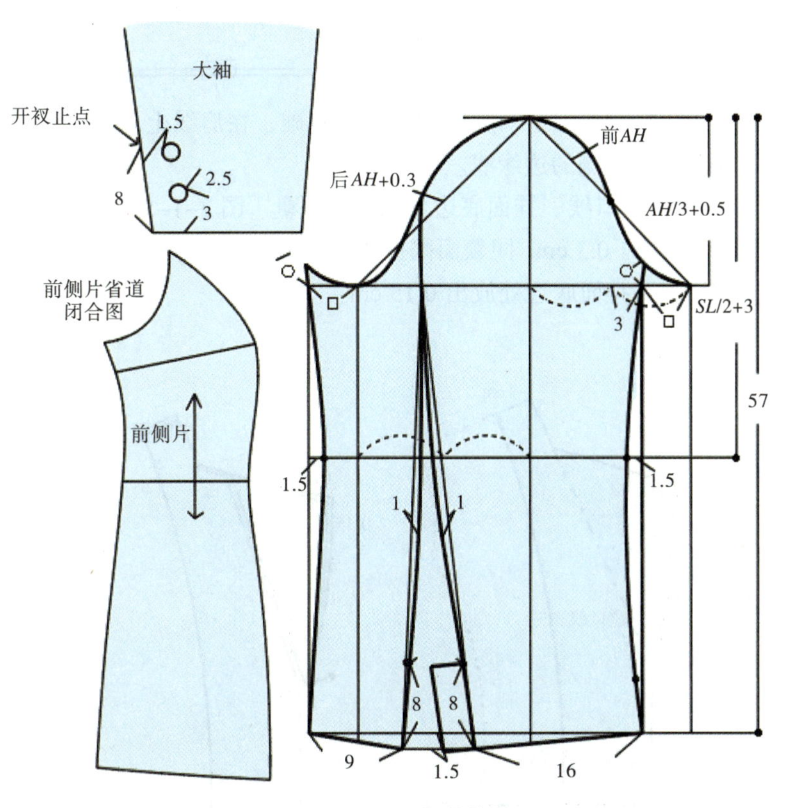

图 7-1-3　女西装片袖

（二）制作领面纸样

制作领面纸样步骤如下：

（1）确定领外口展开线：以领里为基础，在领底线上以 SNP 为基准点作领底线的垂线，并定出垂线的中点，见图 7-1-4（a）。

（2）展开垂线：将垂线剪开，以垂线中点为基准点，在领外口线上放出 0.3 cm，同时在领底线上折叠 0.3 cm，见图 7-1-4（b）。

（3）放出领面翻折线松量和外口线里外匀的量：将领子的翻折线剪开，平行展开 0.3 cm（视面料厚薄有所增减）作为领面的翻折量，同时在领子外口线上平行放出 0.15 cm，领角处放出 0.15 cm，见图 7-1-4（c）。

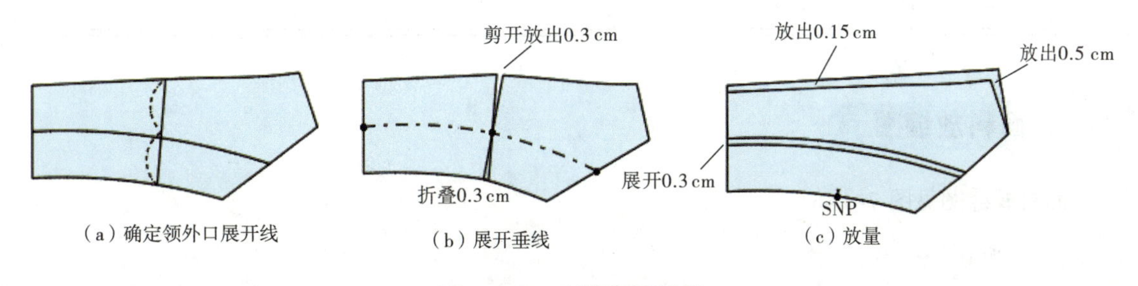

图 7-1-4　制作领面纸样

（三）制作挂面纸样

（1）挂面制图［图 7-1-5（a）］。以前衣片为基础，在肩线上取 4 cm，在腰节线和底边线上分别取 8.5 cm，画出挂面内侧的边缘线。

（2）在驳口线、驳头止口线、挂面底边分别放出松量［图 7-1-5（b）］

将驳口线剪开，平行展开 0.3 cm（同领面翻折线展开量相同），在驳头止口线上放出 0.15 cm（同领面外口线放出量相同），挂面底边处放出 0.15 cm。

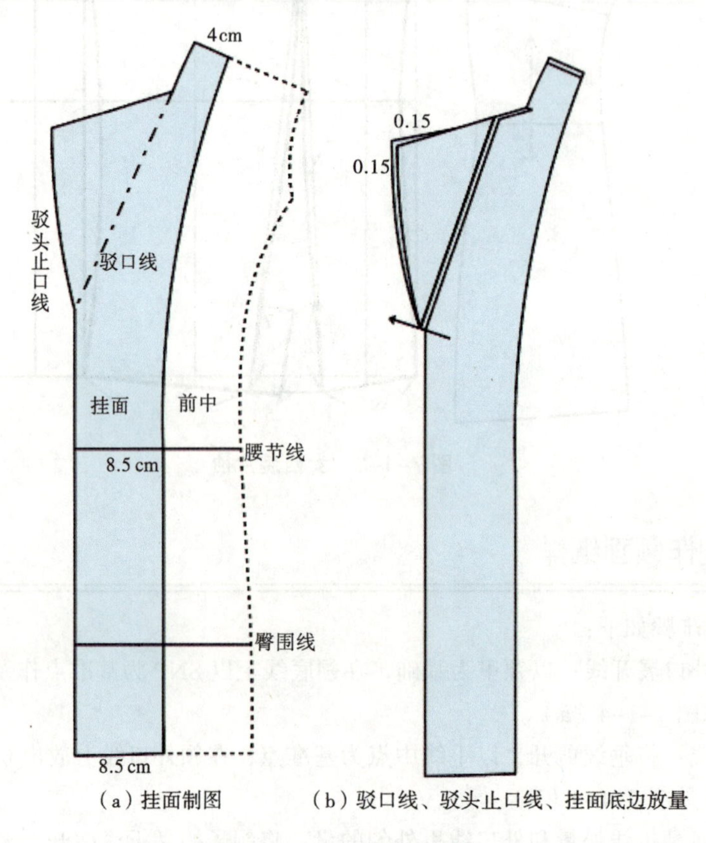

（a）挂面制图　　（b）驳口线、驳头止口线、挂面底边放量

图 7-1-5　制作挂面纸样

（四）放缝、排料图

1. 面料放缝图

面料放缝图见图 7-1-6。

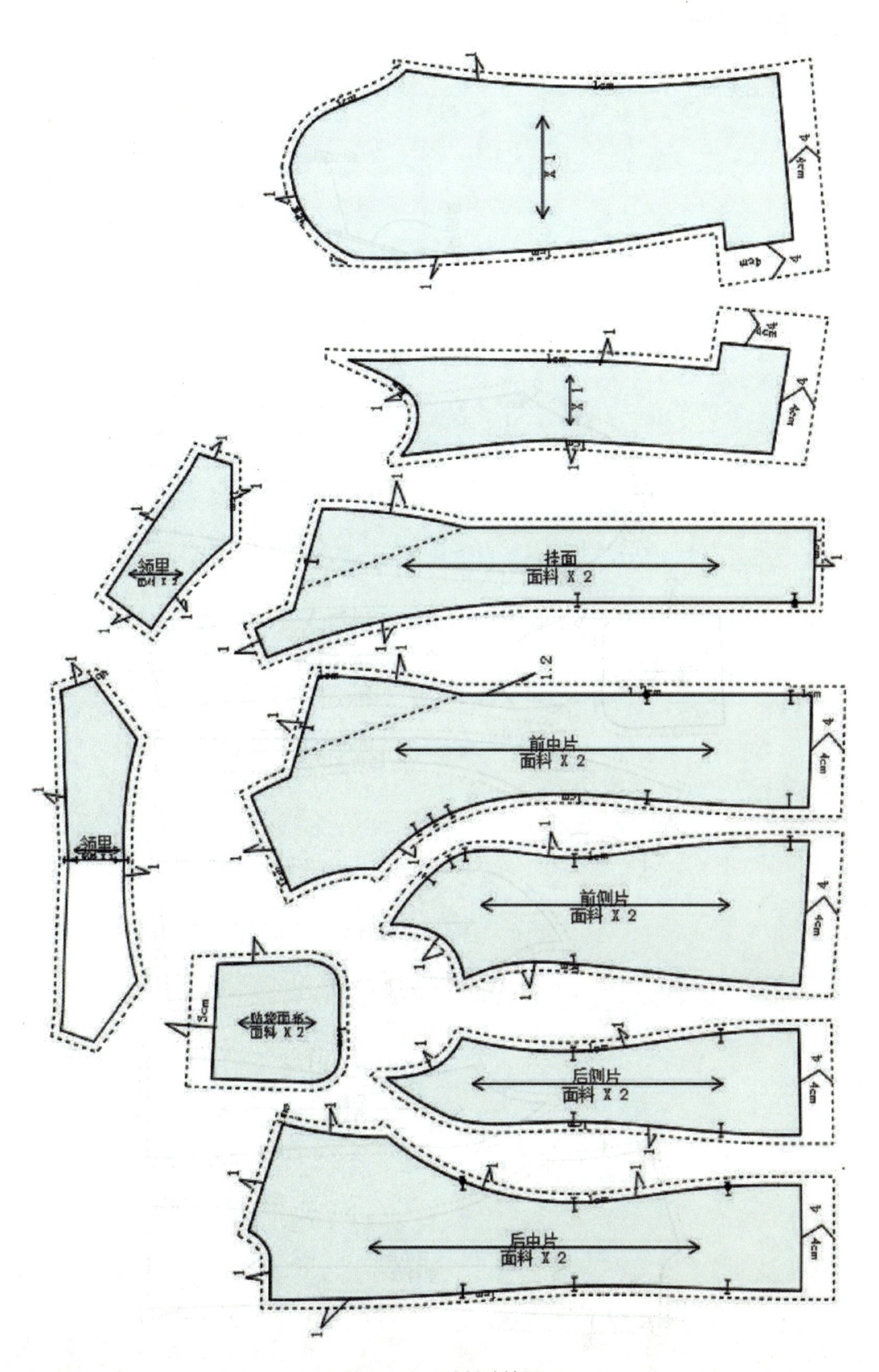

图 7-1-6　面料放缝图

2. 里料放缝图

里料放缝图见图 7-1-7。

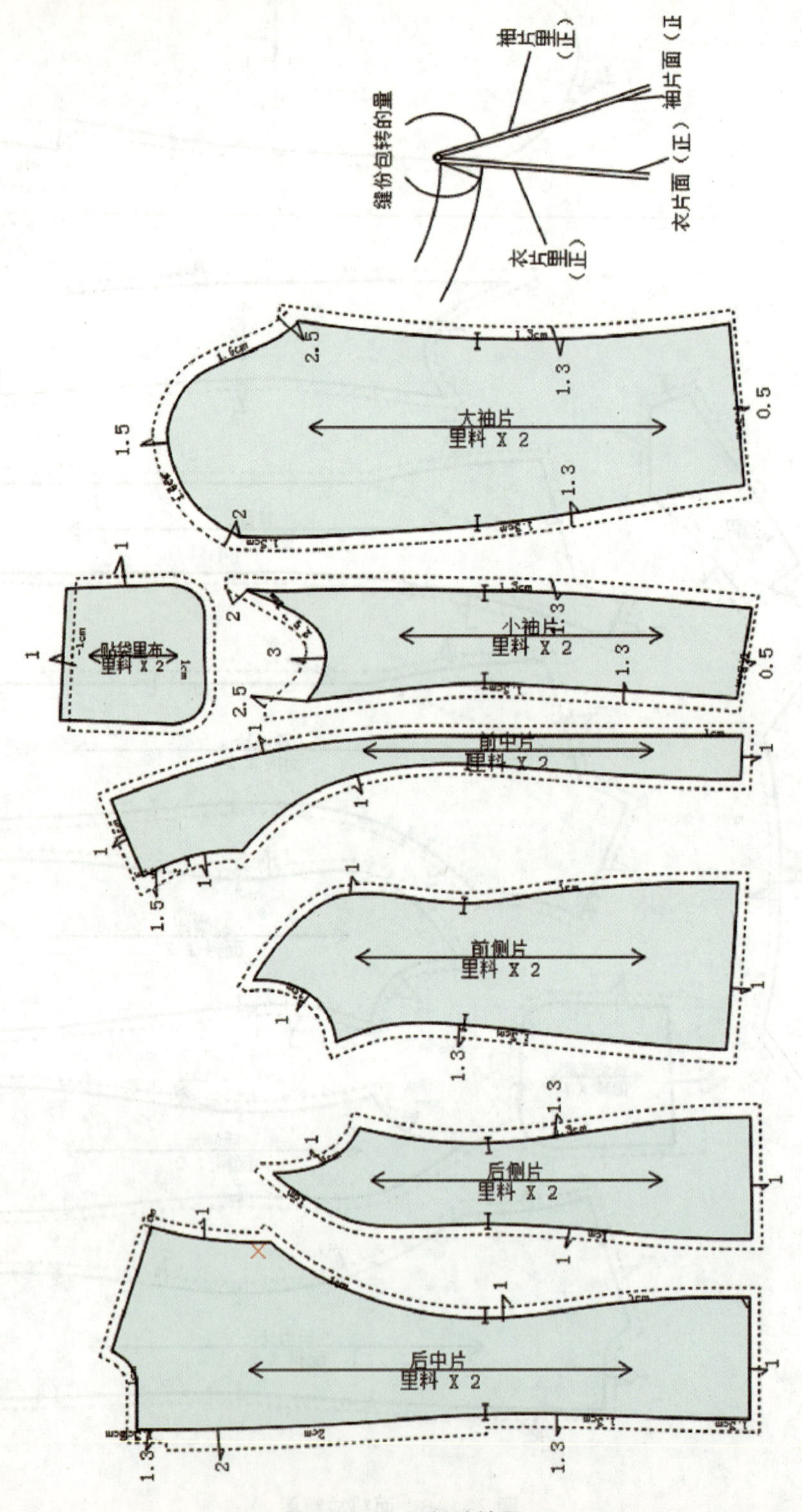

图 7-1-7 里料放缝图

3. 面料排料图

面料排料图见图 7-1-8。

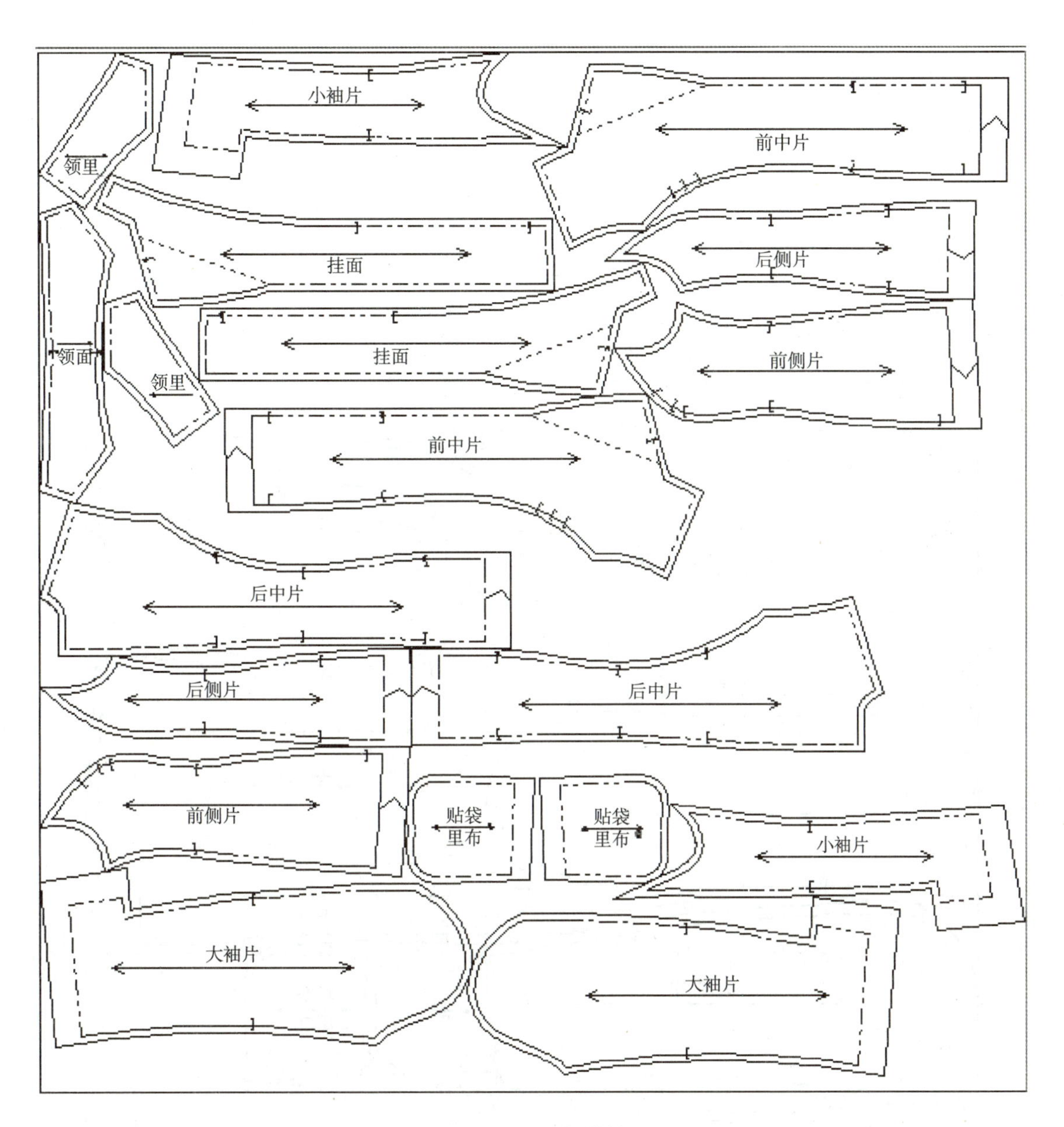

图 7-1-8　面料排料图

4. 里料排料图

面料排料图见图 7-1-9。

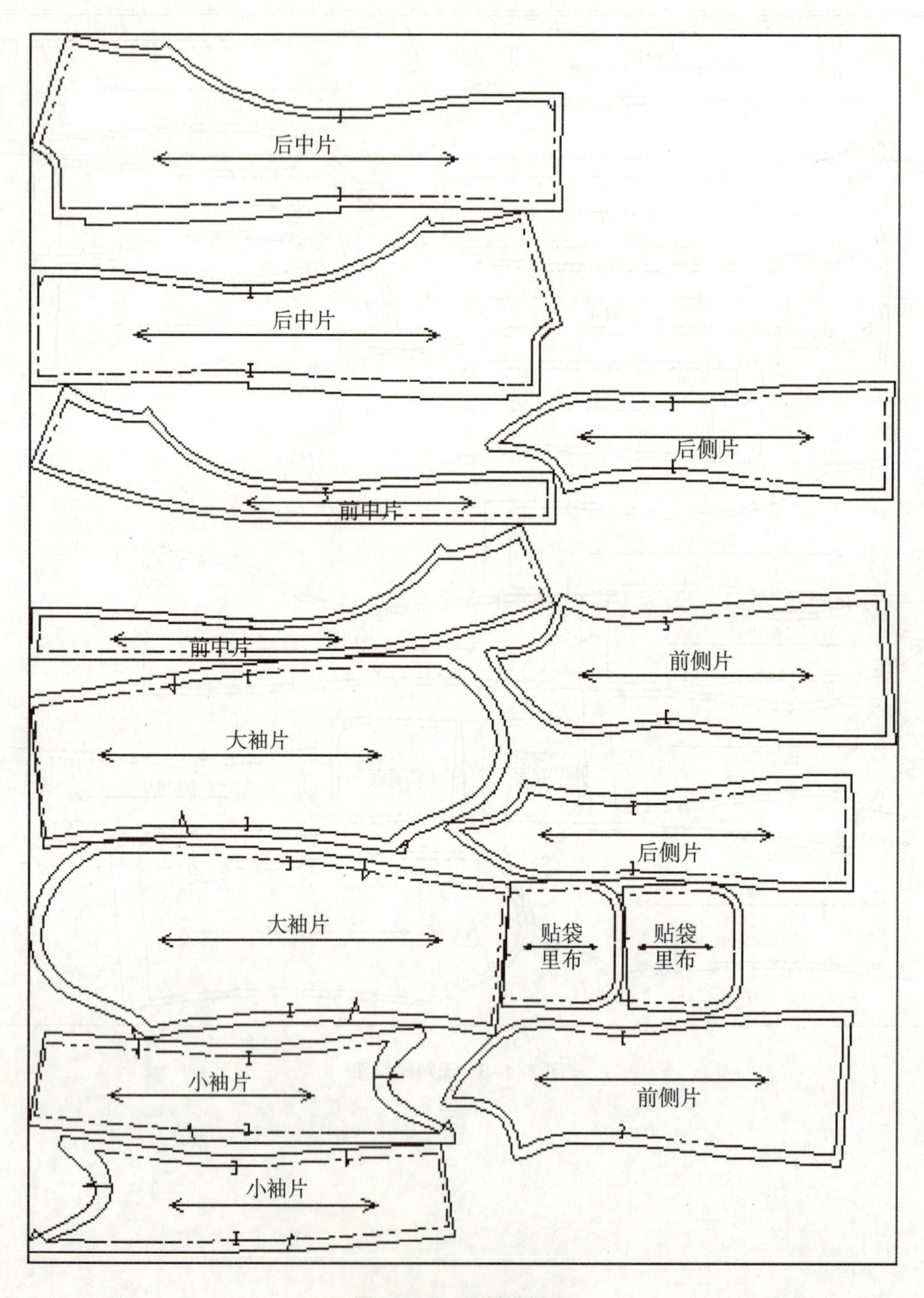

图 7-1-9 里料排料图

六、任务检查及评价

（一）检查方法及内容

使用皮尺、直尺等测量工具，根据制图方法，测量女西装结构、纸样及放缝等主要部位规格，并记录。

（二）结构检查表填写方法

根据样衣生产通知单给出的订单规格尺寸，利用皮尺和直尺实际测量结构和纸样的各部位尺寸，并登记在结构检查表（表 7–1–2）内，根据实际情况分析并写出误差产生的原因。

表 7–1–2　结构图检查表

部位	制图标准尺寸	自查		组长检查		产生原因
		制图实际尺寸	误差	制图实际尺寸	误差	
前胸围						
后胸围						
前胸宽						
后背宽						
前腰围						
后腰围						
前臀围						
后臀围						
前肩宽						
后肩宽						
前袖窿弧线						
后袖窿弧线						
前袖山弧线长						
后袖山弧线长						
前后袖窿与袖山弧线差值						
前领窝						
后领窝						
领下口线						

续表

部位	制图标准尺寸	自查		组长检查		产生原因
		制图实际尺寸	误差	制图实际尺寸	误差	
前后领窝与领子下口线差值						
袖长						
袖口						
衣长						
前腰省						
后腰省						
前侧缝长						
后侧缝长						

（三）小组讲评

小组评价过程中，组长组织组员提炼优点，分析缺点，找到解决办法，总结此次任务完成过程中的亮点和值得发扬的地方，归纳和吸取失败的教训。

任务二
女西装缝制

一、学习目标

掌握女西装的成品规格；
熟练掌握女西装的缝制；
掌握女西装的成品检查方法。

二、情景描述

公司收到客户关于女西装样衣制作订单，要求在 10 天内根据客户提供的款式说明、图样及规格尺寸进行样衣的制作。要求服装干净整洁无污，无多余线头、线钉和粉印；各部位尺寸符合成品规格要求。

三、任务准备

（1）制定生产计划书，准备缝制工具设备。根据客户提供的相关信息制定女西装样衣生产通知单，按照制板—排料裁剪—缝制的生产流程合理安排生产进度，并制定生产计划书。根据客户订单要求，准备好制作样衣需要的所有裁片及辅料，准备缝制用的熨烫工具、平车、配色线、剪刀、纱剪、锥子、梭芯、梭壳、皮尺等工具。

（2）缝制前期准备。

①针、线：在正式缝制前需要选用相应的针号和线，调整好针距密度。

a. 针号：75/11 号、90/14 号。

b. 用线与针距密度：明线、暗线 14~15 针 /3 cm，面线、底线均用配色涤纶线。

②粘衬及修片

a. 粘衬：先将衣片与粘合衬用熨斗固定。注意，粘合衬比裁片要略小 0.2 cm 左右，固定时不能改变布料的经纬向丝缕。

b. 修片：衣片过粘合机后，需将其摊平冷却后再重新按裁剪样板修剪裁片。

c. 粘牵条：为防止领口、袖窿、止口等部位拉伸变形，需烫粘合牵条，领圈和袖窿处为斜牵条，其余部位为直牵条。

四、知识链接

（一）面料选择

全毛、毛涤混纺或化学纤维面料均可。里料一般选用涤丝纺、尼丝纺、醋酯纤维绸等织物。袋布既可选用普通里料，也可选用全棉或涤棉布。

（二）缝制工艺流程

准备工作→缝合面料前、后衣片分割缝→缝装贴袋→缝合面料侧缝、肩缝→拼接领里、装领里→缝合里料前、后衣片→缝合里料肩缝、侧缝→装领面→缝合上口、领外口→缝制袖片面料→绱袖片面料→缝制袖片里料→绱袖片里料→缝合并固定袖口面、里→固定领面和领里的串口线、领底线→装垫肩、局部固定面料与里料→缝合并固定面、里料底摆→翻膛、车缝袖片里料留口→锁眼、钉扣→整烫。

（三）缝制工艺质量要求及评分标准

缝制工艺质量要求及评分标准（总分 100 分）如下：

（1）规格尺寸符合标准与要求（10 分）。

（2）翻领、驳头、串口均要对称，并且平服、顺直，领翘适宜，领口不倒吐（20 分）。

（3）两袖山圆顺，吃势均匀，袖子自然前倾，左右对称。两袖长短一致，袖口大小一致，袖开衩倒向正确、大小一致，袖扣位左右一致（20 分）。

（4）分割缝、侧缝、袖缝、背缝、肩缝直顺、平服（10 分）。

（5）左右门襟长短一致，下摆方角左右对称，扣位高低对齐（10 分）。

（6）胸部丰满、挺括，袋位正确，袋上口不绷紧，左右袋位一致（10 分）。

（7）里料、挂面及各部位松紧适宜、平顺（10 分）。

（8）各部位熨烫平服，无亮光、水花、烫迹、折痕，无油污、水渍，表里均无线头。锁眼位置准确，纽扣与眼位相对，大小适宜，整齐牢固（10 分）。

五、任务实施

（一）缝制女西装

1. 缝合面料前、后衣片分割线

（1）缝合面料前衣片公主线（图 7-2-1）：

将前衣片与前侧片正面相对缝合公主线（要求对准刀眼），然后在弧形处和腰节线的缝份上剪口，再分缝烫平。

（2）缝合面料后衣片后中线和公主线：（图 7-2-2）：

先将后中片正面相对缝合后中线，再将后侧片与后中片正面相对缝合公主线（要求对准刀眼），然后将弧形处和腰节线的缝份剪口，再分缝烫平。

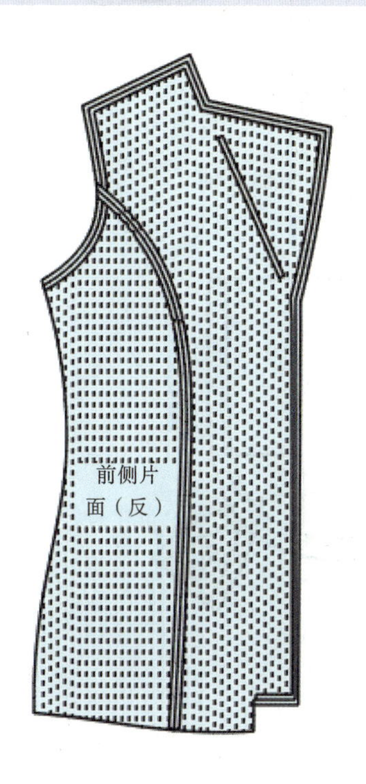

图 7-2-1　缝合面料前衣片公主线

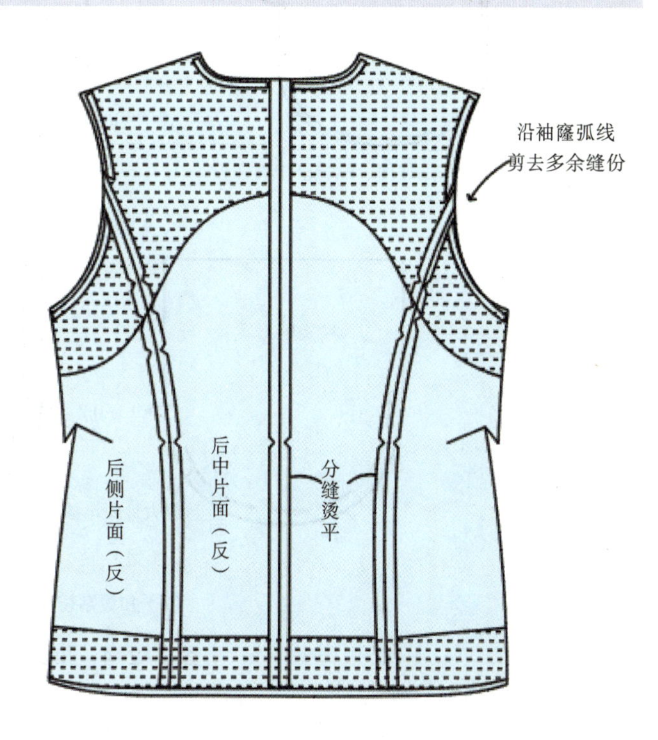

图 7-2-2　缝合面料后衣片后中线和公主线

2. 缝制贴袋

（1）画袋位（图 7-2-3）：

在前衣片正面用划粉画出袋位，左右袋位对称。

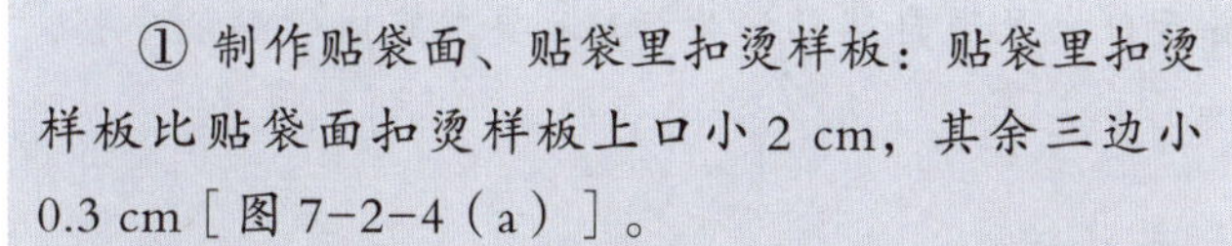

（2）扣烫袋布：

① 制作贴袋面、贴袋里扣烫样板：贴袋里扣烫样板比贴袋面扣烫样板上口小 2 cm，其余三边小 0.3 cm［图 7-2-4（a）］。

② 扣烫贴袋面：将贴袋面上口折边两角剪去，然后在圆角处放长针距车缝后抽缩，再用贴袋面扣烫样板进行扣烫［图 7-2-4（b）］。

③ 扣烫贴袋里：在贴袋里的圆角处放大针距车缝后抽缩，再用贴袋里扣烫样板进行扣烫［图 7-2-4（c）］。

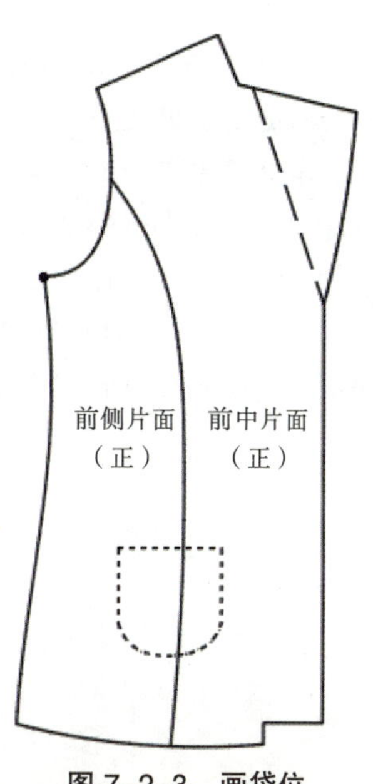

图 7-2-3　画袋位

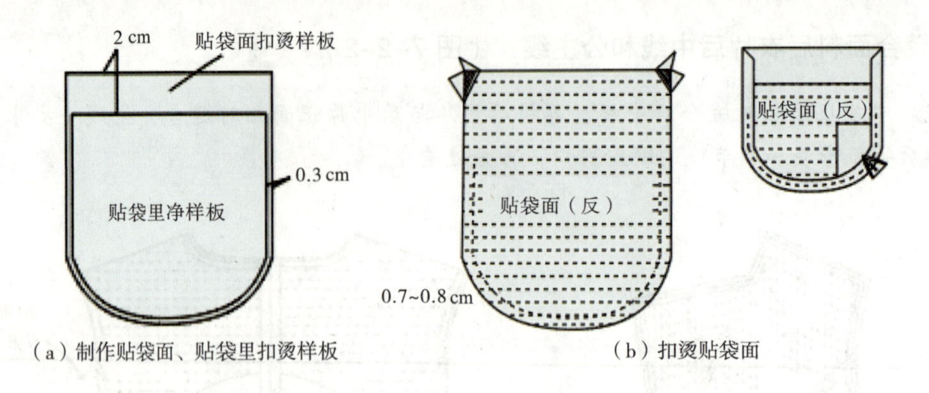

（a）制作贴袋面、贴袋里扣烫样板　　（b）扣烫贴袋面

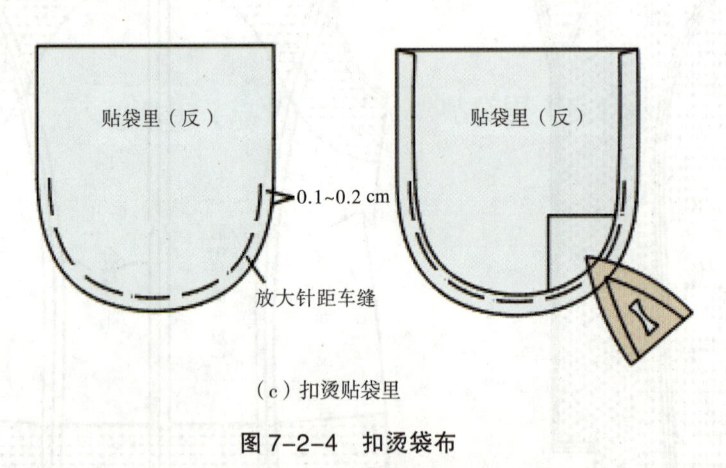

（c）扣烫贴袋里

图 7-2-4　扣烫袋布

（3）固定袋布：

①车缝固定贴袋里：在离袋位净线0.2~0.3 cm处，车缝固定贴袋里，车缝线两道，分别为0.1 cm和0.5 cm［图 7-2-5（a）］。

②放大针距固定贴袋面：将贴袋面按袋位放好，注意袋口要稍留空隙，然后距边 0.1 cm 放大针距粗缝固定贴袋面［图 7-2-5（b）］。

③车缝固定贴袋面：翻开贴袋面，从袋布内侧沿粗缝固定线迹的边缘车缝固定贴袋面，然后拆除粗缝线迹［图 7-2-5（c）］。

④手缝固定贴袋面、里：将贴袋面、里的袋口处用手针暗针缲缝［图 7-2-5（d）］。

⑤熨烫贴袋：袋口稍留空隙，以人体穿着后口袋呈现自然贴体为标准。要求完成的贴袋平整，丝缕顺直，圆角处圆顺、饱满［图 7-2-5（e）］。

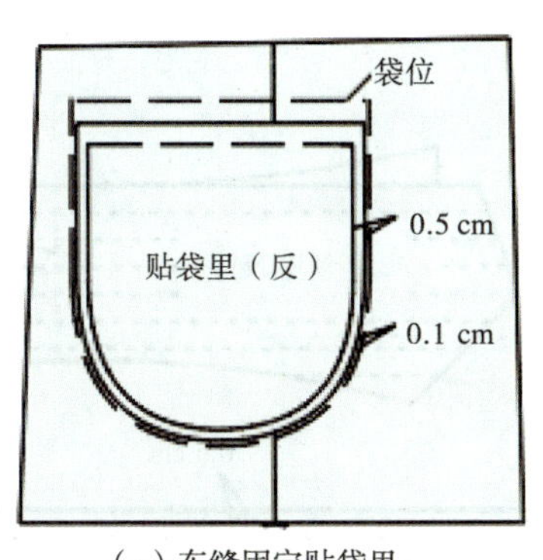

（a）车缝固定贴袋里

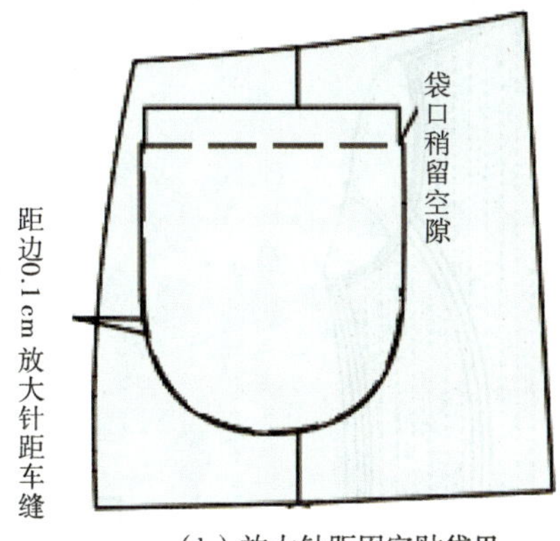

（b）放大针距固定贴袋里

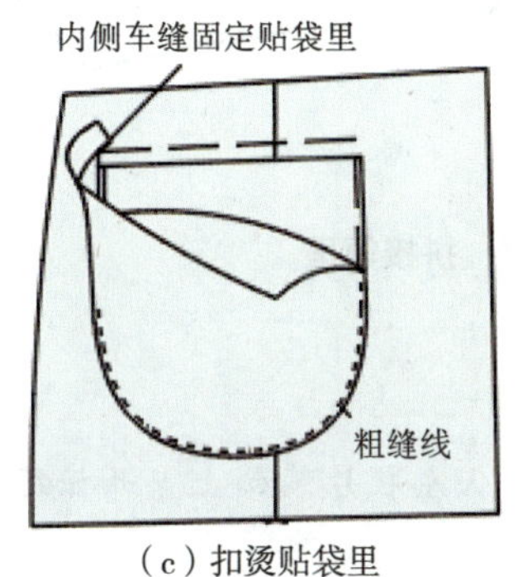

（c）扣烫贴袋里

暗针缲缝

（d）手缝固定贴袋面、里

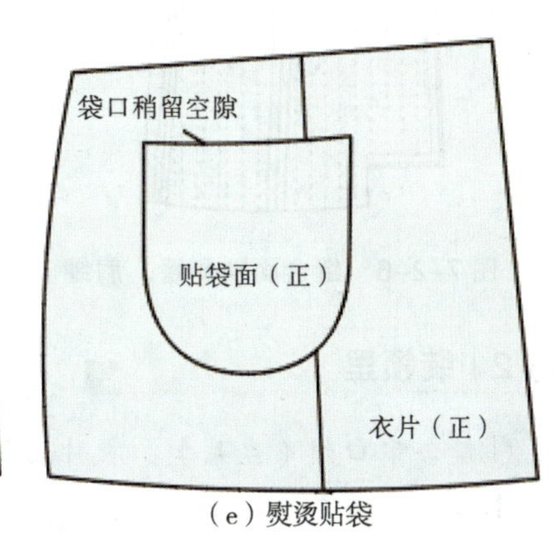

（e）熨烫贴袋

图 7-2-5　固定袋布

3. 缝合面料侧缝、肩缝

肩线的缝合要求后肩中部缩缝，侧缝的缝合要求腰节线的刀眼对齐，然后分别将缝份分开烫平（图 7-2-6）。

4. 拼接领里、装领里

（1）拼接领里（图 7-2-7）：

左、右领里正面相对，缝合后中线；然后修剪缝份至 0.5 cm，分烫缝份后，在领翻折线上缉线。

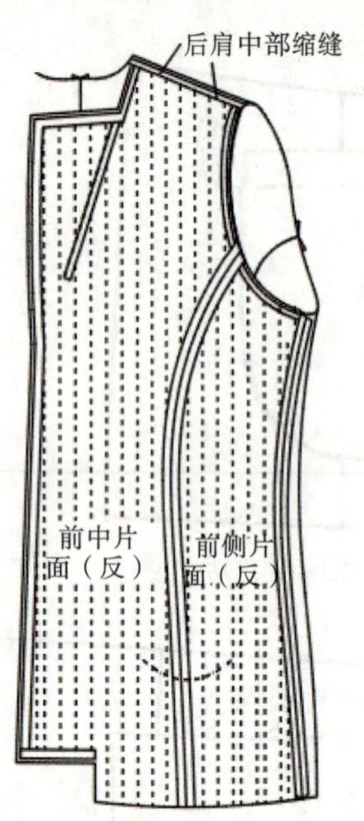

图 7-2-6 缝合面料侧缝、肩缝

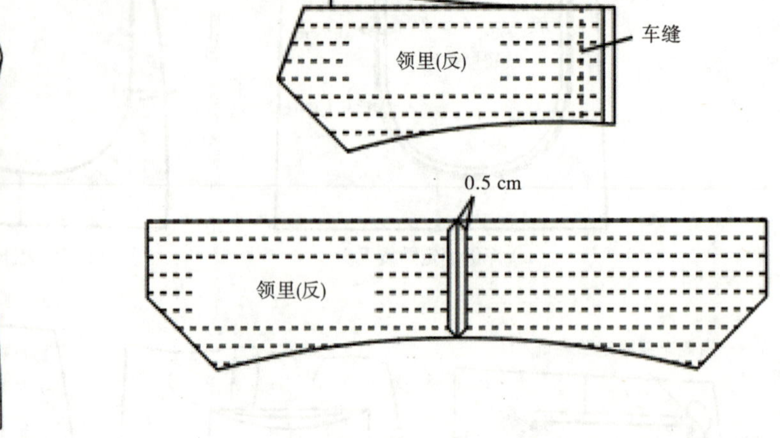

图 7-2-7 拼接领里

(2) 装领里

①缝合串口线（左片）：衣片面料领口与领里串口正面对齐，从左衣片装领止点开始缝至装领转角处［图 7-2-8（a）］。

②打剪口：落下机针，抬起压脚，在衣片装领转角处的缝份上打剪口［图 7-2-8（b）］。

③领里下口与衣片面料缝合：衣片装领转角打剪口后，将领里下口与衣片面料对齐缝合至右衣片装领转角处(注意：缉缝过程中，后中线、肩线需要与领里上相应的对位记号对准、对正)；然后落下机针，抬起压脚，在衣片装领转角处的缝份上打剪口［图 7-2-8（c）］。

④缝合串口线（右片）：从衣片装领转角处缝至右衣片装领止点［图 7-2-8（d）］。

⑤分缝烫平：在装领转角处的领里缝份上打剪口，然后分缝烫平［图 7-2-8（e）］。

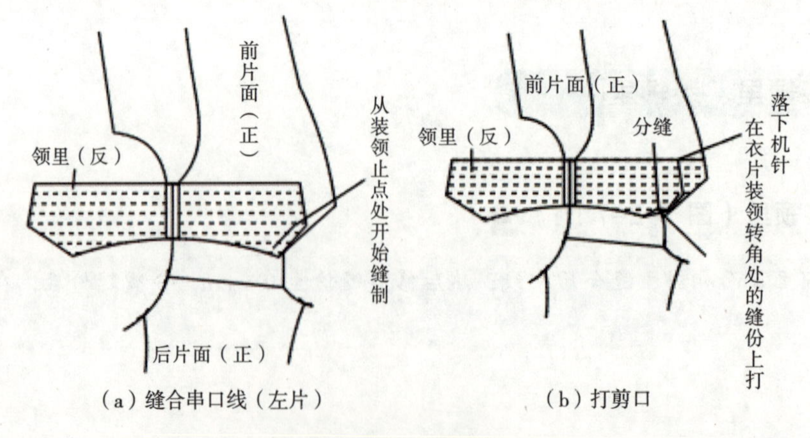

（a）缝合串口线（左片） （b）打剪口

图 7-2-8 装领里

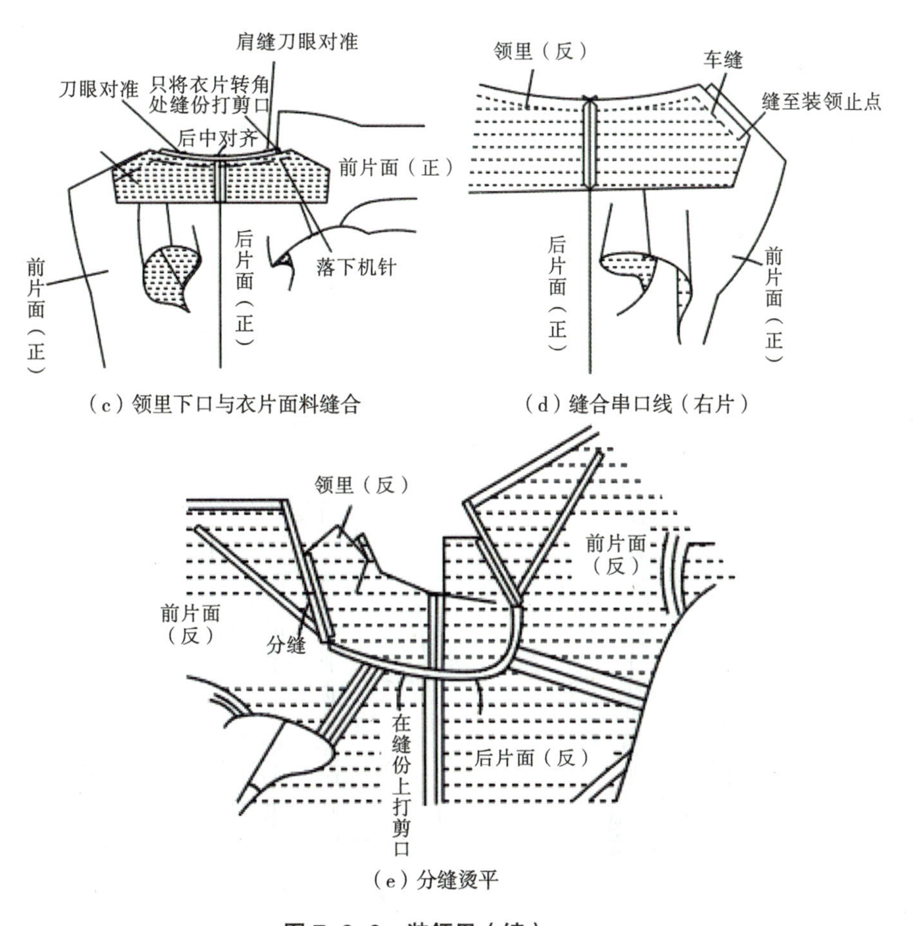

（c）领里下口与衣片面料缝合

（d）缝合串口线（右片）

（e）分缝烫平

图 7-2-8 装领里（续）

5. 缝合里料前、后衣片

（1）缝合里料前衣片公主线［图 7-2-9（a）］

将里料前中片与前侧片正面相对进行缝合，缝份 1 cm，然后将缝份倒向里料前侧片烫倒，要求坐缝 0.3 cm。

（2）缝合里料前衣片与挂面［图 7-2-9（b）］

将里料前中片与挂面缝合至距底边净线 2 cm 处，缝份向侧缝烫倒。

（3）缝合里料后衣片后中线并熨烫［图 7-2-9（c）］

将左右里料后中片正面相对，缝合后中线，缝份 1 cm，然后将缝份向右后中片直线烫倒，要求上下两端烫倒坐缝 0.3 cm，中间烫倒坐缝 1 cm。

(4)缝合里料后衣片公主线[图 7-2-9(d)]

将里料后侧片与后中片正面相对缝合公主线，然后将缝份向侧缝烫倒，坐缝 0.3 cm。

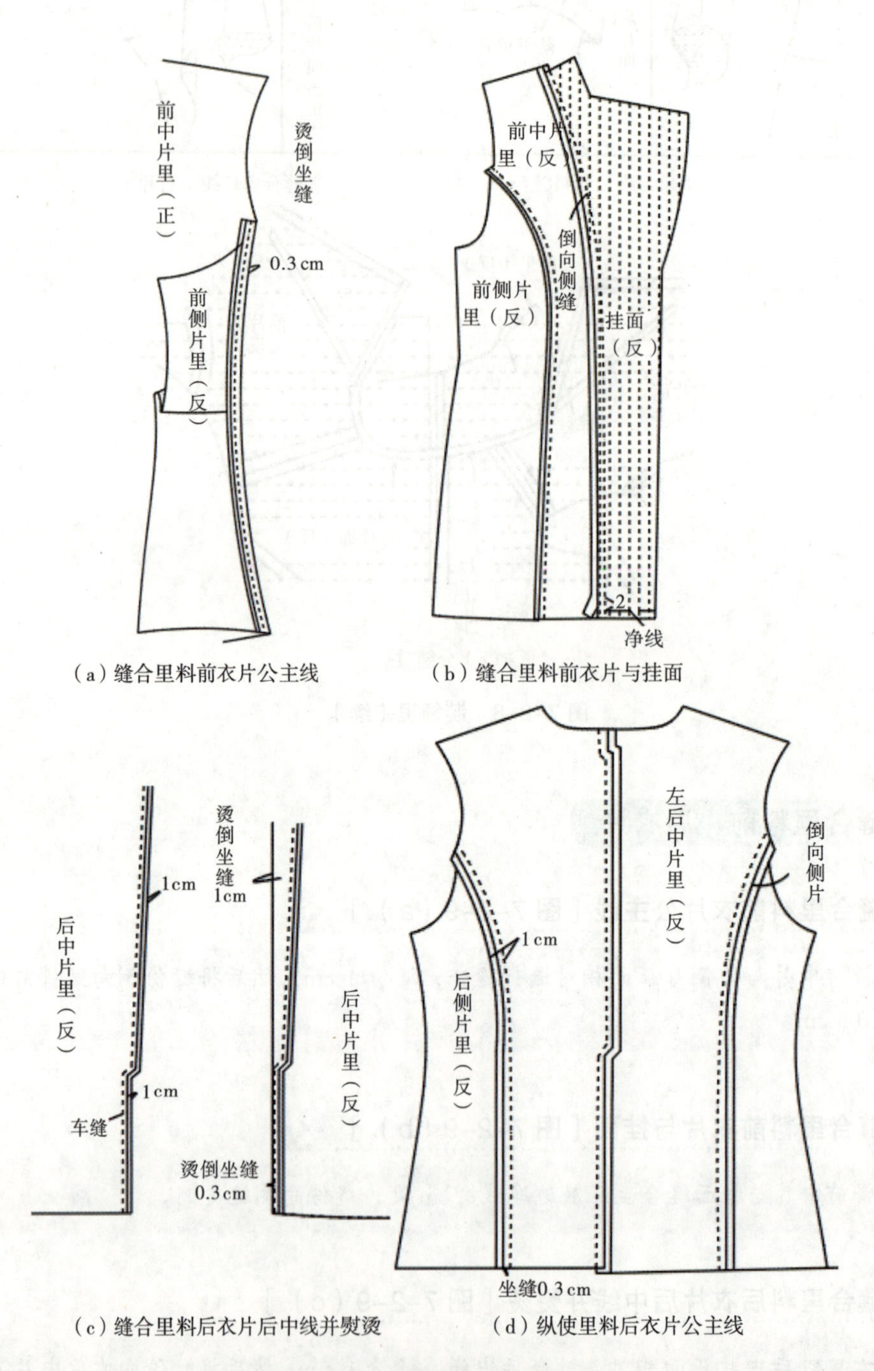

图 7-2-9　缝合里料前、后衣片

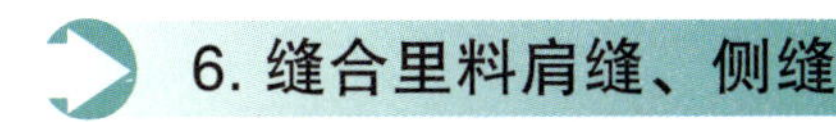

6. 缝合里料肩缝、侧缝

里料的肩缝按 1cm 缝份缝合，然后将缝份向后衣片烫倒；再缝合前、后衣片侧缝，缝份 1 cm，最后将缝份向后侧片烫倒，要求坐缝 0.3 cm（图 7-2-10）。

7. 装领面

装领面的具体方法同装领里（图 7-2-11）。

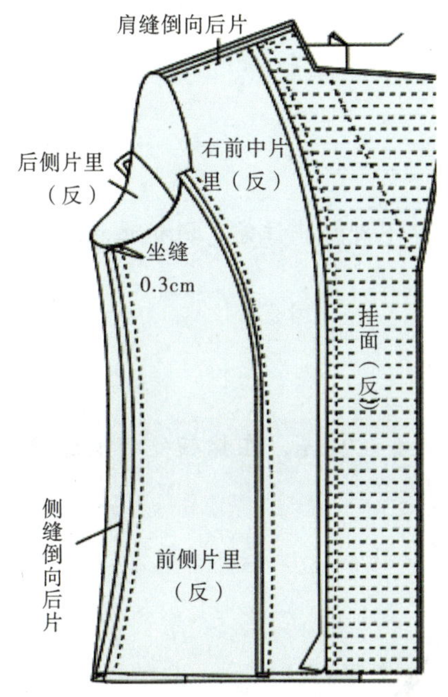

图 7-2-10　缝合里料肩缝、侧缝

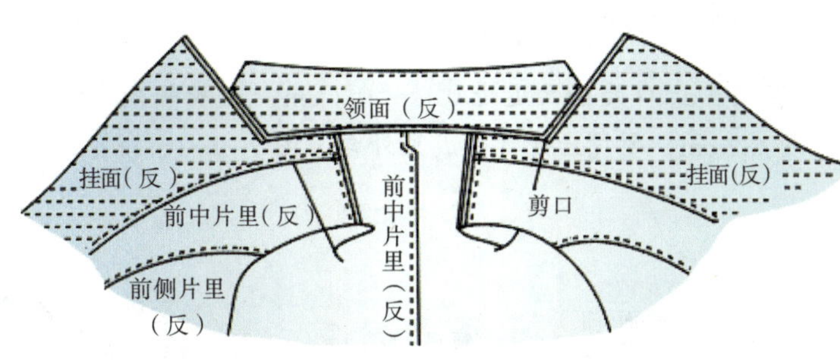

图 7-2-11　装领面

8. 缝合止口、领外口

（1）固定装领点［图 7-2-12（a）］：

衣片面料与挂面、领面与领里正面相对，在装领止点用手缝针将缝线穿过，打结固定住四片。

（2）缝合领外口、止口、挂面底边［图 7-2-12（b）］：

注意缝合至装领止点处时，不要将装领缝份缝进去。

（3）修剪衣片止口缝份［图 7-2-12（c）］：

从挂面底边到驳折线止点，挂面缝份修剪至 0.5 cm，挂面底边方角边斜向修剪，缝份留 0.2~0.3 cm。

（4）修剪驳领、翻领的缝份［图 7-2-12（d）］：

驳领里、翻领里的缝份修剪至 0.5 cm，领角斜向修剪，缝份留 0.2 ~ 0.3 cm。

（5）分烫缝份［图 7-2-12（e）］：

将挂面底边、衣片止口、领里的缝份分烫。

（6）扣烫底边：

将衣片面料的底边按净线扣烫，留后待用。

（7）缉缝门襟、领子止口：

将门襟止口、领子止口的内侧车缝 0.1 cm 压住缝份，使止口不外吐。注意，驳折止点上下 1 cm 处的内侧不车缝。

（8）烫成里外匀：

在门襟止口处挂面退进 0.1 ~ 0.2 cm、在驳领处衣片退进 0.1~0.2 cm，在翻领处领里退进 0.1 ~ 0.2 cm，熨烫后使之形成里外匀［图 7-2-12（f）］。

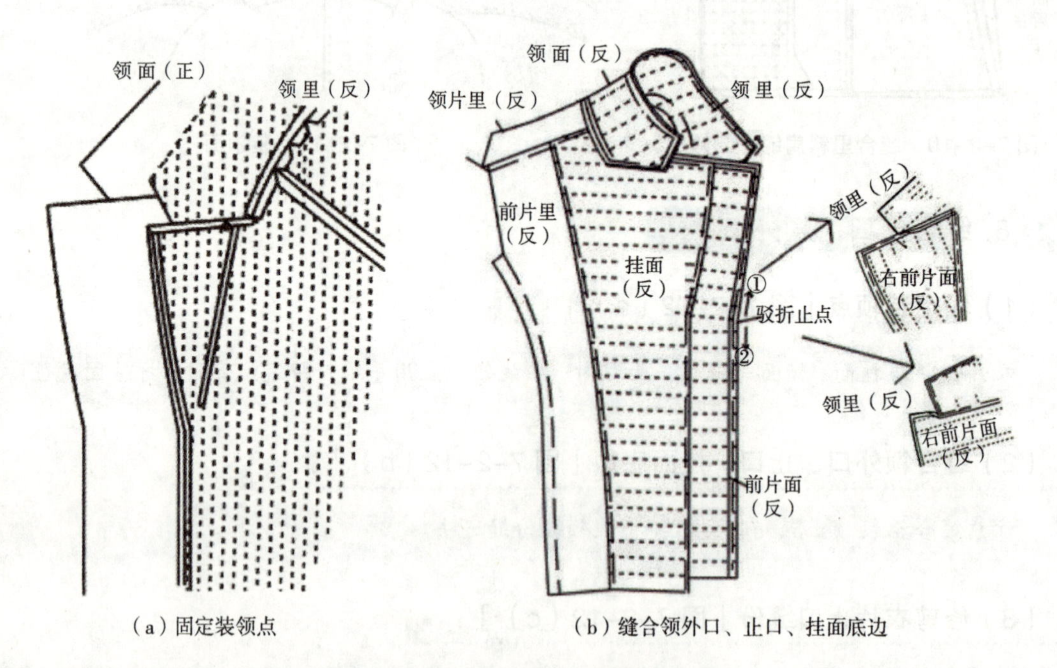

（a）固定装领点　（b）缝合领外口、止口、挂面底边

图 7-2-12　缝合止口、领子外口

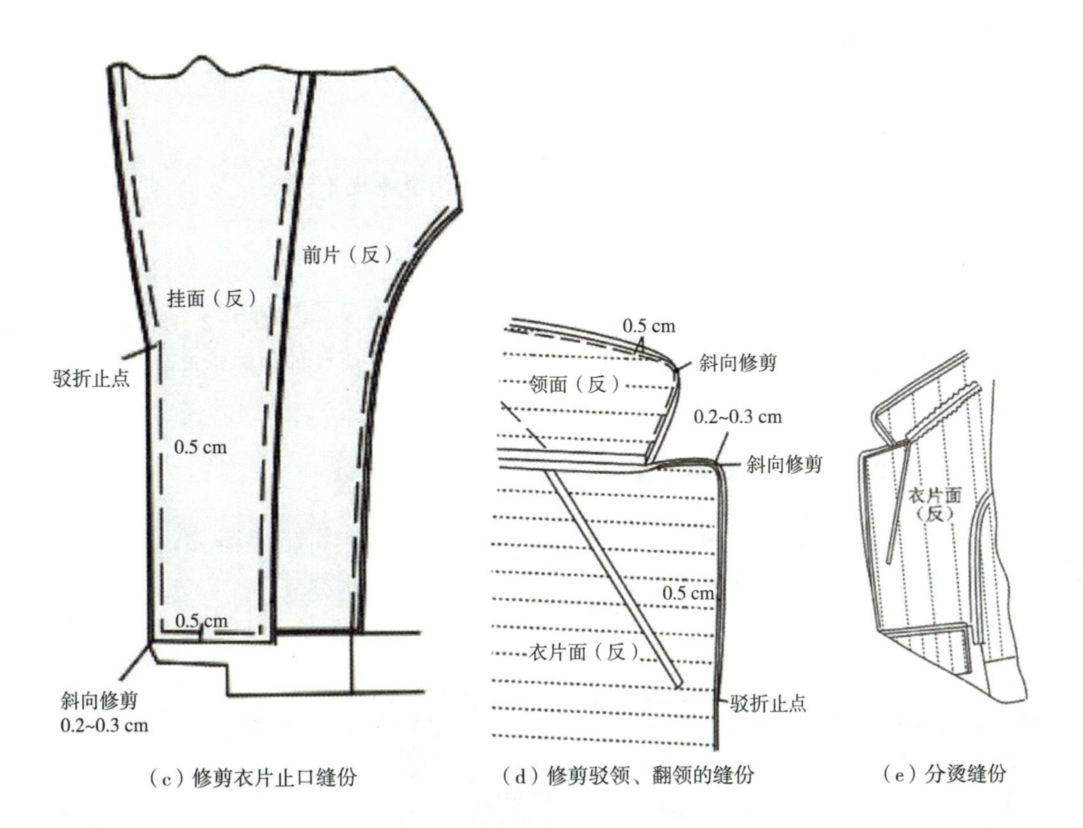

（c）修剪衣片止口缝份　　（d）修剪驳领、翻领的缝份　　（e）分烫缝份

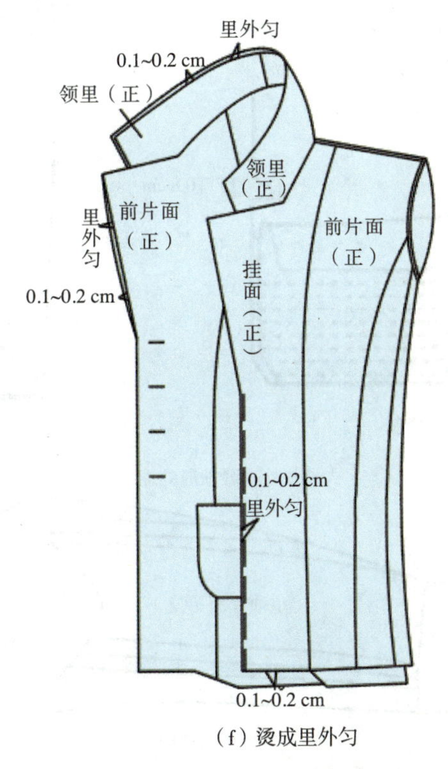

（f）烫成里外匀

图 7-2-12　缝合止口、领外口（续）

9. 缝制袖片面料

（1）归拔大袖片［图 7-2-13（a）］：

将两片大袖片面料正面相对、反面朝上，在肘线位置用熨斗拔开。

（2）车缝袖开衩：

先将大袖面料的袖衩剪去一角，再缝合大袖衩的三角距净线 1 cm［图 7-2-13（b）］；小袖衩按净线位置反折距边 1 cm 车缝［图 7-2-13（c）］，然后把袖口折边翻到正面，按净线扣烫［图 7-2-13（d）］。

（3）缝合面料外袖缝和内袖缝［图 7-2-13（e）］：

缝合外袖缝至袖衩头，在小袖片上打剪口，开衩止口以上分缝烫开。注意，大袖片外袖缝的袖肘处稍缩缝。最后缝合内袖缝，分缝烫平后，将袖口折边按净线折烫。

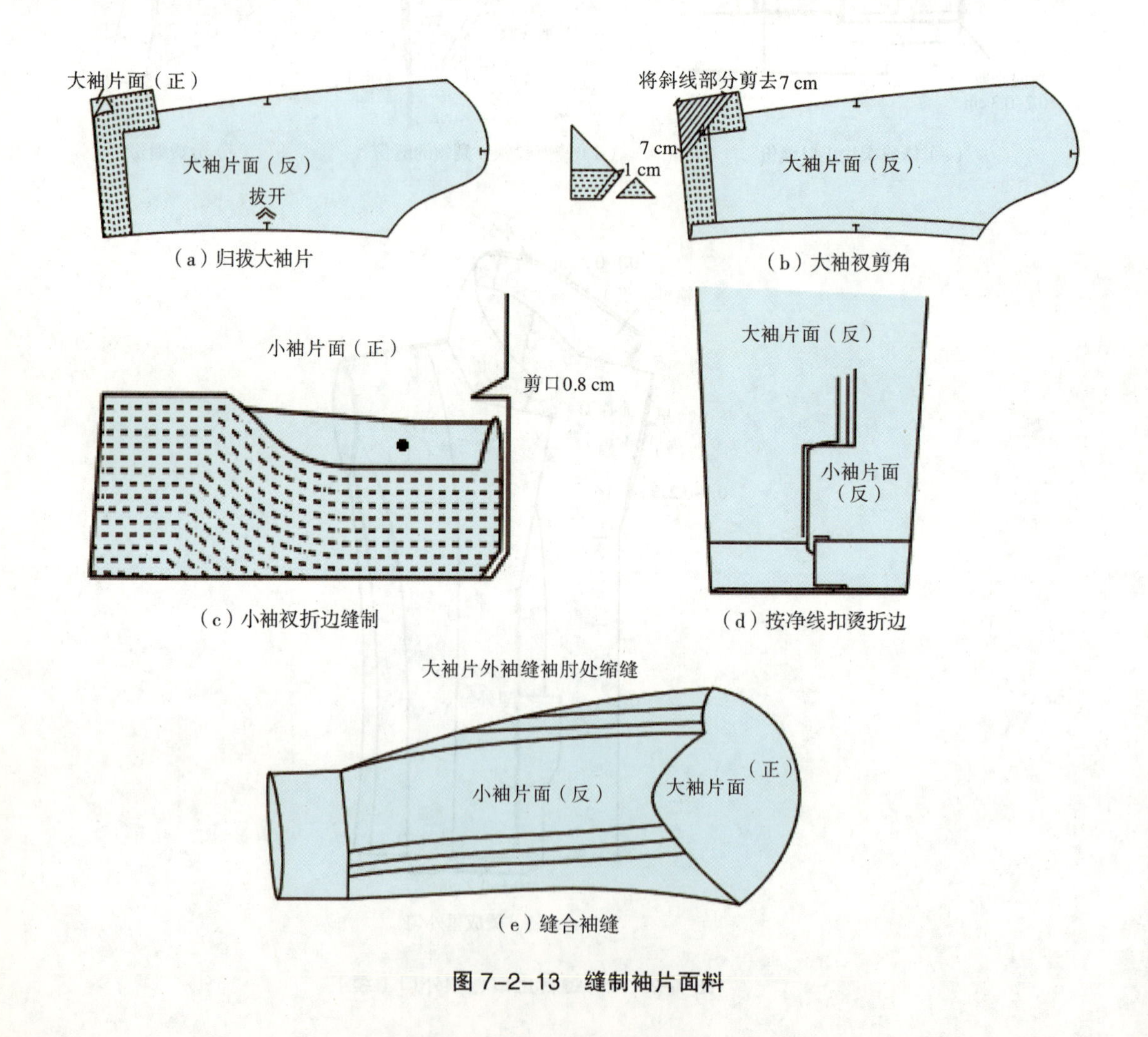

图 7-2-13　缝制袖片面料

10. 绱袖片面料

（1）缩缝袖山吃势：

方法一：斜裁本布料（牵条）2 条，长 25 ~ 26 cm，宽 3 cm，缩缝时距袖山净线 0.2 cm，放大针距车缝，开始时斜布条放平，然后逐渐拉紧斜布条，袖山顶点拉力最大，然后逐渐减小拉力直至放松平缝。此方法适合于较熟练的操作者［图 7-2-14（a）］。

方法二：用手缝针或大针脚机缝距袖山净线 0.2 cm 外侧两道线，然后抽紧缝线并整理袖山的缩缝量。此方法适合于初学者［图 7-2-14（b）］。

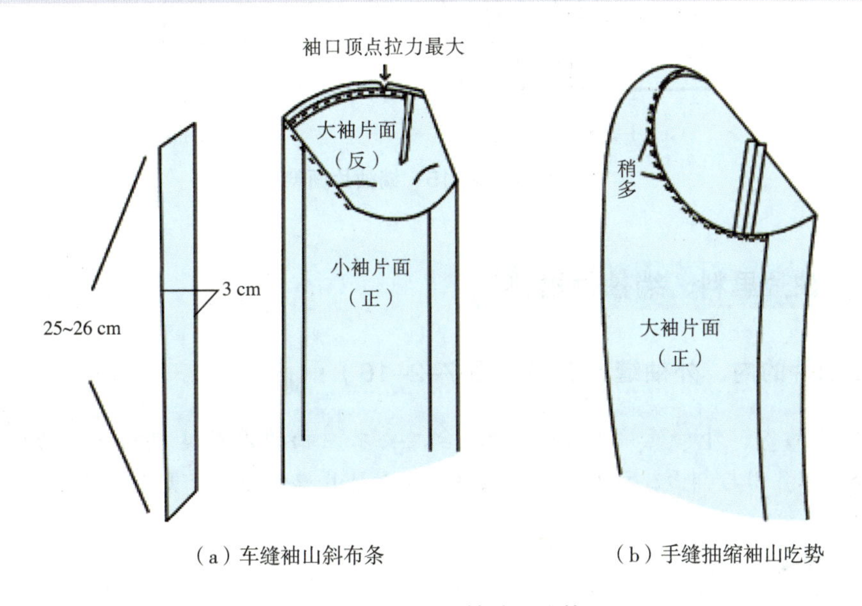

（a）车缝袖山斜布条　　（b）手缝抽缩袖山吃势

图 7-2-14　缩缝袖山吃势

（2）熨烫缩缝量：

把缩缝好的袖山头放在铁凳上，将缩缝熨烫均匀，要求平滑无褶皱，袖山饱满。

（3）绱袖片面料：

①手缝固定袖片与袖窿：对准袖中点、袖底点等对位记号，假缝袖片与袖窿，缝份 0.8~0.9 cm，针距密度 10 针 /3 cm［图 7-2-15（a）］。

②试穿调整：将假缝好的衣服套在人台上试穿，观察袖子的位置与吃势，要求两个袖位左右对称、吃势匀称，如无须修正即可进行车缝［图 7-2-15（b）］。

③绱袖：沿袖窿一周以 1 cm 的缝份车缝，缝份倒向袖片。注意：袖山处的装袖缝份不能烫倒，以保持自然的袖子吃势。

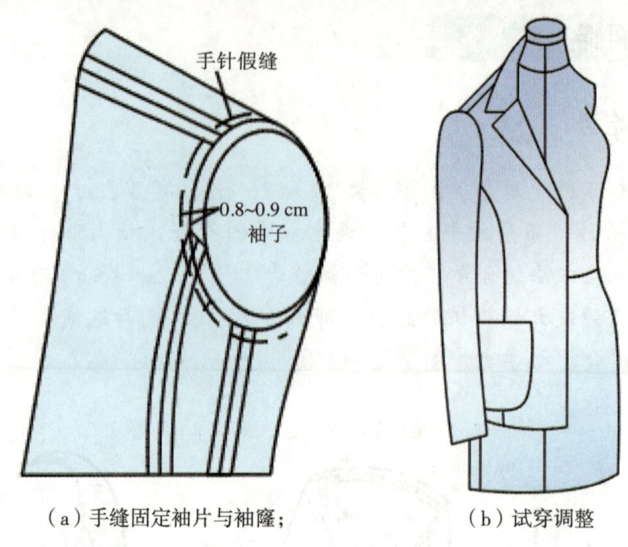

（a）手缝固定袖片与袖窿；（b）试穿调整

图 7-2-15　绱袖片面料

11. 缝制袖片里料、绱袖片里料

（1）缝合袖片的内、外袖缝并熨烫（图 7-2-16）：

大、小袖片的内、外袖缝按 1 cm 缝份缝合，要求左袖的内袖缝以袖肘点为中心，留出 15 cm 不缝合，以备用与翻面；袖片里料的袖缝均向大袖片烫倒，要求烫出坐缝 0.3 cm。

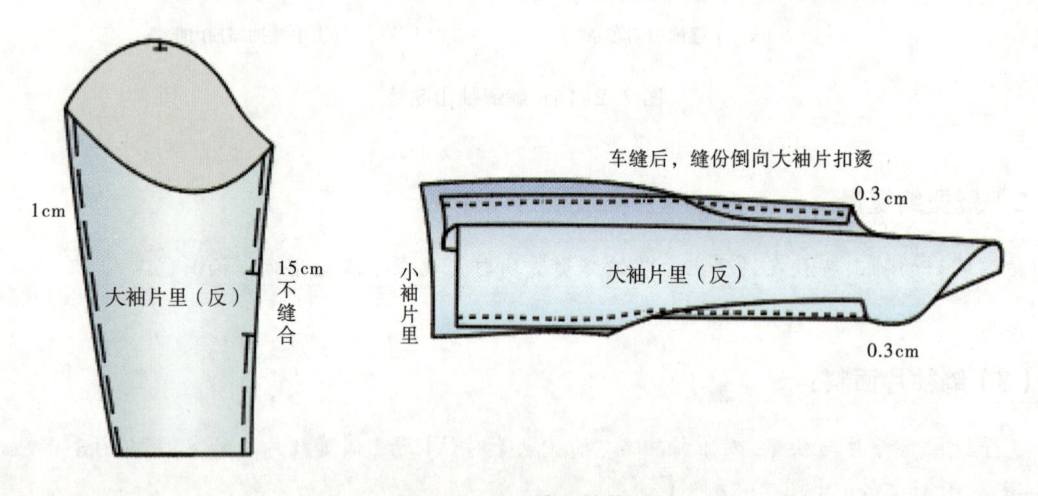

图 7-2-16　缝制袖片里料

（2）绱袖片里料：

将袖片里料的袖山顶点与衣片的肩线对齐进行车缝。

12. 缝合并固定袖口面、里

（1）将袖口面、里的内袖缝对齐，车缝一周。

（2）按面料上袖口折边扣烫的折印整理袖口，然后在内袖缝和袖衩缝上与袖口缝份车缝几针固定。

13. 固定领面和领里的串口线、领底线

对准领面、领里的串口线、领底线上的后领中点，车缝固定。

14. 装垫肩、局部固定面料与里料

（1）装垫肩（图 7–2–17）：

将垫肩外口与袖窿缝边（毛边）对齐，用手缝针回针缝固定垫肩和袖窿缝份。注意，缝线不宜拉紧。再将垫肩的圆口与肩缝手缝固定几针。

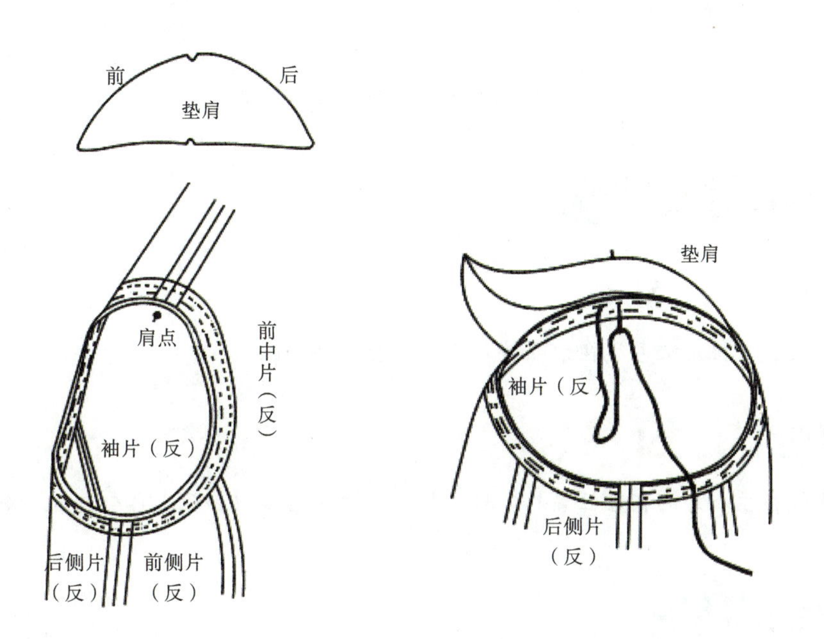

图 7–2–17　装垫肩

（2）局部固定面与里料：

在肩点处、腋下处，用手缝针将面料与里料固定，缝线应松紧适宜。

15. 缝合并固定面、里料底摆

（1）将衣片面、里底摆上对应的拼接线对齐后车缝。注意，在靠近挂面处留 0.5 cm 不缝合。

（2）按面料底摆折边扣烫的折印整理底摆，然后将所有拼接线的缝份与底摆缝份车缝几针固定。

16. 翻面、车缝袖片里料留口

（1）从留口处将手伸进袖片面、里之间，将整件衣服翻到正面，然后按折印整烫底摆。

（2）熨烫整理留口，然后车缝 0.1 cm 将其封口固定（图 7-2-18）。

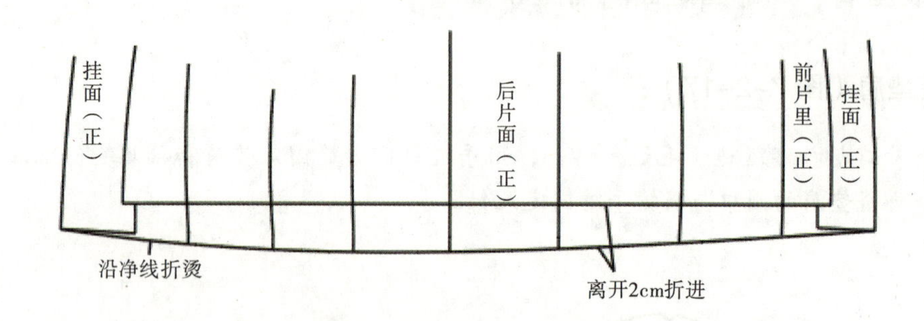

图 7-2-18　翻面并整烫底摆

17. 锁眼、钉扣

（1）锁眼：

采用圆头锁眼机用配色线在右衣片扣眼位置锁 4 个扣眼。

（2）钉扣：

用配色线在左衣片的相应位置钉 4 粒纽扣，在左、右袖衩扣位上各钉 2 粒纽扣。

18. 整烫

先清除线头，去除污迹，然后用大烫机将整件衣服进行整烫。

（1）烫下摆：

将衣服的里料朝上，下摆放平整，用蒸汽熨斗先将面料的下摆烫平服，再将里料底边的坐势烫平，然后顺势将衣服里料轻轻烫平。

（2）烫驳头及门、里襟止口：

将驳头、门襟止口正面朝上靠近操作者一侧放平，归整丝缕后进行压烫，将止口压薄、压挺。用同样方法烫反面的驳头和门、里襟止口。

（3）烫驳头和领片：

先将挂面、领面正面朝上放平，用蒸汽熨斗将串口线烫顺直；再将驳头向外翻出放在布馒头上，按驳头的宽度进行熨烫。注意，驳折线以上2/3用熨斗烫平服，1/3以下不可整烫，以保持驳头自然的形态。最后，将翻领的领片按领面的宽度向外翻出，放在布馒头上烫顺领片的翻折线。注意，驳头的驳折线与领片的翻折线应该自然连顺。

（4）烫肩缝和领圈：

将肩部放在烫凳上，归正前肩丝缕，用蒸汽熨斗将其烫正，并顺势将领圈熨烫平服。

（5）烫胸部和贴袋：

将前衣片放在布馒头上，用蒸汽熨斗熨烫拼接缝和胸部，使其饱满并符合人体胸部造型；再顺势将贴袋进行熨烫，袋口要平直。

（6）烫侧缝：

将侧缝放平，从衣摆开始向上熨烫。

（7）烫后背：

将后衣片放在布馒头上，用蒸汽熨斗熨烫分割缝和后中缝。

六、任务检查及评价

（一）检查方法及内容

使用皮尺、直尺等测量工具，根据产品订单规格，测量女西装各部位尺寸，记录主要部位规格。

（二）成品检查表填写方法

根据样衣生产通知单给出的订单规格尺寸，利用皮尺和直尺实际测量成品样衣规格尺寸，并登记在成品检查表（表7-2-1）内，根据实际情况分析并写出误差产生的原因。

表 7-2-1　成品检查表

评分项及分值（总分 100）		评分标准（每错一项扣 1 分）	自评得分（占 20%）	组长评分（占 40%）	组长评语	教师评分（占 40%）	教师评语	总分
造型（40 分）	10	领子平服圆顺，领面不松不紧						
	10	袖子圆顺，吃势均匀，前后对称不翻不吊						
	10	胸部丰满挺括；肩部圆顺平服，肩缝顺直						
	6	后背平服，背缝顺直；袋口平服方正；门襟平服顺直、不豁						
	4	面、里松紧适宜，粘合衬不脱胶；						
外观（10 分）	10	产品整洁，无污渍、线头、粉印						
规格（5 分）	5	按规格表工艺要求，符合公差范围						
色差（5 分）	5	面料、里料无花色现象						
缝制（40 分）	5	绱领端正、整齐、牢固，领窝圆顺平服						
	3	袋口封结牢固、平服、整齐						
	10	省道、侧缝、袖缝平服，底边圆顺平服						
	2	各部位不反吐						
	10	对称部位一致						
	4	各部位针距密度符合工艺标准						
	4	缝纫、钉扣、手缝牢固整齐						
	2	眼位与扣位相对，与扣眼大小相适宜						
总分								

（三）小组讲评

小组评价过程中，组长组织组员提炼优点，分析缺点，找到解决办法，总结此次任务完成过程中的亮点和值得发扬的地方，归纳和吸取失败的教训。

项目八　男西装制板与缝制

任务一 男西装制板

一、学习目标

了解男西装的款式特点；
了解男西装的款式变化及设计要点；
掌握男西装平面款式图的绘制；
掌握男西装的成品规格；
掌握男西装的结构和纸样绘制；
熟练掌握男西装放缝、排料和裁剪。

二、情景描述

公司收到客户关于男西装样衣制作订单，要求在10天内根据客户提供的款式说明、图样及规格尺寸进行样衣的制作。要求外观轮廓清晰，线条流畅，外形美观、平整，整体结构与人体比例相符；服装干净整洁无污，无多余线头、线钉和粉印；各部位尺寸符合成品规格要求。现需要根据订单要求进行男西装制板。

三、任务准备

根据客户提供的相关信息制定男西装样衣生产通知单，按照制板—排料裁剪—缝制的生产流程合理安排生产进度，并制定生产计划书。根据客户订单要求，准备绘制服装样板用的牛皮纸、白纸（复制）、比例尺、皮尺、工作台等工具和耗材。男士装样衣生产通知单见表8-1-1。

表 8-1-1 男西装样衣生产通知单

<table>
<tr><td>款号：QS96</td><td>名称：男西装</td><td colspan="6">规格表（M 码 号型：175/92A） 单位：cm</td></tr>
<tr><td>下单日期：10 月 16 日</td><td>完成日期：10 月 26 日</td><td>部位</td><td>尺寸</td><td>部位</td><td>尺寸</td><td>部位</td><td>尺寸</td></tr>
<tr><td colspan="2" rowspan="7">款式图：

款式说明：圆下摆，左右双嵌线袋，左胸手巾袋一个。里料前片上部左右双嵌线胸袋各一个，左前片下部长袋一个。圆装袖，袖口处开真袖衩。</td><td>衣 / 裤 / 裙长</td><td>衣长 76</td><td>肩宽</td><td>47</td><td>挂肩</td><td>—</td></tr>
<tr><td>胸围</td><td>108</td><td>领高</td><td>—</td><td>前腰节</td><td>—</td></tr>
<tr><td>腰围</td><td>—</td><td>翻领宽</td><td>3.8</td><td>双嵌线袋袋盖宽</td><td>5.5</td></tr>
<tr><td>臀围</td><td>—</td><td>领座宽</td><td>3</td><td>手巾袋宽</td><td>2.5</td></tr>
<tr><td>袖长</td><td>60</td><td>驳头宽</td><td>8</td><td>裤脚口宽</td><td>—</td></tr>
<tr><td>袖口宽</td><td>15</td><td>双嵌线袋大</td><td>15</td><td>立裆深</td><td>—</td></tr>
<tr><td colspan="6">工艺说明：</td></tr>
<tr><td colspan="2" rowspan="3">改样记录：领片弧度的修改，袖山弧线弧度缩小</td><td colspan="3">面料：纯毛或涤毛混纺面料
里料：涤丝纺、尼丝纺</td><td colspan="3" rowspan="2">辅料：
配色线、有纺衬、无纺衬、胸衬、牵条、扣子</td></tr>
<tr><td colspan="3">绣花印花：</td></tr>
<tr><td colspan="6">水洗：否</td></tr>
</table>

主管： 制板： 样衣： 日期：

四、知识链接

（一）裁片数量及用量

1. 面辅料参考用量

（1）面料：幅宽 144 cm，用量约 160 cm。估算式为衣长 + 袖长 +20 cm 左右。

（2）里料：幅宽 144 cm，用量约 155 cm。估算式为衣长 + 袖长 +15 cm 左右。

（3）辅料：有纺粘合衬适量，无纺粘合衬适量，成品胸衬 1 副，成品袖棉条 1 副，双面粘合衬 100 cm，垫肩 1 副，粘合牵条约 500 cm，白色棉纱线 1 个，大纽扣 3 粒，小纽扣 8 粒。

2. 裁片数量

（1）面料：前衣片 2 片、后衣片 2 片、侧片 2 片、挂面 2 片、大袖片 2 片、小袖片 2 片、翻领 1 片、领座 1 片、双嵌线袋嵌线布 2 片、袋垫布 2 片、袋盖面 2 片、手巾袋板 1 片、手巾袋袋垫布 1 片。

（2）里料：前衣片 2 片、后衣片 2 片、侧片 2 片、大袖片 2 片、小袖片 2 片、双嵌线袋袋盖里 2 片、双嵌线袋袋布 4 片、里袋袋布 4 片、里袋嵌线布 2 片、手巾袋袋布 2 片、卡袋袋布 2 片、卡袋嵌线布 1 片、里袋三角袋盖 1 片、领底呢 1 片。

3. 粘衬部位

（1）有纺粘合衬：前片、领底呢。

（2）无纺粘合衬：挂面、翻领面、领座面、侧片上端、侧片下摆、后片上端、后片下摆、大袖口贴边、小袖口贴边。

（二）男西装平面展开图

男西装平面展开图见图 8-1-1。

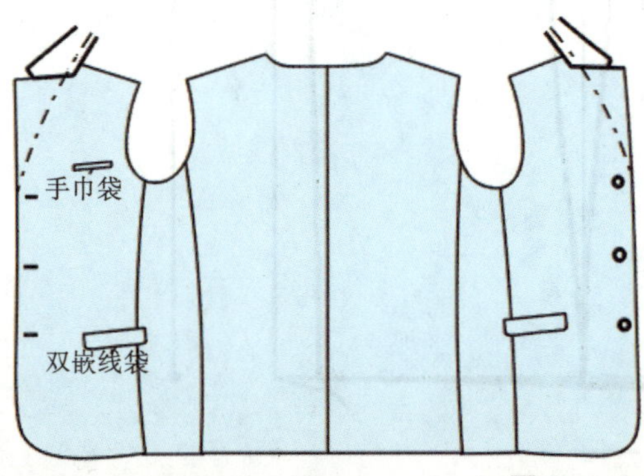

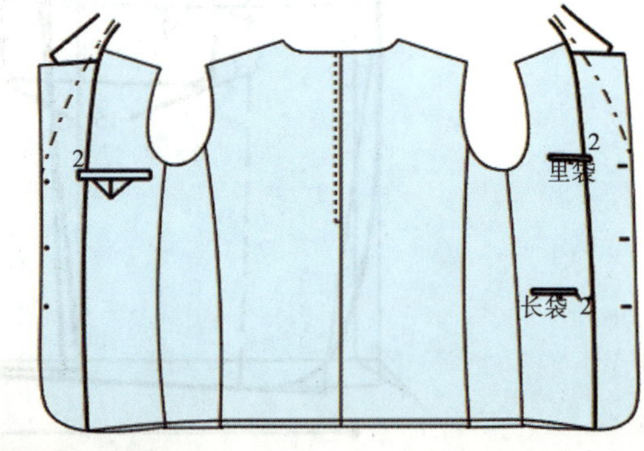

图 8-1-1　男西装平面展开图

挂面制图

以前衣片为基础，在肩线上取 4 cm，在腰节线和底边线上分别取 8.5 cm，画出挂面内侧的边缘线。

五、任务实施

（一）绘制男西装结构

1. 男西装结构

（1）衣片结构：

衣片结构见图 8-1-2。

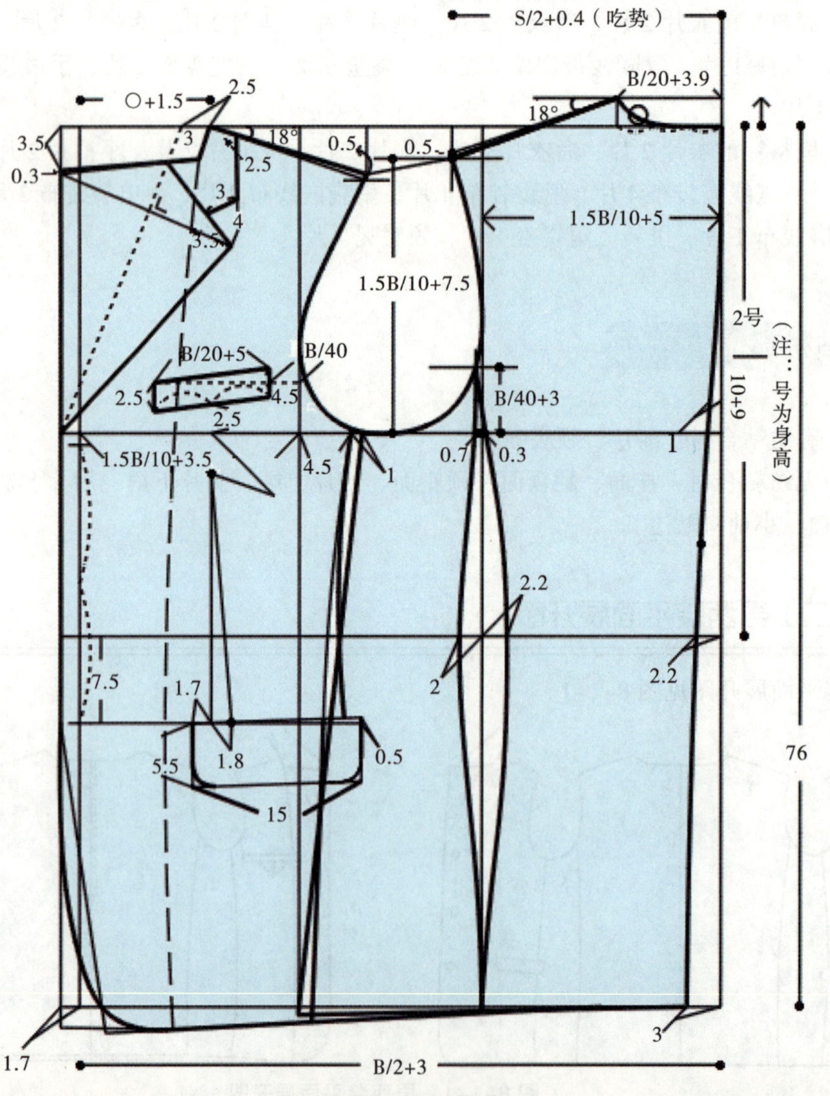

图 8-1-2　衣片结构

（2）袖片结构（图 8-1-3）：

①大袖片上的 ab 弧长 = 前衣片袖窿上 Ab 弧长 +1.2 cm 吃势。

②大袖片上 ad 弧长 = 后衣片袖窿上 $A'c$ 弧长 +0.7 cm 吃势。

③小袖片上 ef 弧长 = 侧衣片和后衣片袖窿上 ec 弧长 +1 cm 吃势。

④后衣片袖窿 c 点为后袖绱袖对位点。

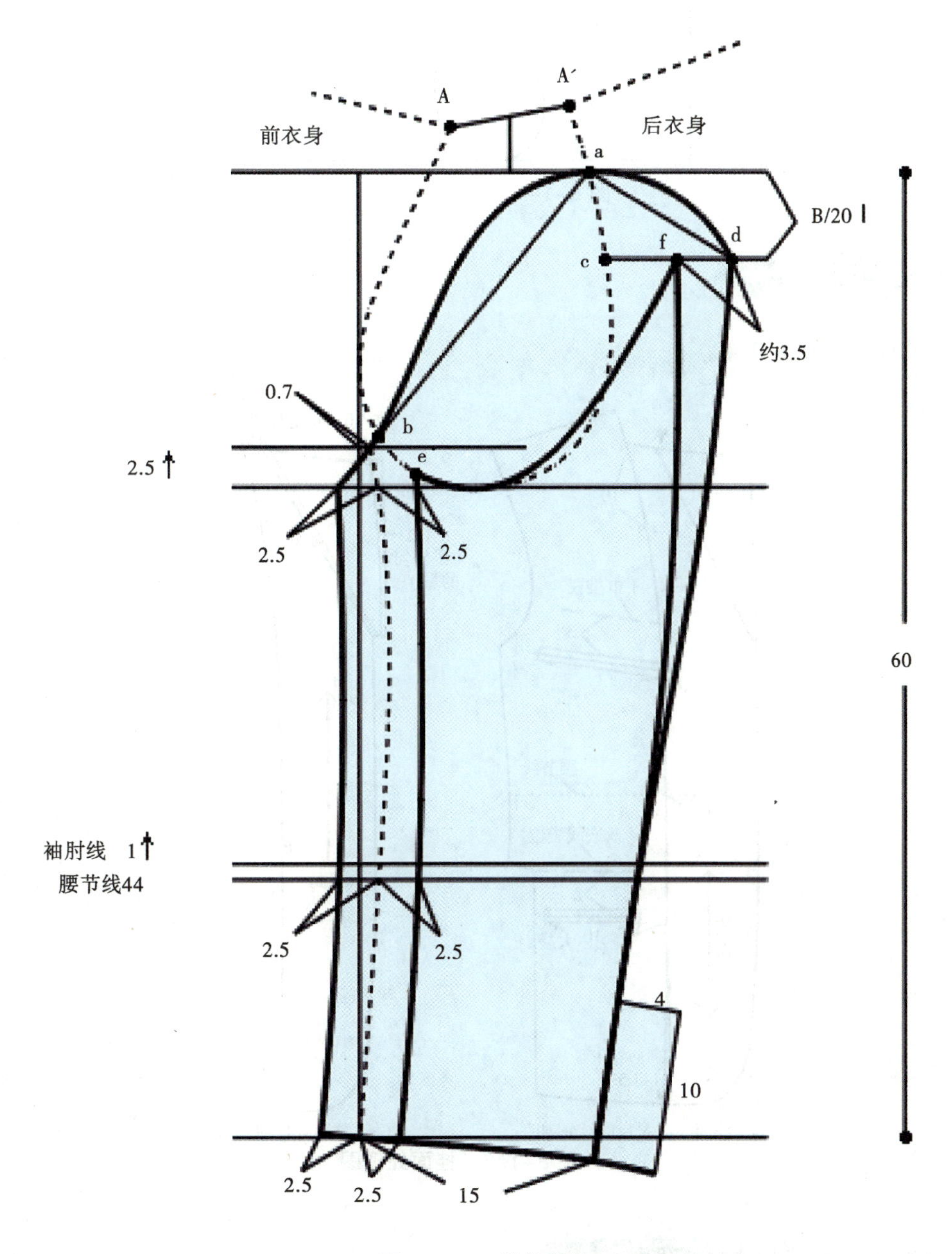

图 8-1-3　袖片结构

（3）领面原样结构（图 8-1-4）：

后领座 =3 cm，后翻领 =3.8 cm。

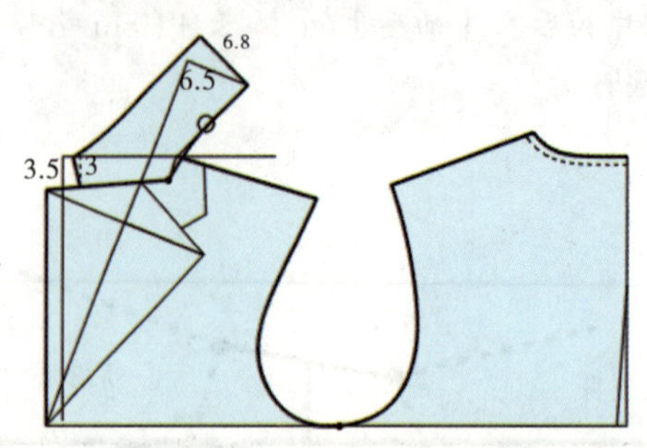

图 8-1-4 领子原样结构

2. 挂面处理图

挂面处理图见图 8-1-5。

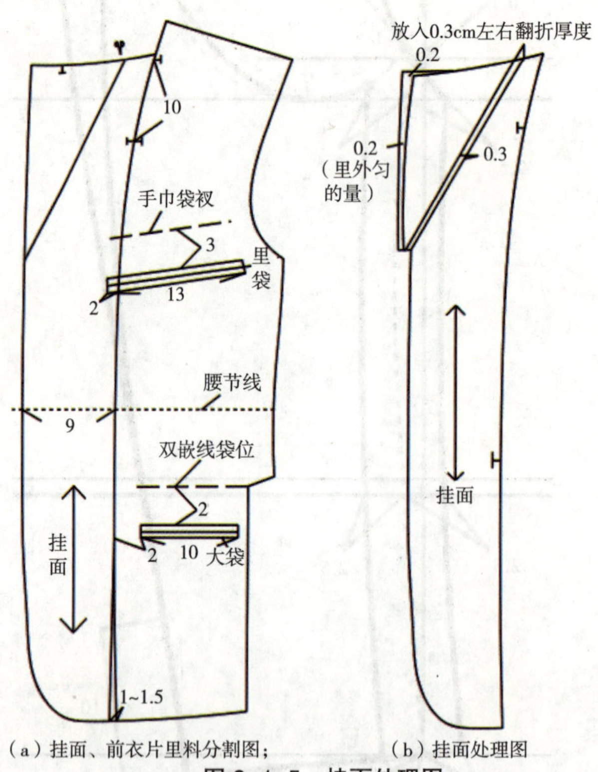

（a）挂面、前衣片里料分割图；（b）挂面处理图

图 8-1-5 挂面处理图

3. 翻领、领座结构处理图

翻领、领座结构处理图见图 8-1-6。

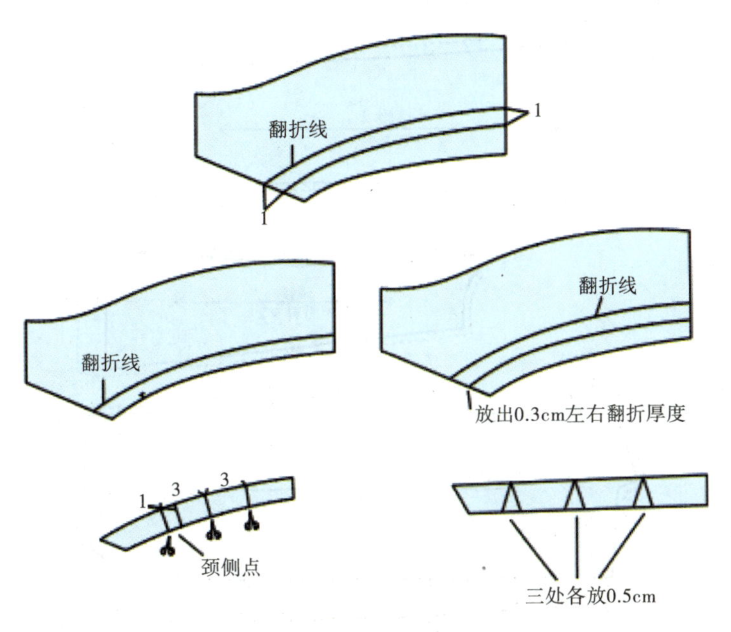

图 8-1-6　翻领、领座结构处理图

（二）放缝、排料图

1. 面料放缝图

面料放缝图见图 8-1-7。

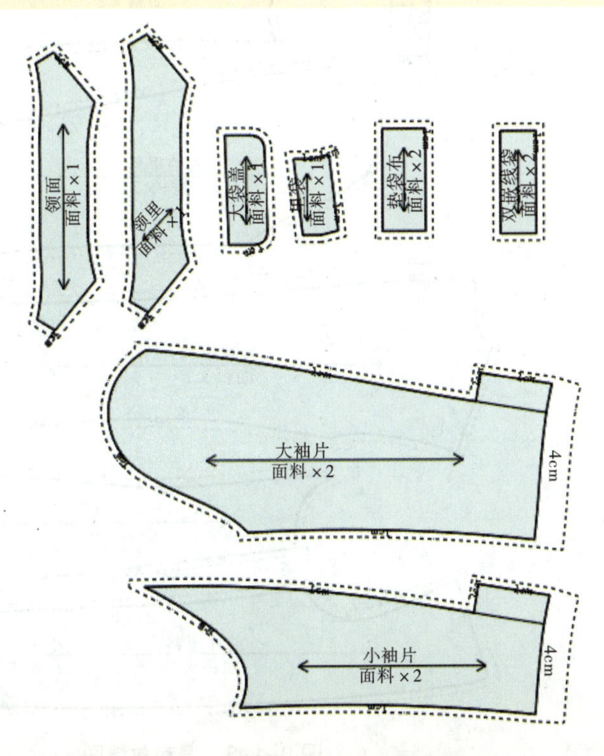

图 8-1-7　面料放缝图

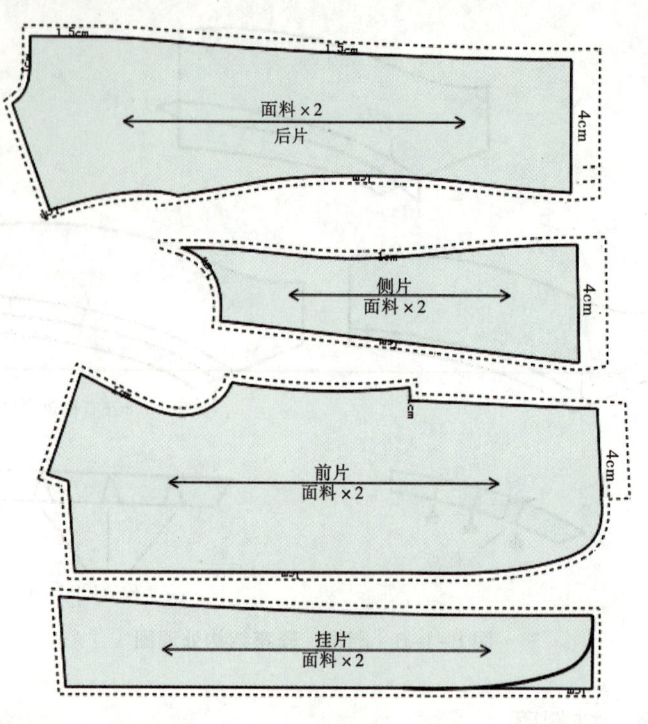

图 8-1-7　面料放缝图（续）

2. 里料放缝图

里料放缝图见图 8-1-8。

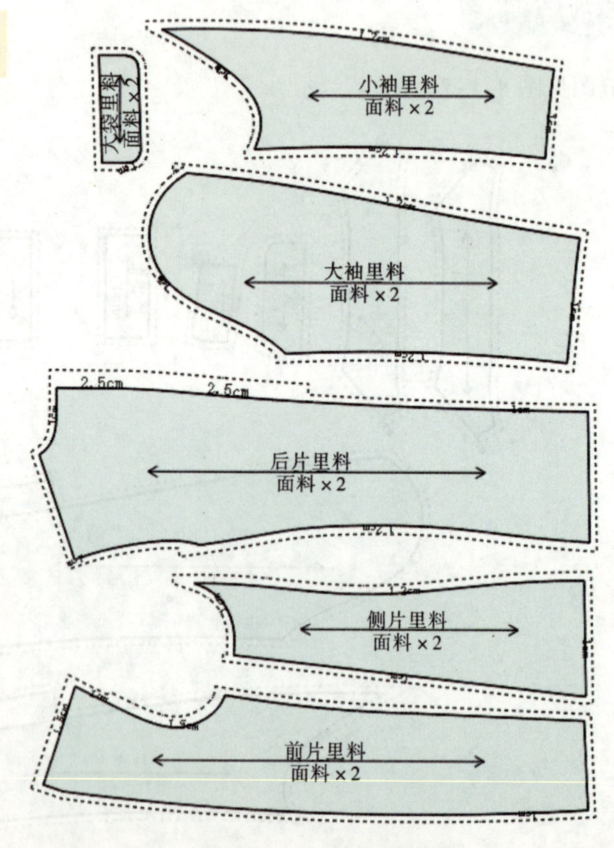

图 8-1-8　里料放缝图

3. 零部件毛样裁剪图

零部件毛样裁剪图见图8–1–9。

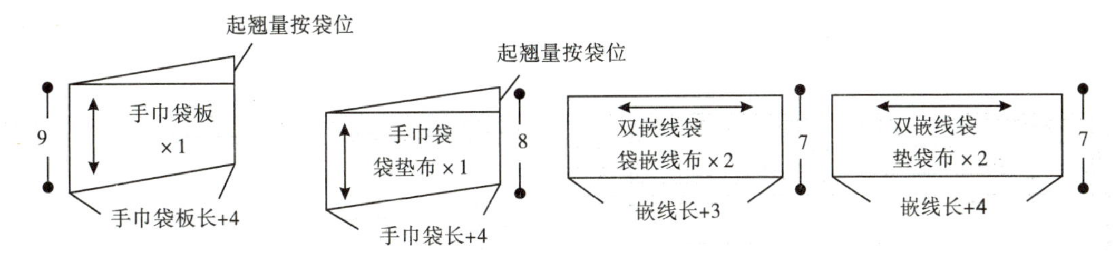

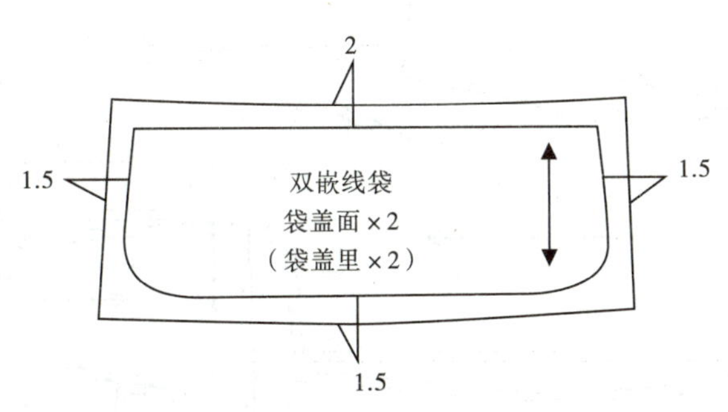

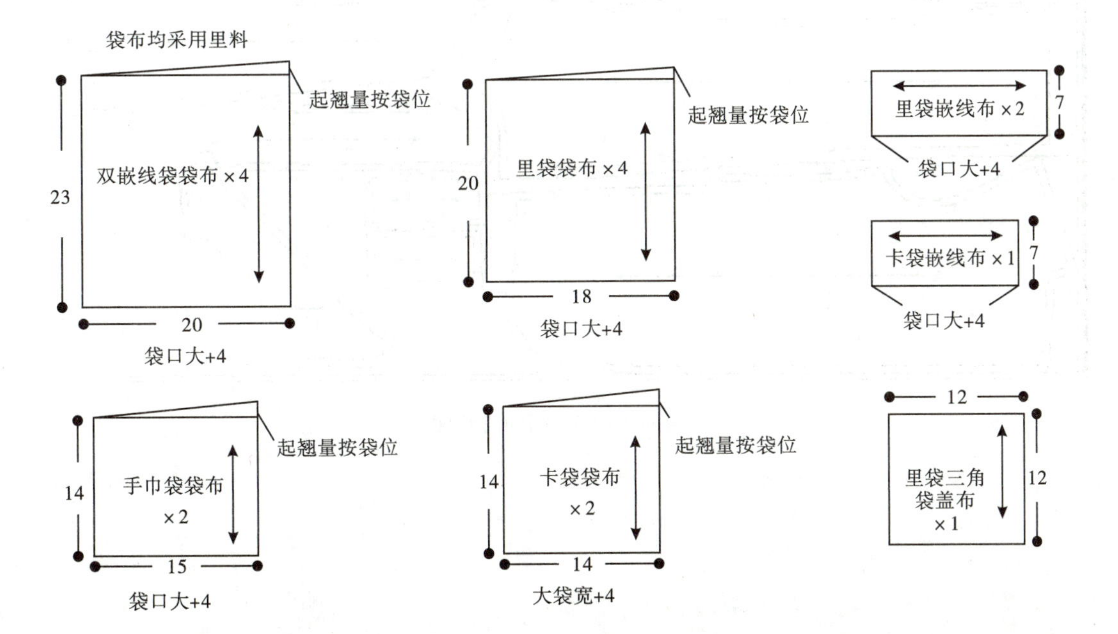

图8–1–9 零部件毛样裁剪图

4. 面料排料图

面料排料图见图 8-1-10。

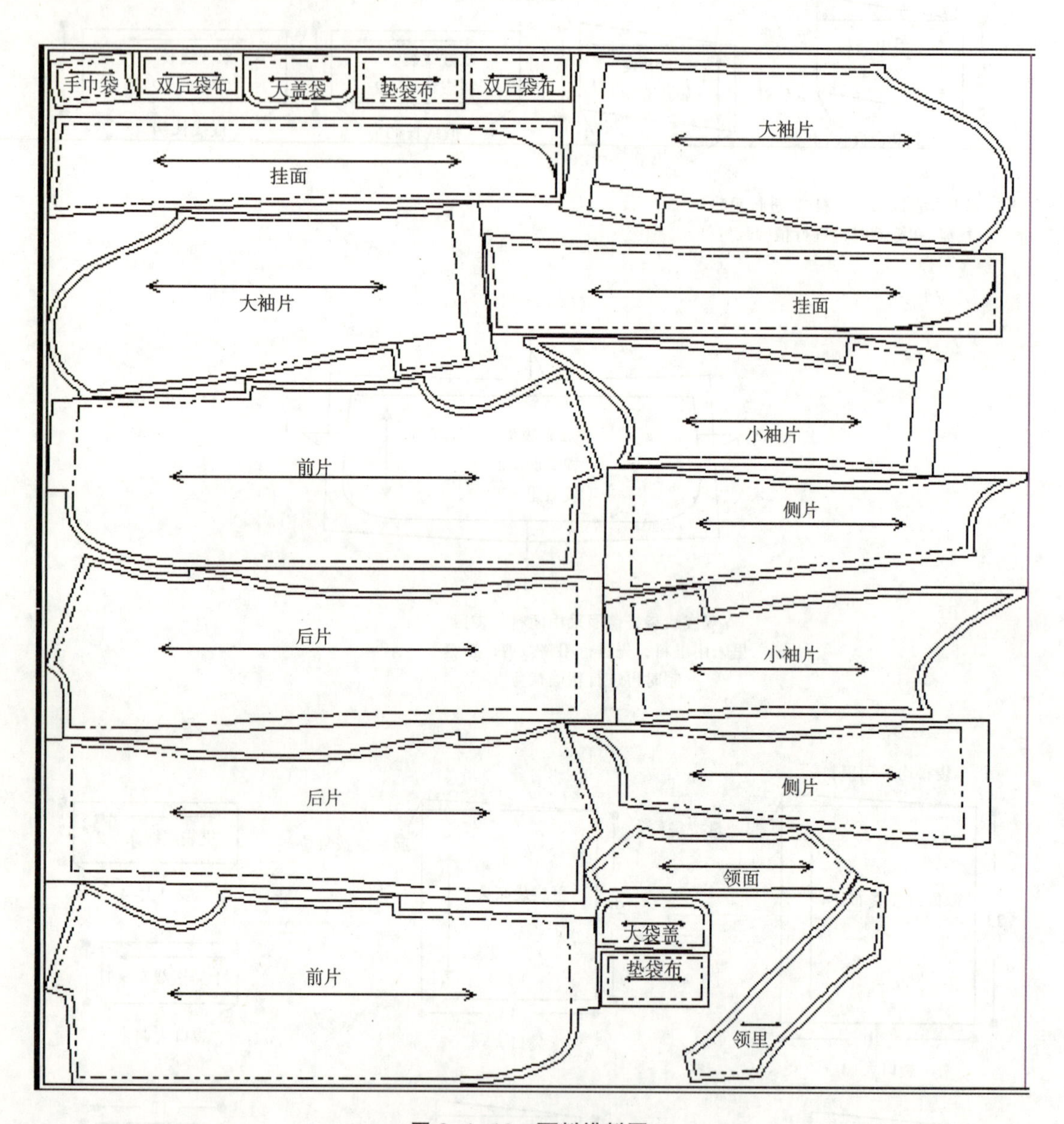

图 8-1-10　面料排料图

5. 里料排料图

里料排料图见图 8-1-11。

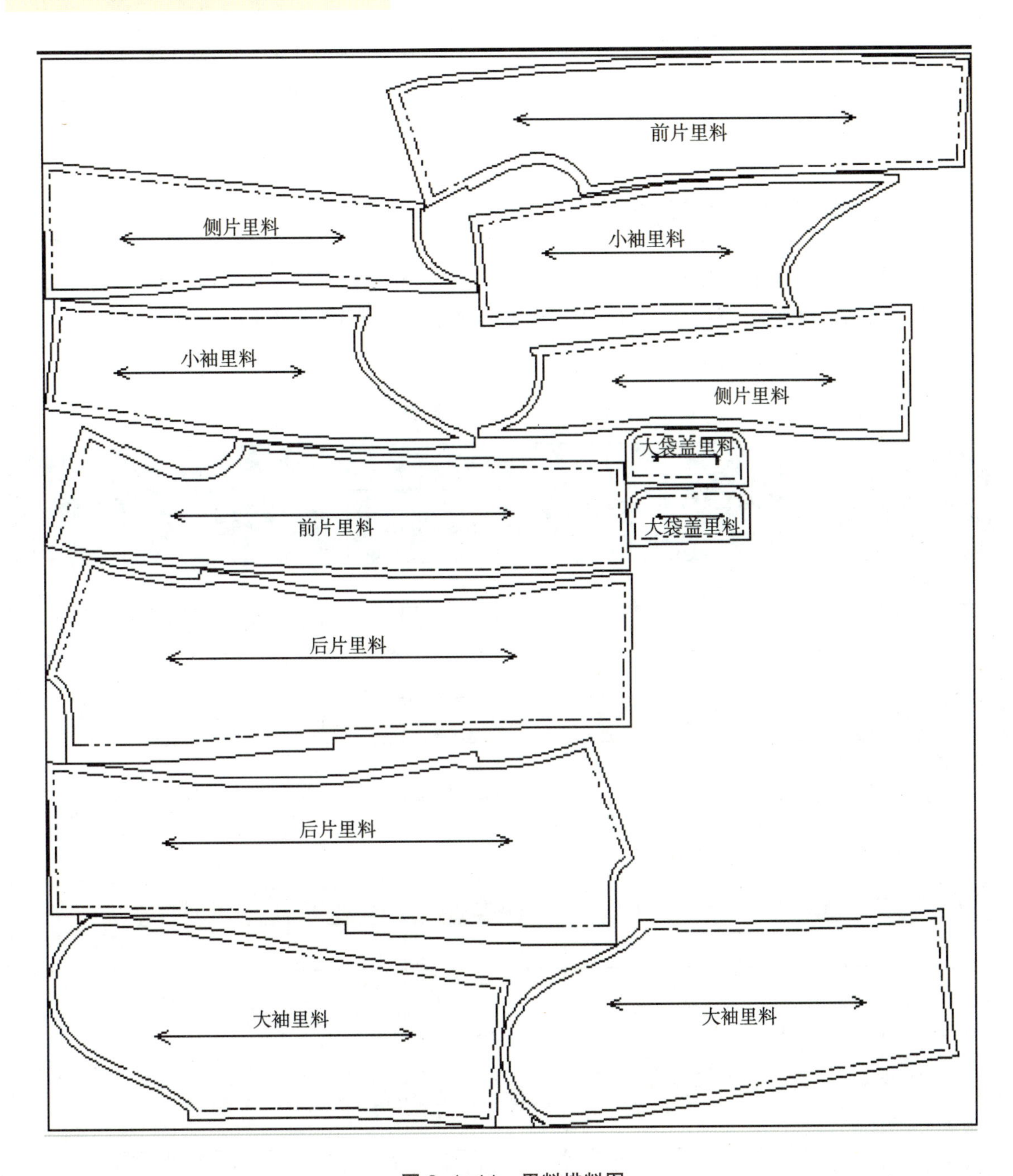

图 8-1-11 里料排料图

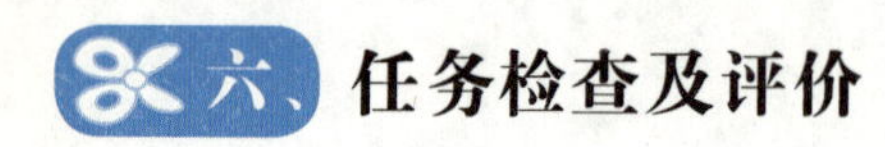

六、任务检查及评价

（一）检查方法及内容

使用皮尺、直尺等测量工具，根据制图方法，测量男西装结构、纸样及放缝等主要部位规格，并记录。

（二）结构检查表填写方法

根据样衣生产通知单给出的订单规格尺寸，利用皮尺和直尺实际测量结构和纸样的各部位尺寸，并登记在结构检查表（8-1-2）内，根据实际情况分析并写出误差产生的原因。

表 8-1-2　结构检查表

部位	制图标准尺寸	自查		组长检查		产生原因
		制图实际尺寸	误差	制图实际尺寸	误差	
前胸围						
后胸围						
前胸宽						
后背宽						
前腰围						
后腰围						
前臀围						
后臀围						
前肩宽						
后肩宽						
前袖窿弧线						
后袖窿弧线						
前袖山弧线长						
后袖山弧线长						
前后袖窿与袖山弧线差值						
前领窝						
后领窝						

续表

部位	制图标准尺寸	自查		组长检查		产生原因
		制图实际尺寸	误差	制图实际尺寸	误差	
领下口线						
前后领窝与领子下口线差值						
袖长						
袖口						
衣长						
前腰省						
后腰省						
前侧缝长						
后侧缝长						

（三）小组讲评

小组评价过程中，组长组织组员提炼优点，分析缺点，找到解决办法，总结此次任务完成过程中的亮点和值得发扬的地方，归纳和吸取失败的教训。

任务二

男西装缝制

一、学习目标

掌握男西装的成品规格；
熟练掌握男西装的缝制；
掌握男西装质量检验及评价方法。

二、情景描述

公司收到客户关于男西装样衣制作订单，要求在 10 天内根据客户提供的款式说明、图样及规格尺寸进行样衣的制作。要求外观轮廓清晰，线条流畅，外形美观、平整，整体结构与人体比例相符；服装干净整洁无污，无多余线头、线钉和粉印；各部位尺寸符合成品规格要求。现需要根据订单要求进行男西装缝制。

三、任务准备

（1）制定生产计划书，准备缝制工具设备。根据客户提供的相关信息制定男西装样衣生产通知单，按照制板—排料裁剪—缝制的生产流程合理安排生产进度，并制定生产计划书。根据客户订单要求，准备好制作样衣需要的所有裁片及辅料，准备缝制用的熨烫工具、平车、配色线、剪刀、纱剪、锥子、梭芯、梭壳、皮尺等工具。

（2）缝制前期准备。

①裁剪。放缝正确（需经粘合机压烫的衣片部件再加放 0.8 cm，作为预留的过机缩率），丝缕正确（面料经向、纬向丝缕要归烫平整）。

②烫粘合衬。使用粘合机压烫裁片前，放正面料裁片丝缕，先用熨斗粗烫一遍。衬要略松些，自裁片中心向四周熨烫，使其初步固定后再经粘合机压烫定型。这样操作可以避免移动裁片时导致裁片变形。

③修片。过粘合机压烫后，根据毛板修片，注意衣片的丝缕。

④针、线。在缝制前需选用与面料相适应的针号和线，调整针距密度。

a. 针号：75/11 号、90/14 号。

b. 用线与针距密度：明线、暗线 14 ~ 16 针 /3 cm，底线、面线均用配色涤纶线。

四、知识链接

（一）面料选择

全毛、毛涤混纺或化学纤维面料均可。里料一般选用涤丝纺、尼丝纺、醋酯纤维绸等织物。袋布既可选用普通里料，也可选用全棉或涤棉布。

（二）缝制工艺流程

准备工作→打线钉→收省、拼合侧片→推、归、拔前衣片、侧片→缝制手巾袋→绱袖窿牵条→缝制双嵌线袋袋盖→缝制双嵌线袋嵌线布、装袋盖及袋布→敷胸衬→缝合背缝→缝合侧缝、剪袖窿胸衬、分烫侧缝→缝合肩缝、装垫肩→缝合里料侧缝、挂面→制作、缝制里袋→缝制领子→缝合领面与挂面串口→缝合里料背缝、侧缝、肩缝→分烫串口、里料肩缝及烫里料侧缝与背缝→缝合领面与衣片里料→缝合驳角、领串口与领底呢→修剪领圈处垫肩、画领圈→缝合领圈与领底呢→合挂面→合止口→烫领驳头与挂面→固定挂面与领圈→固定前衣片与挂面、领面与领底呢→缝合并固定面料、里料底摆→制作袖子→绱袖→固定垫肩、缝弹袖棉→缝合袖子里料与袖窿→画眼位→锁钉→整烫。

（三）缝制工艺质量要求及评分标准

缝制工艺质量要求及评分标准（100 分）如下：

（1）规格尺寸符合设计要求（10 分）。

（2）翻领、驳头、领串口均要求对称，并且平服、顺直，领翘适宜，领口不倒吐（20 分）。

（3）两袖山圆顺，吃势均匀，前后适宜。两袖长短一致，袖口大小一致，袖开衩倒向正确、大小一致，袖口扣位左右一致（20 分）。

（4）各省缝、省尖、侧缝、袖缝、背缝、肩缝直顺、平服（10 分）。

（5）左、右门襟长短一致，下摆圆角左右对称、圆顺，扣位高低对齐（10 分）。

（6）胸部丰满、挺括，表、里袋袋位正确，袋盖窝势适宜，嵌线端正、平服（10 分）。

（7）里料、挂面及各部位松紧适宜、平顺（10 分）。

（8）各部位熨烫平服，无亮光、烫迹、折痕，无油污、水渍，面里无线钉、线头（10 分）。

五、任务实施

缝制男西装

1. 打线钉

（1）要求：

打线钉通常采用与面料色彩对比较明显的双股白色棉线。线钉的疏密可因部位的不同而有所变化，通常在转弯处、对位标记处可略密，直线处可稀疏。

（2）打线钉部位（图 8-2-1）：

①前衣片：串口线、驳口线、领圈线、袋位（手巾袋、大袋）、绱袖对位点、腰节线、眼位、底边线。

②后衣片：后领弧线、背缝线、腰节线、底边线、绱袖对位点。

③侧片：底边线、腰节线。

④袖片：袖山对位点、袖肘线、袖口线、袖衩线。

也可以放齐衣片，按毛板做标记，先打线钉，再劈片，可防止面料滑动，保证丝缕正确。

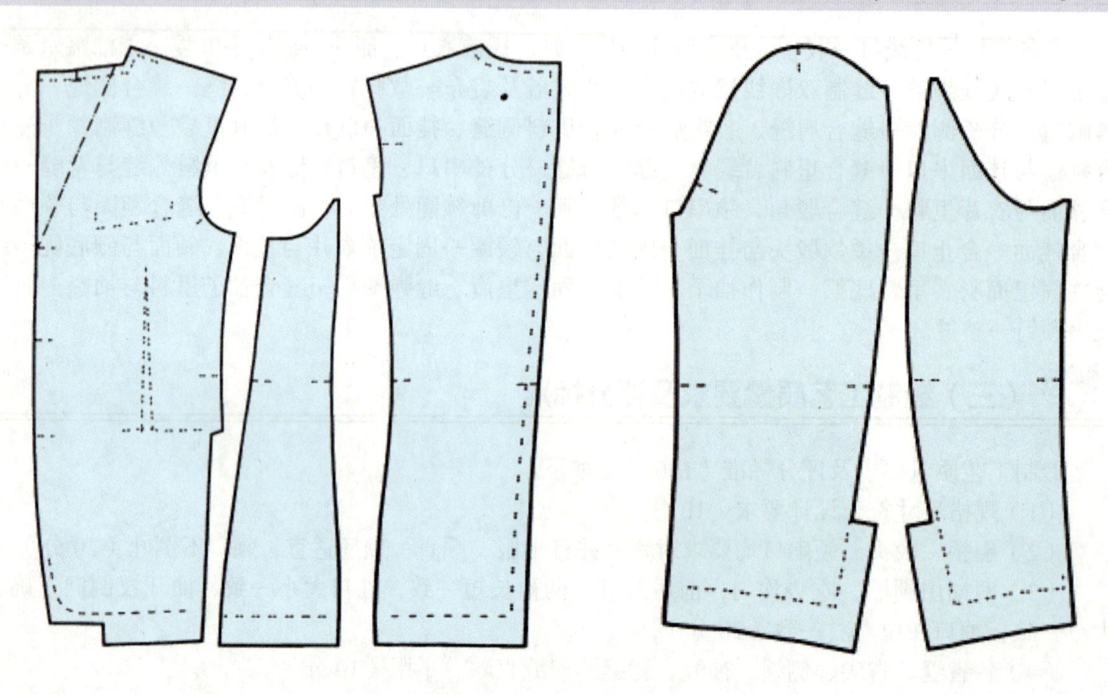

图 8-2-1　打线钉部位

2. 收省、拼合侧片

（1）收省：

①将肚省沿省中缝剪开，剪至腰节线处［图 8-2-2（a）］。

②省道上部垫一块 45° 斜纱本色面料，长于省尖 1 cm，宽 2 cm，然后车缝胸省［图 8-2-2（b）］。

③收省时缝线在省尖处直接冲出，省尖缉尖（条格面料收省后，省道两侧的条格要对称）。

④熨烫省尖缝，在省尖点处将靠近省份的垫布剪一刀口，垫布下端将靠近垫布一侧的一层省份剪一刀口，省份分缝熨烫。

⑤肚省剪开处，上、下片并拢形成一条无缝隙的直线，用 2 cm 宽的无纺粘合衬粘合，靠前中袋口处粘合衬出袋位 1.5 cm。

（2）拼合侧片［图 8-2-2（c）］：

①前衣片放在下面，侧片放在上面，正面相对叠合对齐，缉缝时袖窿下 10 cm 左右前衣片略有 0.2 cm 吃势，使胸部的造型更饱满。

②将前衣片反面朝上，分烫腋下缝，将拼缝线熨烫顺直。在侧片袋位处粘烫 3 cm 宽的无纺粘合衬。

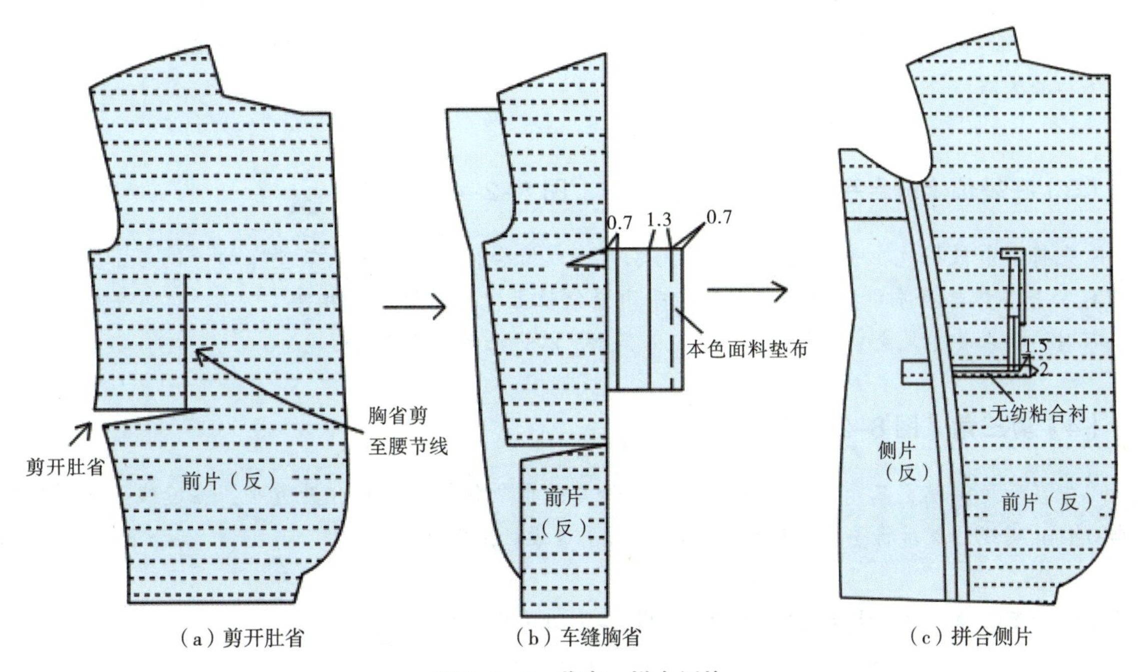

图 8-2-2 收省、拼合侧片

3. 推、归、拔前衣片、侧片

此道工序也称推门，是利用熨斗热塑定型手段塑造胸部、腰部、腹部、胯部等形体造型状态的过程和手段。要求衣片胸部隆起，腰部拔开吸进，驳头和袖窿处归拢。熨烫前衣片止口处时，要在驳口处将前衣片向外轻拉，烫后使衣身丝缕顺直（图 8-2-3）。

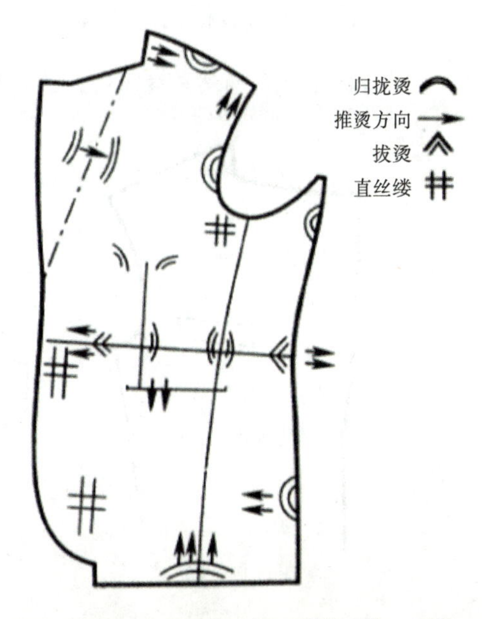

图 8-2-3 推、归、拔前衣片、侧片

4. 缝制手巾袋

（1）画袋位［图 8-2-4（a）］：

在左前衣片上按线钉的位置画出袋位。

（2）烫粘合衬、缝合手巾袋板与手巾袋袋布 A［图 8-2-4（b）］：

将粘合衬裁成手巾袋板净样尺寸，烫在手巾袋板的反面；按净样扣烫三边后，将手巾袋板与手巾袋袋布缝合。

（3）在袋位上缝合手巾袋袋布和袋垫布［图 8-2-4（c）］：

先将手巾袋板放在手巾袋袋位线上与衣片一起缝合，再把手巾袋袋垫布的一侧与手巾袋袋布 B 缝合，然后将手巾袋袋垫布缉缝在手巾袋袋位上方，与袋位线相距 1.5cm。缉缝手巾袋袋垫布时，要求手巾袋袋口两端各缩 0.2 ~ 0.3cm，以防止开袋后袋角起毛。

（4）剪三角［图 8-2-4（c）］：

先在袋角两端剪三角，再将手巾袋板缝份与手巾袋袋垫布缝份分开烫平，在缝线上、下各车 0.1cm 明线，然后将手巾袋两端的三角插入手巾袋板中间。

（5）缝合 A、B 两片手巾袋袋布［图 8-2-4（d）］：

将手巾袋袋布放平后，把 A、B 两片袋布缝合。

（6）固定手巾袋板两端［图 8-2-4（e）］：

在手巾袋板的两端车缝明线，最后熨烫平整。

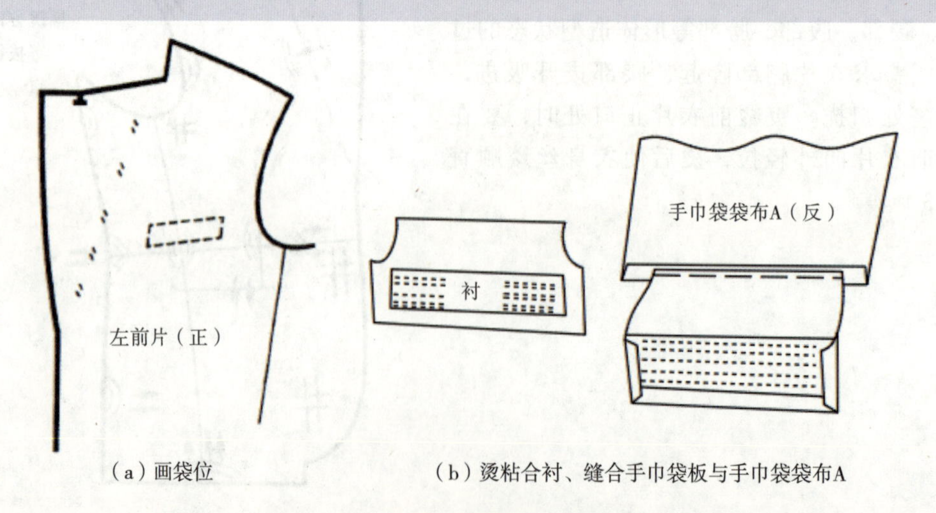

（a）画袋位　　（b）烫粘合衬、缝合手巾袋板与手巾袋袋布A

图 8-2-4　缝制手巾袋

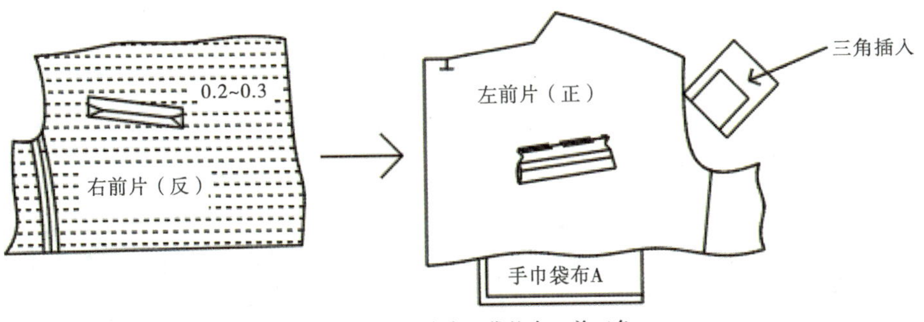

（c）在袋位上缝合手巾袋袋布和袋垫布、剪三角

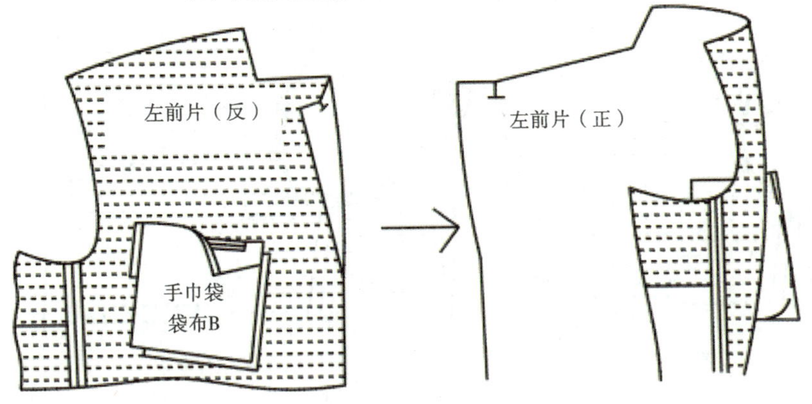

（d）缝合A、B两片手巾袋袋布

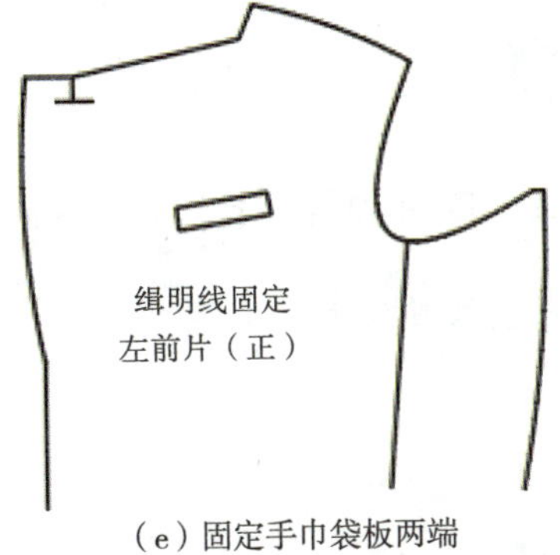

（e）固定手巾袋板两端

图 8-2-4　缝制手巾袋（续）

5. 绱袖窿牵条

（1）车缝粘合牵条［图 8-2-5（a）］：

从肩点开始距袖窿边缘 0.5 cm 车缝直丝粘合牵条，要求 A 点至肩点衣片袖窿收拢 0.5 cm 左右，A 点至 B 点袖窿收拢 0.2 ~ 0.3 cm。

（2）烫粘合牵条［图 8-2-5（b）］：

在圆弧处打剪口，用熨斗将牵条粘牢。

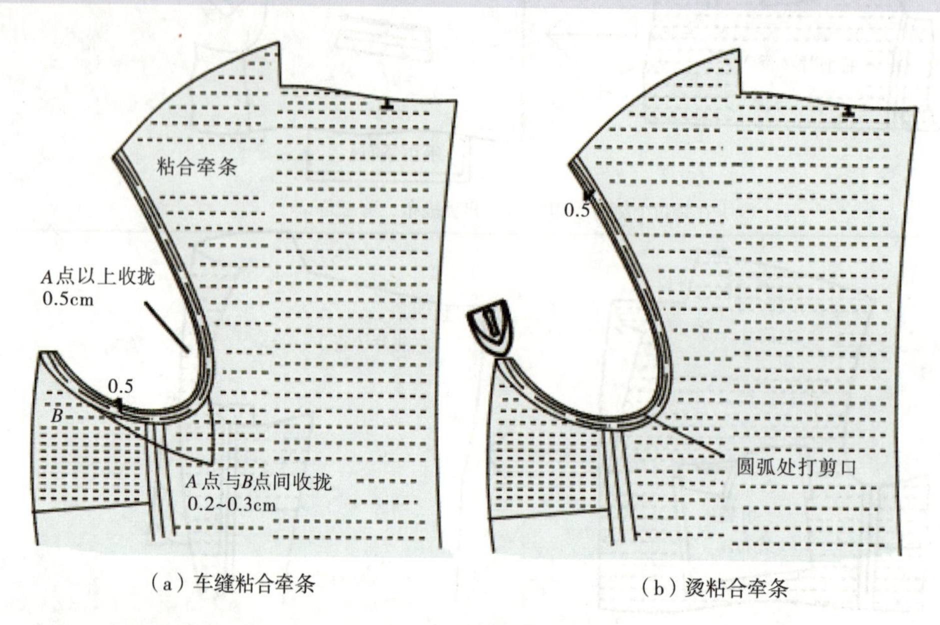

（a）车缝粘合牵条　　（b）烫粘合牵条

图 8-2-5　绱袖窿牵条

6. 缝制双嵌线袋袋盖

（1）检查袋盖裁片，画袋盖净样［图 8-2-6（a）］：

将袋盖净样放在袋盖面上，袋盖面要求直丝绺。

（2）车缝袋盖［图 8-2-6（b）］：

袋盖面、里正面相对，袋盖里在上，袋盖面在下，沿边对齐，沿净线车缝三边。车缝袋盖两侧及圆角时，要求里料适当拉紧，两圆角圆顺。

（3）修剪缝份［图 8-2-6（c）］：

先将车缝后的三边缝份修剪至 0.3 ~ 0.4 cm，圆角处修剪至 0.2 cm；然后将缝份向里料一侧烫倒。

（4）烫袋盖［图 8-2-6（d）］：

先将袋盖翻到正面，翻圆袋角，抻平止口，圆角窝势自然；然后沿边假缝固定；最后将袋盖熨烫平整。

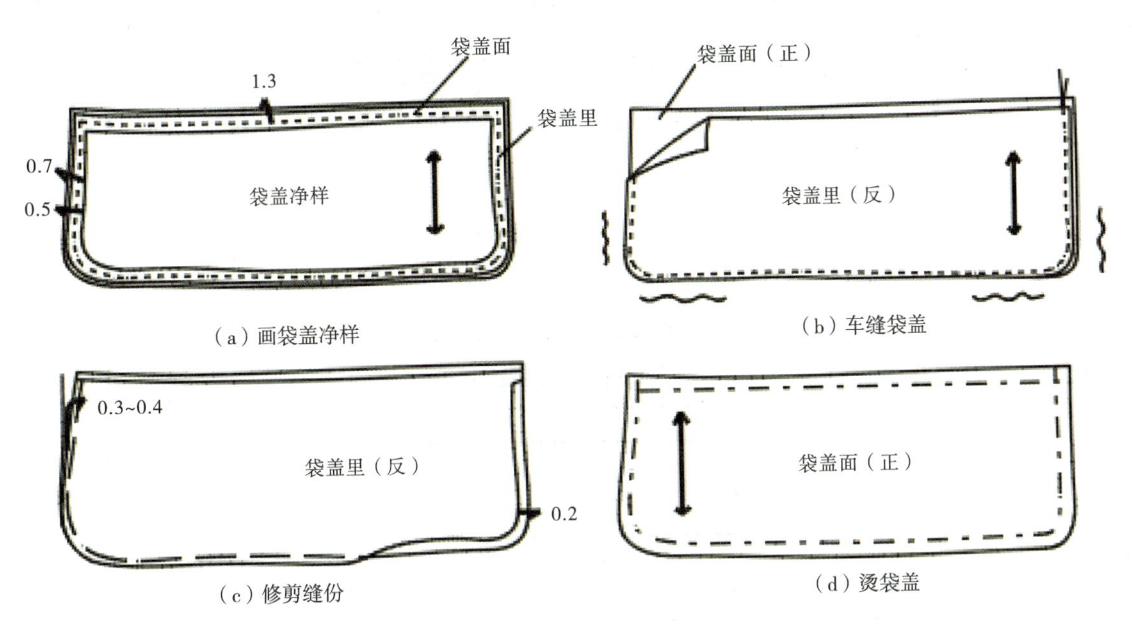

（a）画袋盖净样　（b）车缝袋盖　（c）修剪缝份　（d）烫袋盖

图 8-2-6　缝制双嵌线袋袋盖

7. 缝制双嵌线袋嵌线布、装袋盖及袋布

（1）画嵌线长度和宽度［图 8-2-7（a）］：

先在嵌线布反面烫上无纺粘合衬，然后画出嵌线的长度和宽度，再沿嵌线的中线从一端起剪至距另一端 1 cm 处为止。

（2）缉缝嵌线布［图 8-2-7（b）］：

在衣片正面袋位处缉缝嵌线布，两端倒回针固定，再剪开余下的 1cm。

（3）翻烫、车缝嵌线布［图 8-2-7（c）］：

开袋口时衣片上袋口两端剪成“Y”形，把嵌线布从袋口处翻到衣片反面；整理嵌线布的宽度至合适后手针假缝固定，最后车缝固定袋口两端的三角，并车缝固定袋布 A 与下嵌线布。

（4）安装、固定袋盖［图 8-2-7（d）］：

先将袋垫布的下端与袋布 B 车缝固定；再把袋盖与袋垫布、袋布上端对齐，一起车缝固定；然后将袋盖从袋口处穿到正面；最后把袋布 A 与袋布 B 对齐车缝四面固定。注意，上、下嵌线布不能豁开。

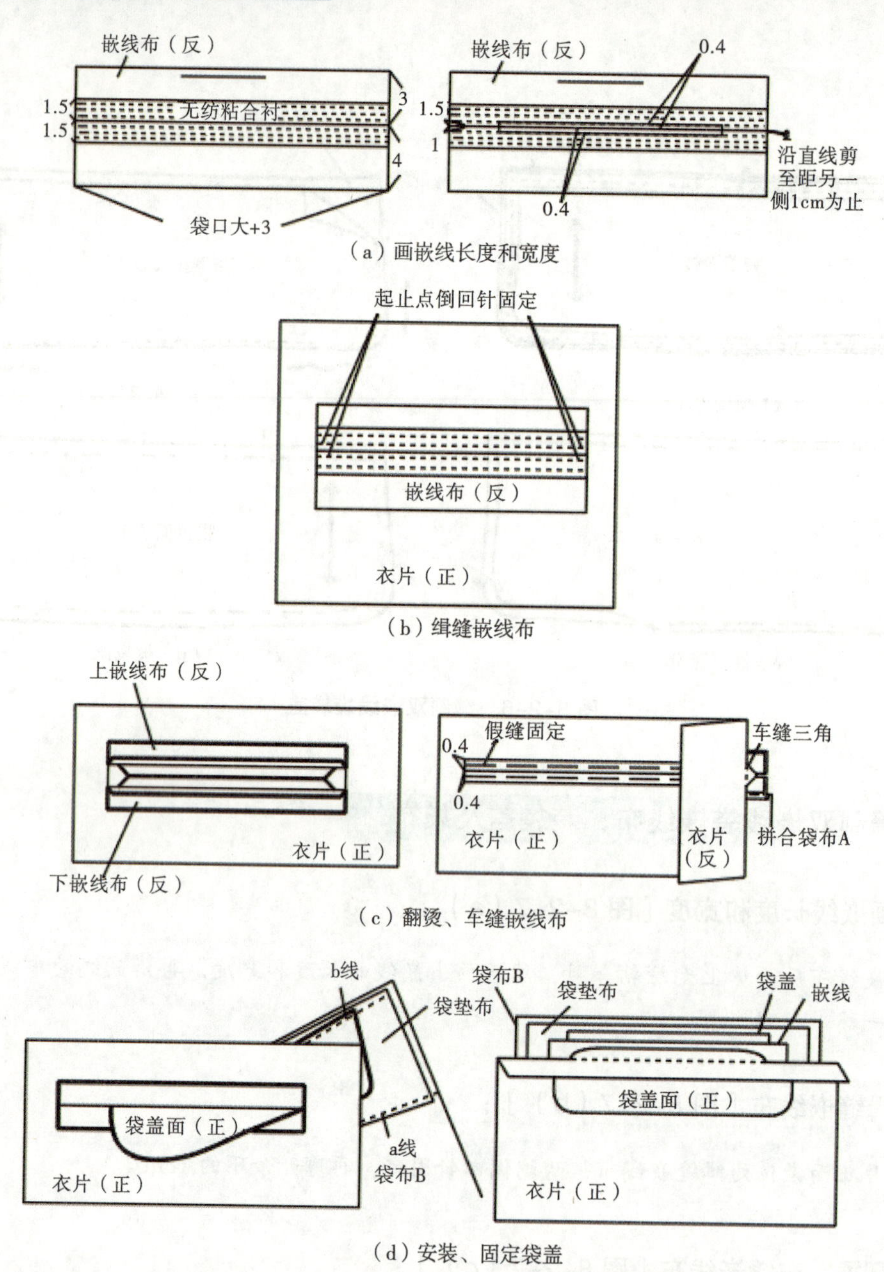

图 8-2-7　缝制双嵌线袋嵌线布、装袋盖及袋布

8. 敷胸衬

（1）手针敷胸衬［图 8-2-8（a）］：

将成品胸衬与前衣片反面对齐，上部距驳口线 1 cm，下部距驳口线 1.5 cm；衣片胸部凸势与胸衬应完全一致，然后在前衣片正面用手针敷胸衬。注意，衣片与胸衬要尽量吻合，针距一致，缝线平顺。

（2）粘烫直丝牵条［图 8-2-8（b）］：

先将敷胸衬的衣片整烫，使衬与衣片服帖，然后在胸衬与驳口处粘烫直丝牵条，要求牵条的一半要压住胸衬，烫牵条时中间部位要拉紧一些，粘合后在牵条上缝三角针固定。

（3）按净线烫贴牵条，修剪袖窿缝份［图 8-2-8（c）］：

围绕前领口、前止口及底摆处的净线烫贴牵条，然后将胸衬与衣片肩线齐边修齐。胸衬袖窿与衣片袖窿修剪整齐后，用手针将两者固定。

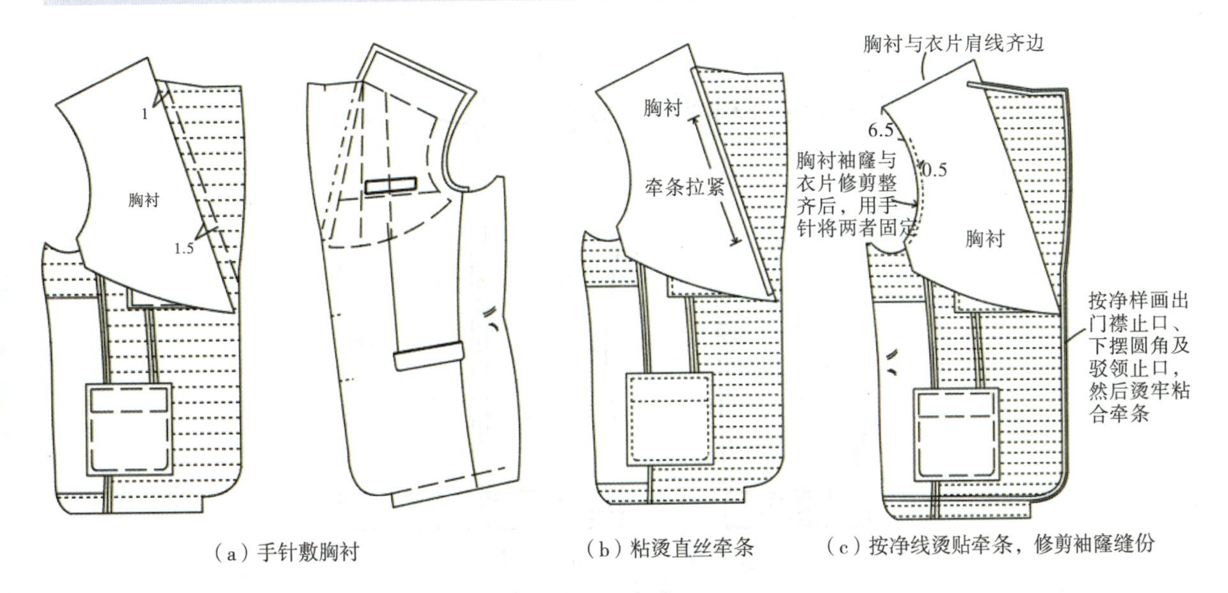

（a）手针敷胸衬　（b）粘烫直丝牵条　（c）按净线烫贴牵条，修剪袖窿缝份

图 8-2-8　敷胸衬

9. 缝合背缝

（1）缝合背缝、归拔后背［图 8-2-9（a）］：

将两后衣片对齐，缝合背缝，用熨斗归烫后背上部外弧量，拔出腰节部位内弧量，袖窿、肩部稍归拢，侧缝胯部稍归拢，腰部拔开，使之符合人体的背部曲度。

（2）分烫背缝、烫牵条［图 8-2-9（b）］：

先将后背缝分开烫平，然后在袖窿及领口处烫斜丝牵条。

10. 缝合侧缝，剪袖窿胸衬，分烫侧缝

（1）缝合侧缝、剪袖窿胸衬［图 8-2-10（a）］：

将前衣片放在后衣片上，正面相对车缝侧缝，袖窿下 15cm 这段侧缝后衣片吃进 0.3 ~ 0.4cm，注意侧缝上部不要拉长；然后根据袖窿弧势剪去袖窿刀眼至肩缝这段胸衬，宽为 1.2cm。

（2）分烫侧缝［图 8-2-10（b）］：

将缝份分开烫平。

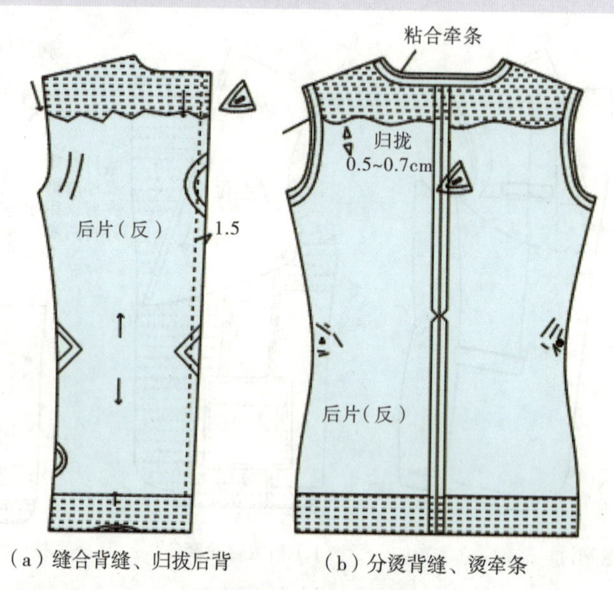

（a）缝合背缝、归拔后背　（b）分烫背缝、烫牵条

图 8-2-9　缝合背缝

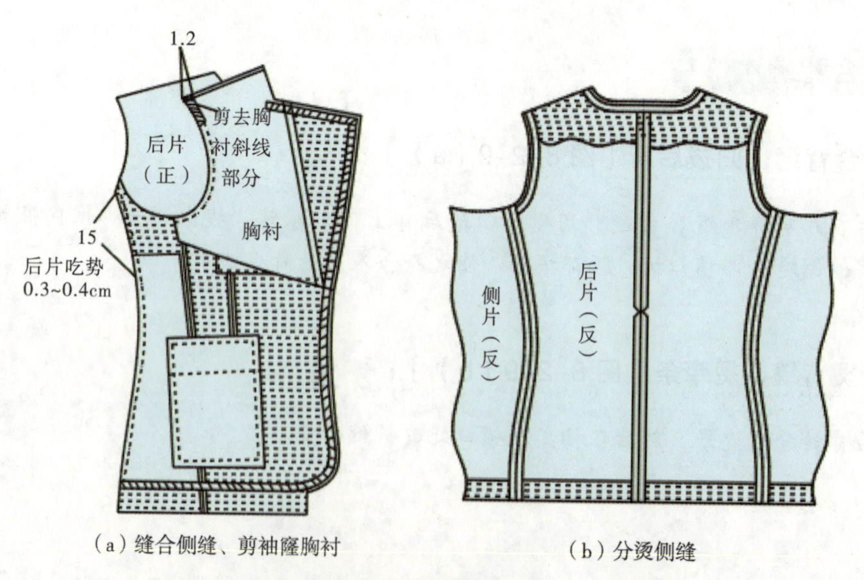

（a）缝合侧缝、剪袖窿胸衬　（b）分烫侧缝

图 8-2-10　缝合侧缝，剪袖窿胸衬，分烫侧缝

11. 缝合肩缝，装垫肩

（1）缝合肩缝［图 8-2-11（a）］：

缝合时，靠近领圈 2 cm 及靠近袖窿 4 cm 两段平缝，后中段肩缝吃势均匀。要求缝线顺直。

（2）分烫肩缝［图 8-2-11（b）］：

先不放蒸汽用熨斗将肩缝分开，再放蒸汽熨烫；然后用手在领圈的 3~4 cm 肩缝附近捏住，稍向前身拉，使肩缝略呈 S 形后归拢熨烫；最后归拢后身肩头处。

（3）固定胸衬与面料［图 8-2-11（c）］：

在直开领与靠袖窿肩头位置，分别放置两条 5 cm 和 2.5 cm 的双面胶；然后用左手将前衣片略微托起；再将胸衬与面料熨烫固定住。

（4）装垫肩［图 8-2-11（d）］：

将垫肩的中心线与大身肩缝对准，垫肩稍外出袖窿 0.3 ~ 0.4 cm，注意垫肩两端不能进于大身袖窿；然后将前后身部捋窝服，用手针固定（在距肩点处 1/3 肩缝长不缝住，以便于后面的绱袖）。

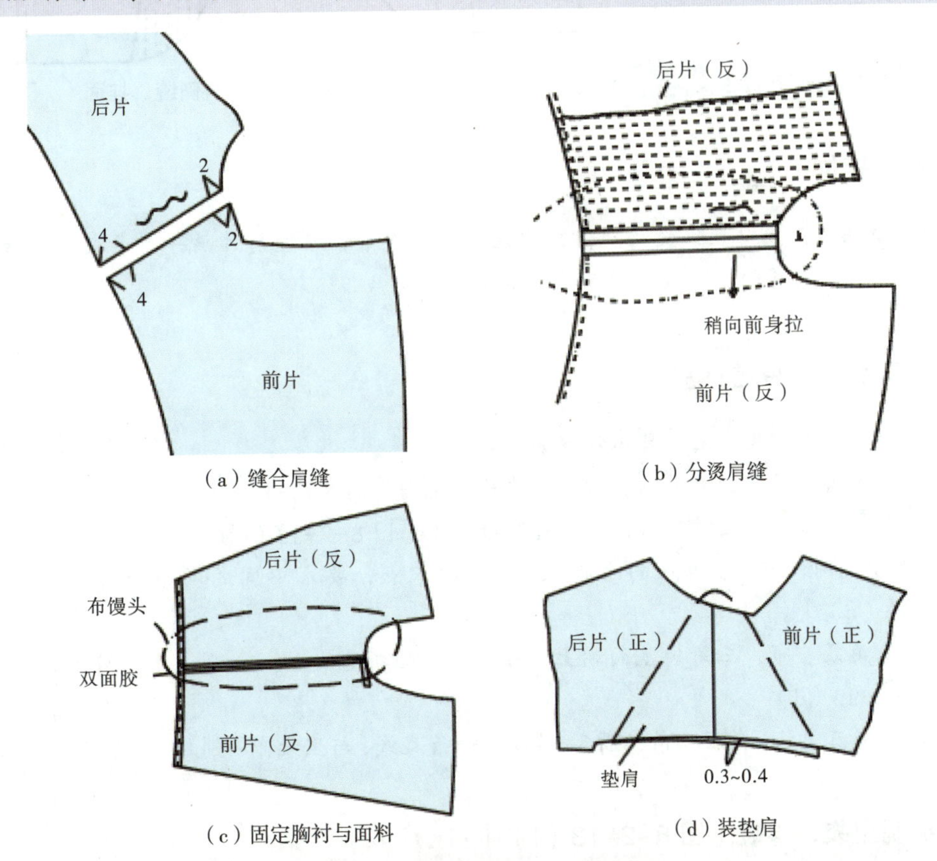

图 8-2-11　缝合肩缝，装垫肩

12. 缝合里料侧缝、挂面

(1) 缝合里料侧缝：

先将里料侧片放在里料大身上，顺直平缝，缝份为 1 cm。

(2) 缝合里料与挂面：

将里料放在挂面上，里料刀眼 A、B 分别与挂面刀眼 A′、B′ 对齐后开始缝合，里料 B 到 C 这段吃势为 1 cm，其余平缝，缝份为 1 cm。缝制时，要求里料平顺，松度自然，缝合一致，无抽丝。

(3) 熨烫缝份：

衣片反面朝上，将缝份倒向侧缝熨烫，要求熨烫后正面无坐势（图 8-2-12）。

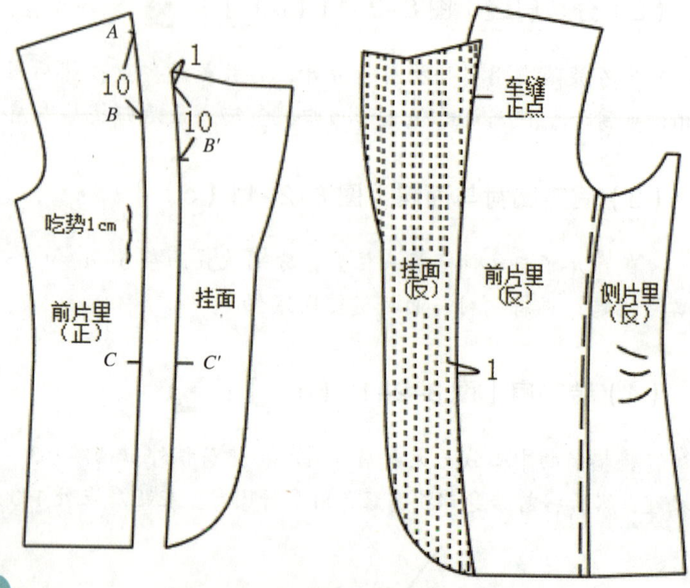

图 8-2-12 缝合里料侧缝、挂面

13. 制作、缝制里袋

(1) 画里袋位：

里料正面朝上，按口袋位置及规格画出左右两个里袋，在左前片画一个卡袋；然后在袋位反面粘无纺粘合衬，宽为 1.5 cm，长为袋口长加 1 cm。

(2) 做里袋三角袋盖：

里袋三角袋盖在右里袋上，具体步骤如下：

①在三角袋盖布的反面烫上粘合衬，具体尺寸见图［图 8-2-13（a）］。

②将三角袋盖布反面相对对折，两边对齐后烫平［图 8-2-13（b）］。

③将对折线两端 A、B 两点向上折至 C、D 的中点，要求中间的两条线并拢，然后烫平［图 8-2-13（c）］。

④展开三角袋盖布，三角袋盖面朝上，在中线上距折边线 1.3 cm 处，锁一个扣眼，扣径大 2 cm［图 8-2-13（d）］。

⑤重新折成三角状，在距三角尖嘴 5 cm 处画一条直线，与里袋布一道缝合［图 8-2-13（e）］。

(3) 缝制里袋、卡袋［图 8-2-13（f）］：

缝制方法同双嵌线袋。注意，只是在右里袋装有三角袋盖。

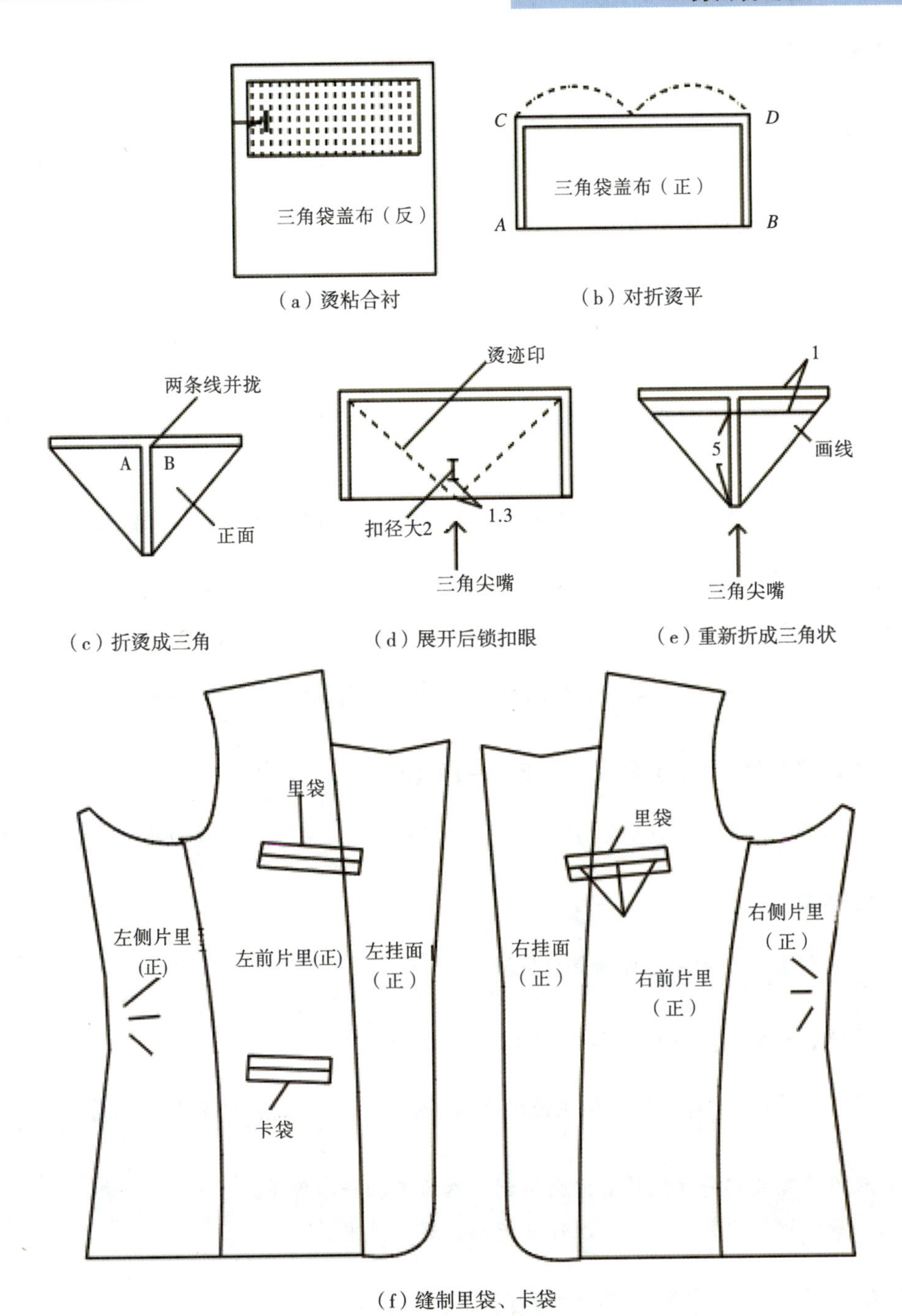

（a）烫粘合衬

（b）对折烫平

（c）折烫成三角

（d）展开后锁扣眼

（e）重新折成三角状

（f）缝制里袋、卡袋

图 8-2-13　制作、缝制里袋

14. 缝制领子

（1）画翻领对位记号［图 8-2-14（a）］：

将领角样板放在翻领上，并与领串口线、领角及领子下部拼接线三边对齐，画出翻领面缝份与后中对位记号。

（2）缝合翻领、领座［图 8-2-14（b）］：

翻领拼接线上共有 5 个刀眼，分 6 段，将翻领和领座正面相对，*A* 段上、下层平缝，*B* 段将领座吃进 0.15 cm，*C* 段上、下层平缝。另一侧方法相同，0.8 cm 缝份车缝，然后修剪缝份至 0.5 cm。

（3）烫翻领，领座拼缝并固定：

先将翻领和领座拼接线的缝份分开烫平，在翻领一侧的缝份上缉一条 0.1cm 的线；然后在领座颈侧点刀眼位置上的拼缝处，左右两端各粘一段 4cm 长的双面胶，注意熨烫时不可将领座的曲势压平。

（4）拉领底呢翻折线的皱度［图 8-2-14（c）］：

将领底呢正面朝上，领外沿朝向操作者左手方向，拼接线起点宽为 2.5 cm，中部宽 2.8 cm，*AB* 段与 *EF* 段平缝，*BC* 段与 *DE* 段以颈侧点刀眼为中心各向两边约 3 cm 的间距收拢约 0.4 cm，*CD* 段收拢约 0.4 cm。

（5）领底呢两领角处拼接里料［图 8-2-14（d）］：

在领底呢的两领角拼一块 45° 的斜丝里料，车缝 0.1 cm 固定，两领角各探出 1 cm。

（6）三角针缝合领底呢与翻领［图 8-2-14（e）］：

将领底呢的外口盖住翻领外口 1 cm，然后用三角针固定。要求翻领略归吃，吃势要左右对称。

（7）缝合领角：

领底呢反面朝上，在领底呢与领角里料拼接缝上车缝。

（8）翻领角，烫领面［图 8-2-14（f）］：

①先修剪领角缝份，然后翻转翻领领角到正面；再将领子的外沿，根据样板的势道烫成 0.2 cm 里外匀。

②将领底呢的领座部分往操作者方向折倒，然后沿翻折线烫平。

③根据领底呢折转的势道，将领座部分折倒，然后烫平。

（9）修剪领面串口线［图 8-2-14（g）］：

领面串口处多出领底呢 0.8 cm，修剪掉多余的量；然后检查左右领角是否对称，要求两个领角误差不大于 0.15 cm。

（10）假缝固定翻领与领底呢［图 8-2-14（h）］：

①先将拼接处两块双面胶拿掉，领底呢正面朝上，领外沿向外；然后放平翻领部分，沿领外沿手针假缝固定，假缝线距领外沿线 1cm，距两领角 1cm。

②领座部分呈波浪状放置，在距领串口线约 0.8cm 处开始沿翻领与领座的拼接线假缝固定到另一侧对应点结束。

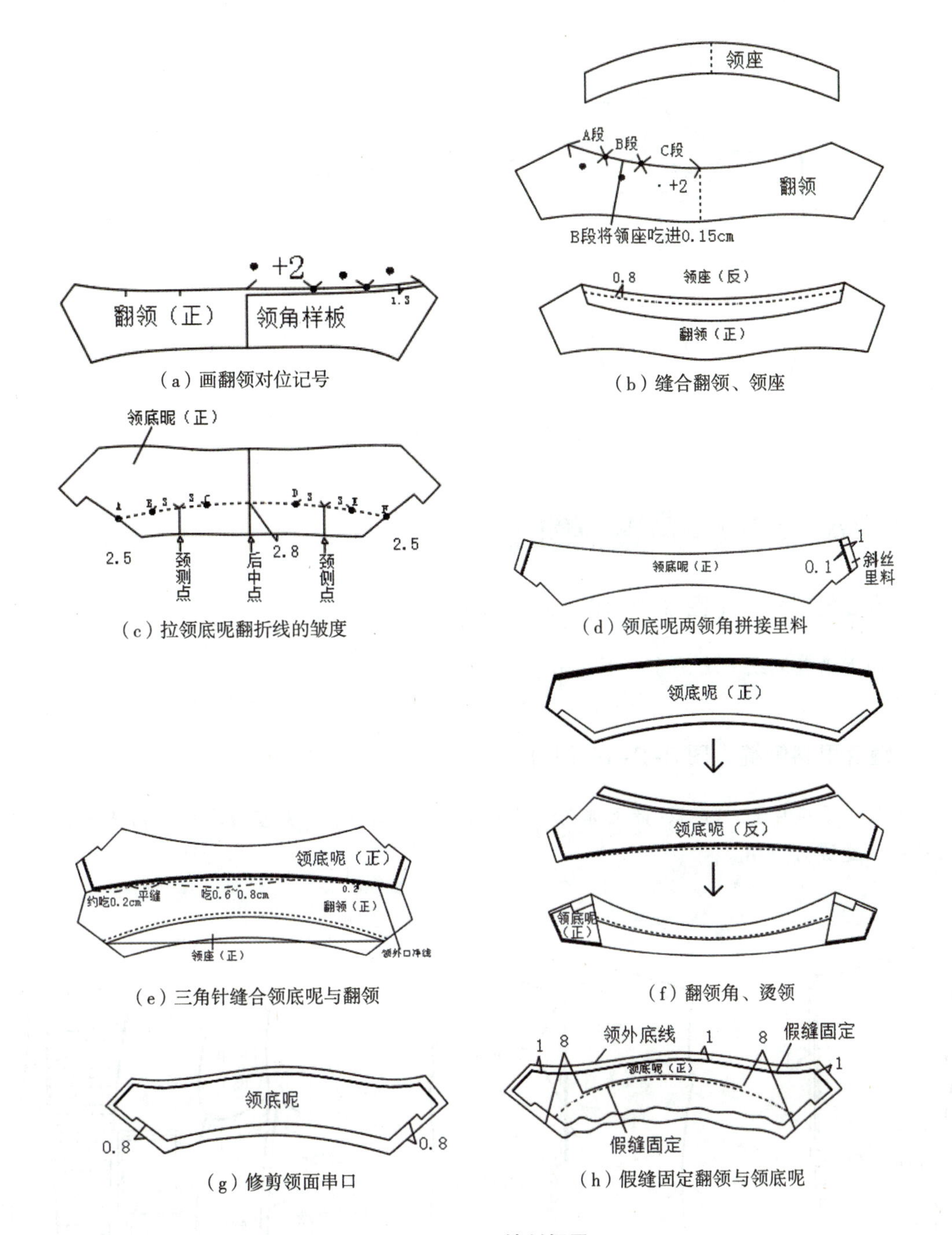

（a）画翻领对位记号
（b）缝合翻领、领座
（c）拉领底呢翻折线的皱度
（d）领底呢两领角拼接里料
（e）三角针缝合领底呢与翻领
（f）翻领角、烫领
（g）修剪领面串口
（h）假缝固定翻领与领底呢

图 8-2-14 缝制领子

15. 缝合领面与挂面串口

将领面串口线反面朝上，与挂面串口线对齐，同时对齐装领止点车缝，缝份为1cm（图8-2-15）。注意，领角应左右对称。

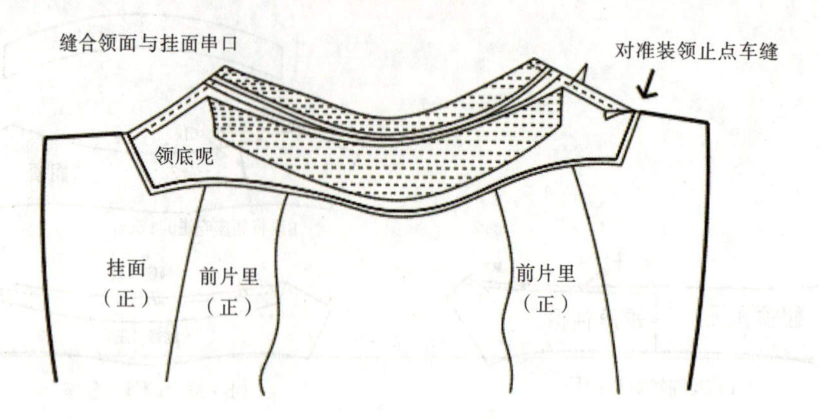

图 8-2-15　缝合领面与挂面串口

16. 缝合里料背缝、侧缝、肩缝

（1）缝合里料背缝［图 8-2-16（a）］：

自上而下沿背缝线平缝，缝份为 1 cm。

（2）缝合里料侧缝［图 8-2-16（b）］：

将侧片放于后片上，由侧缝最上部向下约 15 cm 的距离，后衣片里料有 0.4 cm 左右的吃势，其余平缝，缝份为 1 cm。

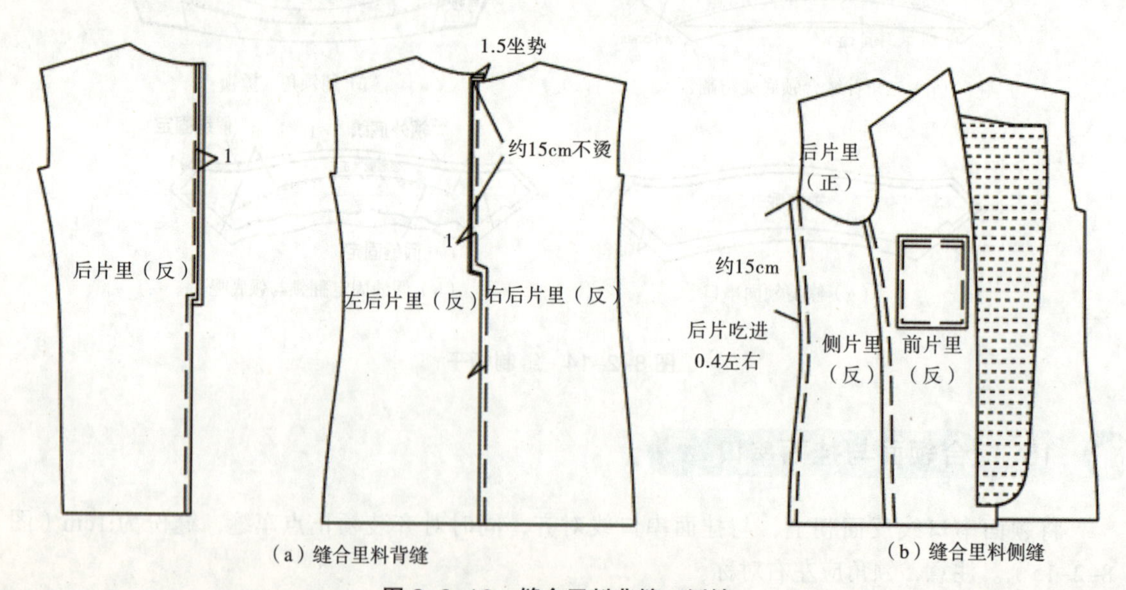

（a）缝合里料背缝　（b）缝合里料侧缝

图 8-2-16　缝合里料背缝、侧缝

（3）缝合里料肩缝：

将前衣片里料放在后衣片里料上，从领窝处至肩缝约 1/2 处有 1 cm 左右的吃势。

17. 分烫串口、里料肩缝及烫里料侧缝与背缝

（1）分烫串口（图 8-2-17）：

将衣片的串口放在烫台上，领子、驳角朝向操作者左手方向，分烫串口缝，烫时需用力归 0.2 cm，烫至离领子、驳角交接点约 2.5 cm 处停止不烫。

（2）烫里料肩缝：

缝份倒向后片，正面无坐势。

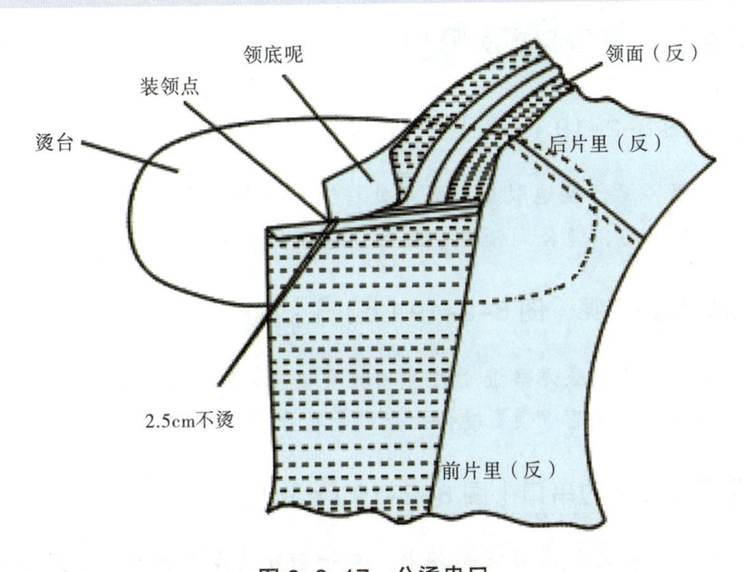

图 8-2-17　分烫串口

（3）烫里料侧缝与背缝：

将里料反面朝上，将侧缝往后片顺着熨烫，坐势 0.2 cm；然后将背缝倒向操作者方向，从底边烫至距离领圈约 15 cm 结束，里料正面有坐势。

18. 缝合领面与衣片里料

将衣片里料放在挂面及领子下部上，后领圈朝向操作者右手方向，先缝合衣片里料与挂面及肩头刀眼以前一段。缝合后领圈里料时，注意背缝里料上部有坐缝，坐缝与领中心刀眼对准，背缝折向操作者相反方向。缝合完成后，检验串口处领下部宽窄是否一致（图 8-2-18）。

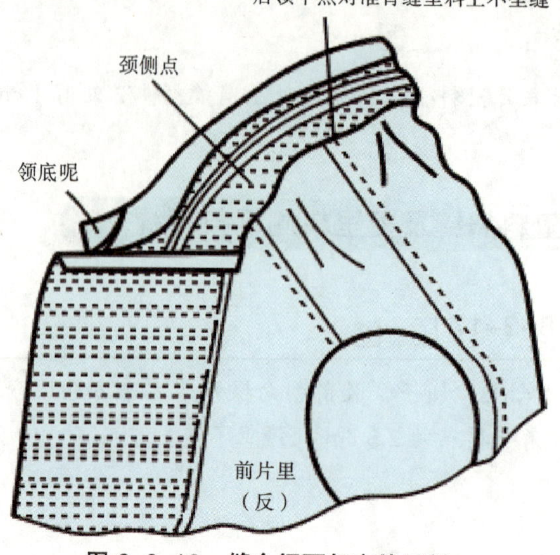

图 8-2-18　缝合领面与衣片里料

19. 缝合驳角、领串口与领底呢

（1）缝合驳角［图 8-2-19（a）］：

先对准装领点刀眼，缝合左边驳角，驳角处挂面止口与大身止口对齐，缝合时要求挂面吃进 0.3 cm，以便烫出里外匀，缝合到领串口为止，缝份 0.9 cm。

（2）缝合领串口与领底呢［图 8-2-19（b）］：

略拔开面料串口缝，将领底呢略进于大身领驳交接点刀眼约 0.1 cm 车缝，注意检查驳角的里外匀；然后在装领点、领底呢与领圈缝合止点处打剪口。

（3）烫驳角及领底呢上的串口［图 8-2-19（c）］：

将驳角翻到正面，大身与领底呢正面朝上，领子朝外放在烫台上，分别放好领串口（面）的缝份及领底呢与大身的缝份，并将领角处已剪口的缝份往下坐倒；同时将领底呢盖在大身领圈上，放好领角处约 0.15 cm 的里外匀，放顺驳头及领子势道，烫顺驳角及领底呢上的串口。

20. 修剪领圈处垫肩、画领圈

（1）修剪领圈处垫肩：

垫肩修剪后，垫肩与领圈平齐。

（2）画领圈：

将衣片领圈朝向操作者，后片正面朝上，放平后领圈，根据后领圈样板画领圈缝份 1 cm。

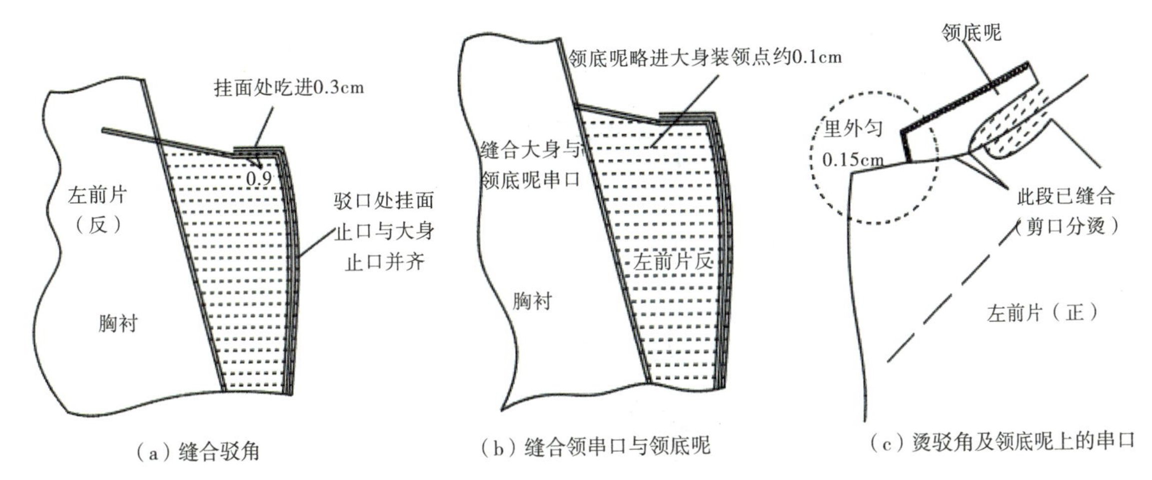

（a）缝合驳角　（b）缝合领串口与领底呢　（c）烫驳角及领底呢上的串口

图 8-2-19　缝合驳角、领串口与领底呢

21. 缝合领圈与领底呢

将衣片正面朝上，领底呢盖过领圈 1 cm，领座方角刚好盖住串口线转角点，领底呢上的颈侧点、后中点分别与衣片的颈侧点、后中点对准，先用手针假缝固定，再用三角针固定。要求肩头至后背中心的领圈内，领底呢吃势约 0.3 cm，其余平缝。注意，三角针缝线要盖过原已缝合的领底呢末端约 1 cm（图 8-2-20）。

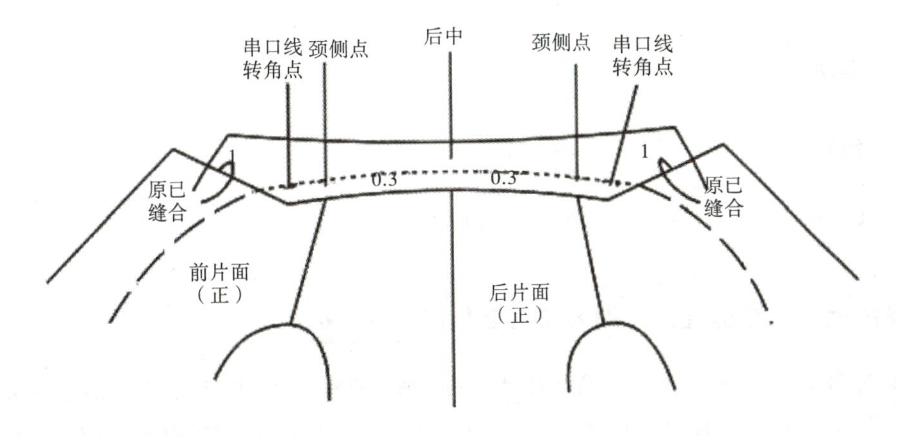

图 8-2-20　缝合领圈与领底呢

22. 合挂面

合左边挂面时，先用右手捏出驳头上端的吃势量，左手在第一粒扣位捏住大身和挂面，挂面与第一粒扣位处大身止口平齐，自上而下用手缝针合挂面。驳角下 5 ~ 6cm 处手针假缝第一段固定线，此段挂面吃势 0.3 ~ 0.4 cm。在大身扣眼位处手针假缝第二段固定线，前端略下拉，在第二段固定线往上 4 ~ 5 cm 内吃势为 0.3 cm。在大袋盖 1/2 处手针假缝第三段固定线，第三段、第四段内无吃势，下摆圆角处挂面向下拉 0.2 cm，向内拉 0.3 ~ 0.5 cm，缝合右边挂面的方法同左边（图 8-2-21）。

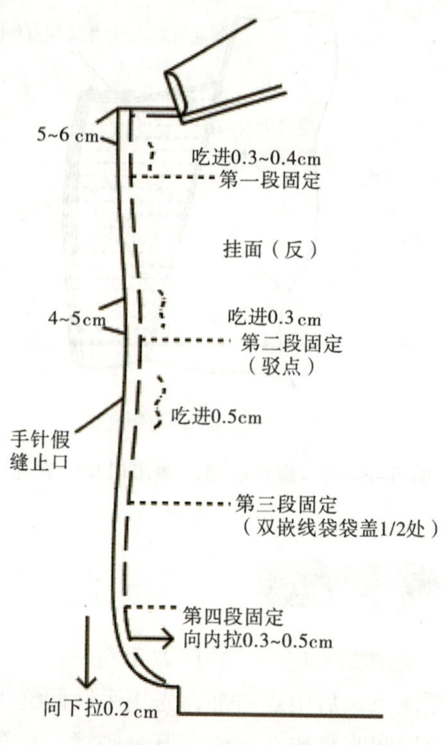

图 8-2-21　合挂面

23. 合止口

（1）画驳角：

在大身反面的驳头处，对准装领点画出驳角大小。

（2）缝合止口，修剪缝份［图 8-2-22（a）］：

大身反面朝上，从驳头到下摆圆角按净线车缝，要求缝线顺直；然后拆假缝线迹，再修剪缝份，大身止口缝份留 0.4 cm，挂面止口缝份留 1 cm，下摆圆角处大身止口缝份留 0.3 cm，挂面止口缝份留 0.5 ~ 0.6 cm；最后剪去驳角处三角。

（3）分烫止口，扣烫下摆：

①分烫止口：将左右两边止口分别放在止口分烫模上，顺直分烫，注意不要将止口拉长、烫还；然后在离开挂面与里料拼接缝处约 1 cm 的挂面上粘一条双面胶，长度为里袋口至过串口线 3 ~ 4 cm 处止。

②扣烫下摆：按下摆净线进行扣烫。

（4）检查驳角：

将驳角翻至正面，检查驳角是否对称，若不对称则需修正，使之对称。

（5）止口缭缝：

①门襟止口缭缝一般次序：左前身扣眼位至底边→右前身底边至扣眼位→左前身扣眼位至领驳交接点→右前身领驳交接点至扣眼位。

②缭缝左前身扣眼位至底边时，将左前片挂面朝上，从扣眼位处开始顺直缭缝至过挂面与里料拼接线约 2 cm 处止。注意，平驳领西装下摆圆角及挂面与贴边交接处要顺直缭缝。

③缭缝左前身扣眼位至领驳交接点时，将大身正面朝上，从扣眼位开始顺着缭缝至驳领交接点。右前身缭缝原理同左前身。

④要求止口里外匀一致，为 0.1 cm，缭缝缝份为 0.3 ~ 0.4 cm。注意，扣眼位交接处止口里外匀要到位［图 8-2-22（b）］。

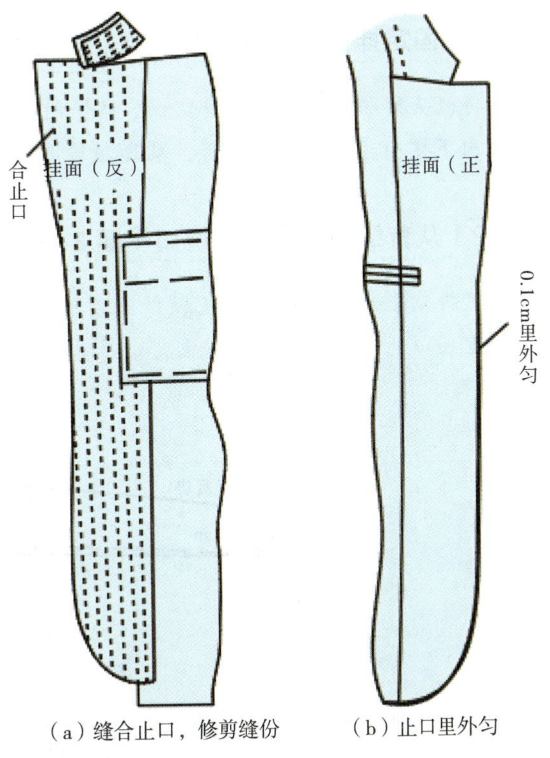

（a）缝合止口，修剪缝份　（b）止口里外匀

图 8-2-22　合止口

24. 烫领驳头与挂面

在烫领驳头及挂面时，驳头上部及靠近领角部位，挂面及领面应留有适当松量，烫平；同时检查驳口线末端距扣眼位是否为 1cm（图 8-2-23）。

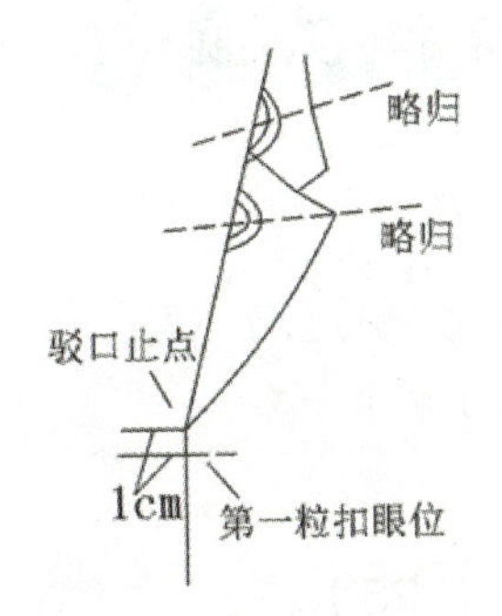

图 8-2-23　烫领驳头与挂面

25. 固定挂面与领圈

（1）固定挂面与大身至里袋口［图 8-2-24（a）］：

将驳头按驳口线折向大身正面，里料朝上，放平里袋袋布，用手捏住面料与里料拼缝处底边，并做出下摆圆角处里外匀窝势，从距底边 5 ~ 6 cm 处开始固定挂面与大身至里袋口处止。

（2）从背缝处固定至里袋口［图 8-2-24（b）］：

里料朝上放平，领角线及驳口线因烫痕呈自然凸起状，然后对准面、里背缝，从背缝处固定至里袋口，背缝处需倒回针固定。

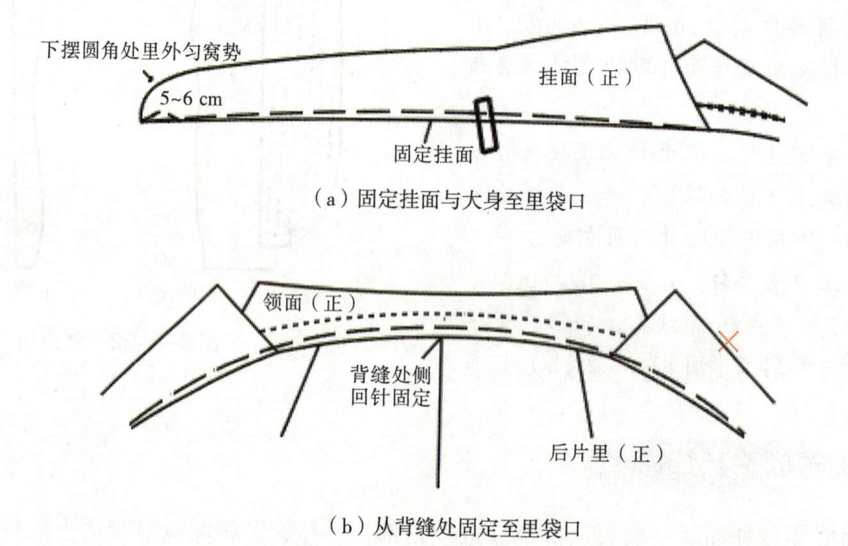

（a）固定挂面与大身至里袋口

（b）从背缝处固定至里袋口

图 8-2-24　固定挂面及领圈

26. 固定前衣片与挂面、领面与领底呢

（1）固定前衣片与挂面：

将大身面、里料反面朝上，从距前身底边约 8 cm 处开始将挂面缝份与大身缲住，缲至挂面顶端止，正面不能有针花，不能缲住手巾袋袋布。

（2）固定领面与领底呢（图 8-2-25）：

将领面朝上，在分割线下端车缝固定领面与领底呢。

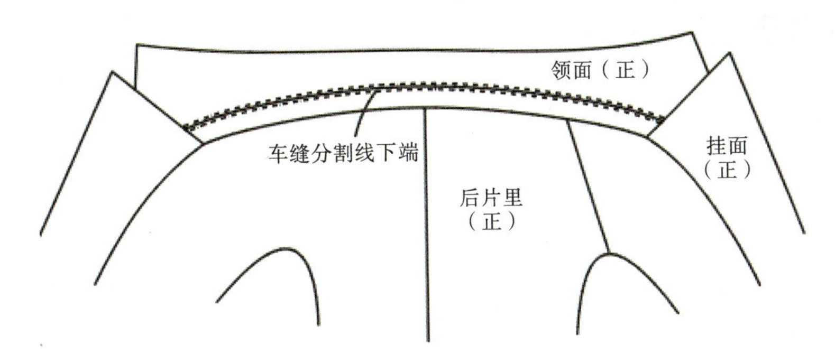

图 8-2-25　固定领面与领底呢

27. 缝合并固定面料、里料底摆

（1）缝合面料、里料底摆［图 8-2-26（a）］：

将衣片翻到反面，里料放在面料上，缝合底摆。要求面、里的腋下缝、侧缝、背缝对正。

（2）固定面料、里料底摆：

按底摆贴边的折烫痕，将缝合后的底摆缝份与面料的腋下缝、侧缝、背缝车缝固定。

（3）烫里料底摆［图 8-2-26（b）］：

将衣片翻到正面，里料底摆距面料底摆 1.5 cm，向挂面逐步过渡烫平。

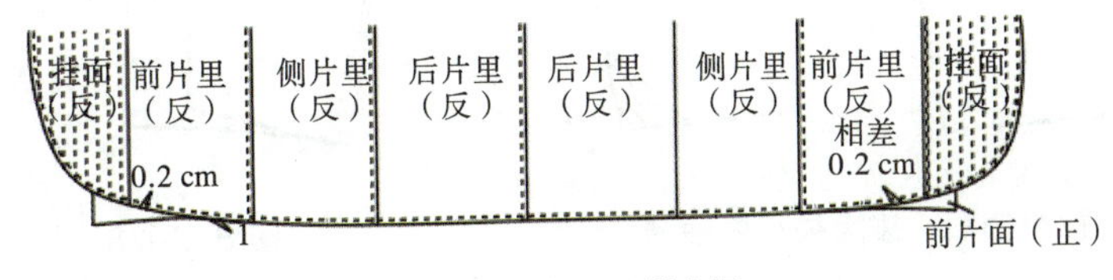

（a）缝合面料、里料底摆

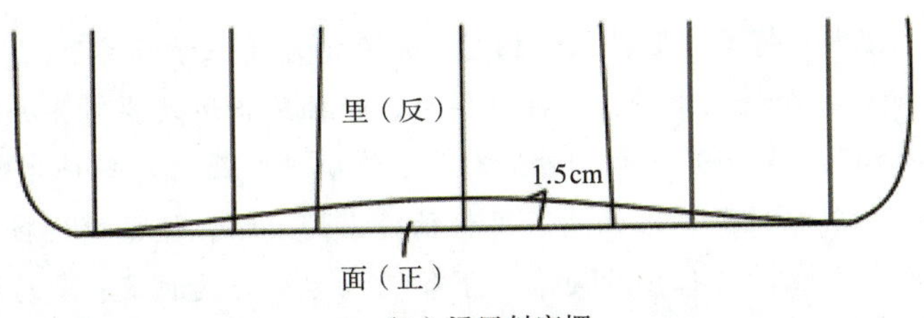

（b）烫里料底摆

图 8-2-26　缝合并固定面料、里料底摆

28. 制作袖子

（1）缝制袖子面料：

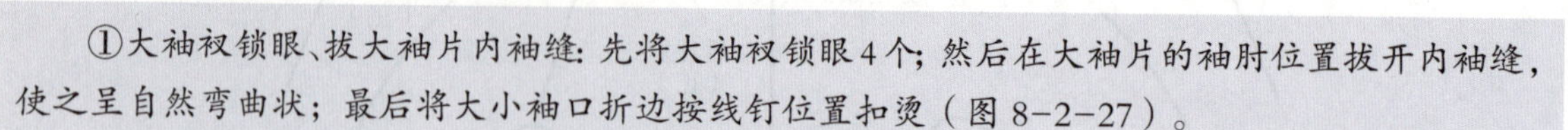

①大袖衩锁眼、拔大袖片内袖缝：先将大袖衩锁眼4个；然后在大袖片的袖肘位置拔开内袖缝，使之呈自然弯曲状；最后将大小袖口折边按线钉位置扣烫（图8-2-27）。

②制作袖衩：先缝合大袖衩三角，距边1 cm时倒回针固定；小袖衩按线钉位置车缝，距边1 cm时倒回针固定；把袖口折边翻到正面，按线钉扣烫。

③合袖缝：先缝合外袖缝及袖衩，将小袖衩转角处的缝份剪口，分缝烫平；再缝合内袖缝；最后分缝烫平。

（2）袖子里料缝制（图8-2-28）：

先缝合外袖缝，再缝合内袖缝，缝份为1 cm，注意内袖缝只缝合上下两段，上为6 cm，下为14 cm，中间部分作为翻口；然后将内、外袖缝份向大袖片烫倒。

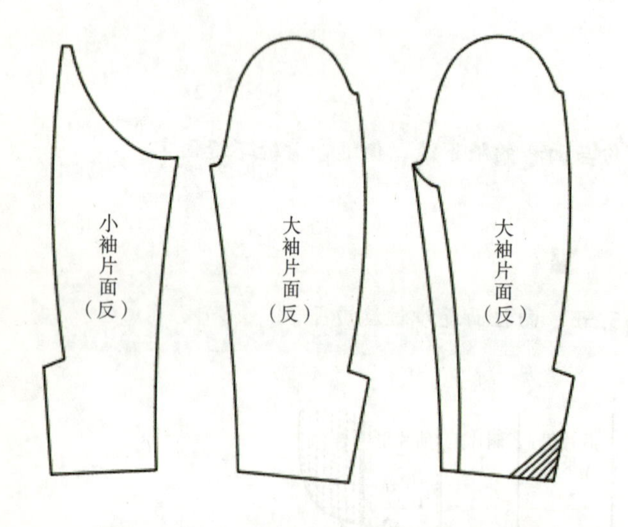

图8-2-27 大袖衩锁眼、拔大袖片内袖缝

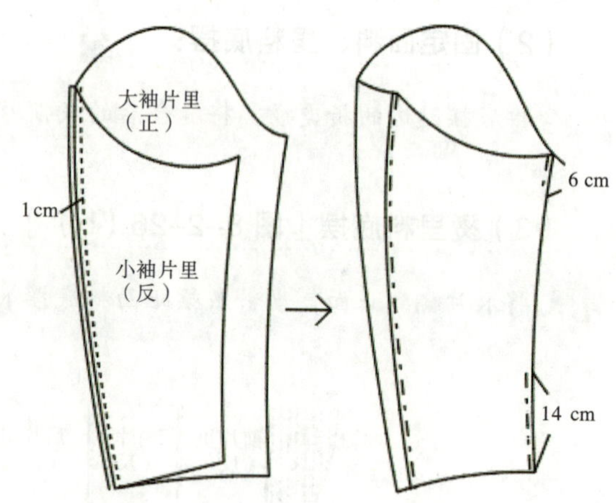

图8-2-28 袖子里料缝制

（3）缝合袖口面料、里料，固定面料、里料袖缝（图8-2-29）：

①缝合袖口面料、里料：将面、里料正面相对，并使袖片面位于袖片里上，对准袖子内袖缝，并从内袖缝开始缝合袖口处面料、里料，在袖衩位大、小袖片折边处要对齐并倒回针车缝固定。

②固定面料、里料袖缝：拿一只反面朝外的袖子，使小袖片面料与里料相对，根据袖口烫痕，捏好袖口折边宽4cm，折转袖口并对准面料、里料袖缝上的刀眼，使袖口里料有0.5cm的坐势，将面、里袖的内袖缝以袖肘点的对位记号为准上下各7cm左右车缝固定；最后将袖子翻至正面，检查袖片里长出袖片面的长度是否标准，内袖缝部位长出2.5cm，外袖缝部位长出1.5cm。

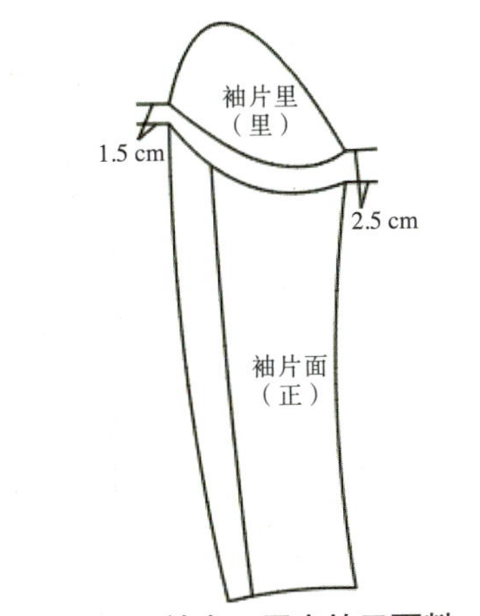

图 8-2-29　缝合、固定袖口面料、里料

29. 绱袖

（1）抽袖山吃势量（图 8-2-30）：

用手针收袖山吃势量或用斜丝布条收拢，手缝线迹要小、紧密、均匀，并位于袖山净线以外 0.3 cm 左右；然后在专用圆形烫凳上用蒸汽熨斗将袖山头烫圆顺并定型。

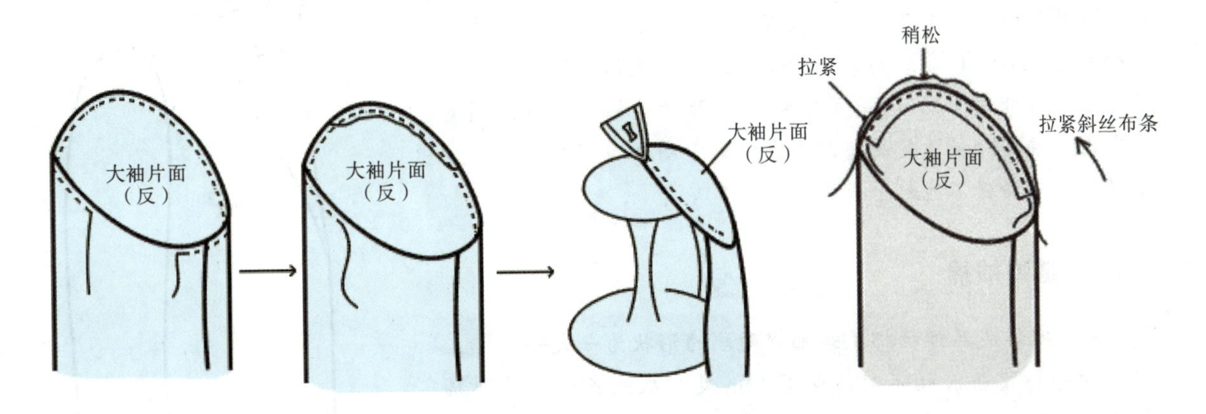

图 8-2-30　抽袖山吃势量

（2）绱袖（图 8-2-31）：

先绱左袖，从大身袖窿靠近侧缝的对位点开始绱袖，将袖子与衣身袖窿上的各对位点对准，依次绱后袖窿、肩头及前袖缝。要求袖子的袖山点对准衣片的肩点，袖子的外缝线对准后衣片的对位点。

绱右袖的方法同绱左袖，方向相反。绱袖时，也可先用手针假缝，调整好袖子的位置后再车缝，缝份为 1cm。要求缝份顺直，袖子前登、后圆。

（3）分烫袖山头缝份：

①先将衣片里朝外，袖窿朝向操作者方向，将袖山头及肩头部位放在袖山分烫模上。

②向外翻起袖山处垫肩，根据对位刀眼分烫袖山缝份，前肩分缝刀眼位于前身胸衬缺口处，后身分缝刀眼离肩缝约 6.5cm。要求袖山头分缝圆顺，不能将缝份拉长或拉坏。

③轧袖窿（此步骤需用专用的袖窿模及专用设备）是将袖窿处大身里料退下，大身面料反面与袖窿模贴住，袖片面料反面朝上；然后将袖窿放平、烫服，轧烫绱袖各部分（除已分烫袖山外）。将绱袖处各部位轧圆，一只袖子一般需分次轧。完成后应检查各部位是否轧顺。

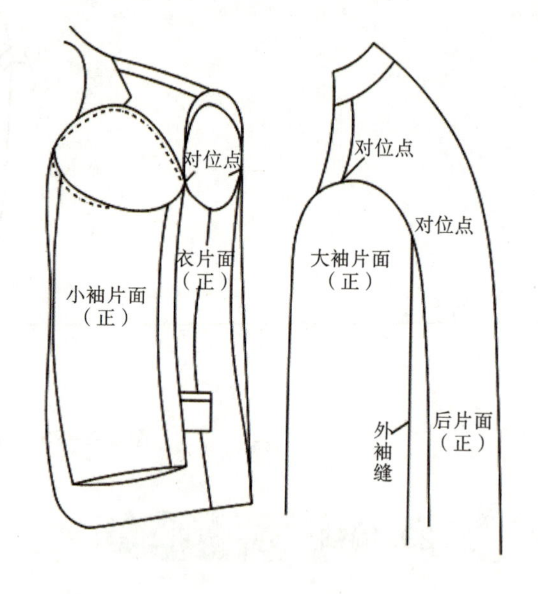

图 8-2-31　绱袖

30. 固定垫肩、缝弹袖棉（袖窿衬）

（1）手针假缝固定袖窿处垫肩：

①衣服大身正面朝上，领子朝外，袖子朝操作者方向，撩起袖窿处里料，将肩头及袖窿放在专用的圆柱状模具上，两手在模具两边固定袖窿处的面料与垫肩，以便做出里外匀。

②从肩缝向下约 9 cm 的前袖窿处开始沿袖窿势道，顺着固定至后袖窿外袖缝处的垫肩止点结束（图 8-2-32）。注意，垫肩固定后袖缝不能起吊或歪斜。

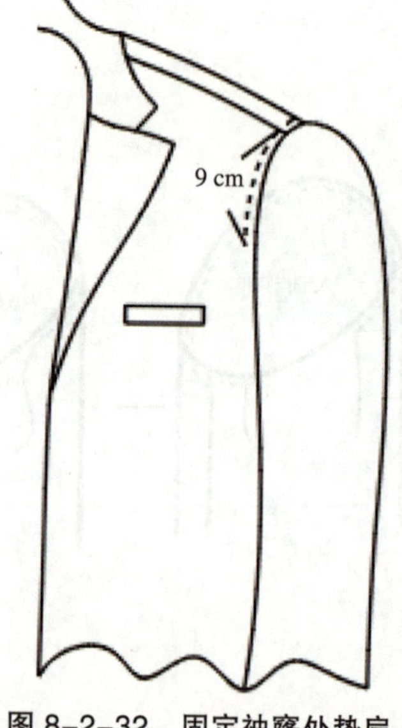

图 8-2-32　固定袖窿处垫肩

（2）缝弹袖棉：

采用市售成品弹袖棉（弹袖棉两端的形状为一大一小），将大的一头放在前袖窿对位点下 1cm 处，从此点开始将弹袖棉与袖窿缝份手缝固定。要求弹袖棉与面料的边缘对齐，手缝线距面料边缘 0.85 cm。

31. 缝合袖子里料与袖窿

（1）袖窿里料定位：

里料面朝外，将袖窿套于车位上，左袖从侧缝处开始用专用定位机器定位车缝，经前袖窿、后袖窿至侧缝止；右袖从侧缝处开始定位车缝，经后袖窿、前袖窿至侧缝止。定位后要求袖窿里料丝绺顺直，缝份要求在 0.5cm 以内，定位线迹不能超过绱袖线。

（2）缝合袖里料与袖窿：

袖里料朝外，手从里料内袖缝未缝合的部位穿进，捏准面、里内袖缝，然后以 1cm 的缝份开始缝合。要求缝线不能超过原绱袖线，里料绱袖，前后圆顺，丝缕顺直。

（3）缝合袖里上的翻口：

将合完的袖子翻至袖里料朝外，根据袖里料原缝份大小，将里翻口处的缝份向里折进，以 0.1cm 缝份缝合，起始与结束需倒回针固定；最后将完成后的袖子翻至正面。

32. 锁钉

用圆头锁眼机在衣片左边按眼位进行锁眼，在衣片右边按扣位用钉扣机将扣子钉上。

33. 整烫

拆除所有制作过程中的假缝线，将西服置于整烫机专用凸起的馒头架上，按胸部造型进行塑性压烫，按顺序再烫肩头部位、前底摆，然后熨烫后背部位。熨烫至袖窿部位时要沿袖窿缝压烫，切忌压烫到袖山头及袖子缝，要使袖子保持自然丰满状态。最后可将西服置于立体整烫机上进行立体整烫处理。

六、任务检查及评价

（一）检查方法及内容

使用皮尺、直尺等测量工具，根据产品订单规格，测量男西装各部位尺寸，记录主要部位规格。

（二）成品检查表填写方法

根据样衣生产通知单给出的订单规格尺寸，利用皮尺和直尺实际测量成品样衣规格尺寸，并登记在成品检查表（表 8-2-1）内，根据实际情况分析并写出误差产生的原因。

表 8-2-1 成品检查表

评分项及分值（总分 100）		评分标准（每错一项扣 1 分）	自评得分（占 20%）	组长评分（占 40%）	组长评语	教师评分（占 40%）	教师评语	总分
造型（40 分）	10	领子平服圆顺，领面不松不紧						
	10	袖子圆顺，吃势均匀，前后对称，不翻不吊						
	10	胸部丰满、挺括；肩部圆顺平服，肩缝顺直						
	6	后背平服，背缝顺直；袋口平服方正；门襟平服顺直不豁						
	4	面、里松紧适宜，粘合衬不脱胶						
外观（10 分）	10	产品整洁，无污渍、线头、粉印						
规格（5 分）	5	按规格表工艺要求，符合公差范围						
色差（5 分）	5	面料、里料无花色现象						
缝制（40 分）	5	绱领端正、整齐、牢固，领窝圆顺平服						
	3	袋口封结牢固、平服、整齐						
	10	省道、侧缝、袖缝平服，底边圆顺平服						
	2	各部位不反吐						
	10	对称部位一致						
	4	各部位针距密度符合工艺标准						
	4	缝纫、钉扣、手缝牢固整齐						
	2	眼位与扣位相对，与扣眼大小相适宜						
总分								

（三）小组讲评

小组评价过程中，组长组织组员提炼优点，分析缺点，找到解决办法，总结此次任务完成过程中的亮点和值得发扬的地方，归纳和吸取失败的教训。